動画で学べる！
資金ゼロ＆
今日からはじめられる

Amazon
せどり
確実に稼ぐツボ51

せどりコーチ
クラスター長谷川

ソシム

はじめに

混乱の時代に、生き方を選択できる「せどり」をはじめよう

今の仕事を続けながら、自分一人で稼げるサイドビジネスをはじめて収入が倍になれば、自分の生活とさらには大切な人を守ることもできるのではないでしょうか？

私がこの本で紹介していくノウハウをそのまま実践してもらえれば、それは現実的なものとして十分に可能です。**せどりは、ビジネスとしての成功確率でいうとナンバーワンと断言しても問題ない**と思っています。

パソコンスキルが一切ない状態でも、本気でせどりに取り組んで、半年以内に給料を超える利益を手にしはじめる人たちはたくさんいます。何より、今までの私の著書でノウハウの効果は実証済みなので、信じてもらえたらうれしいです。

2020年、コロナが世界中を襲い、多くの人に「どのように生きていくのか」という課題が突きつけられました。ただ「どのように生きていくか」の前に「選択肢が何もない」という現実を目のあたりにされた人も多かったのではないでしょうか。医療現場以外でも、コロナ感染の危険にさらされる現場や仕事はたくさんあります。

そんなとき「自分だけで稼げるスキル」を持っていれば、いつでも「自分が望む選択」で生きていくことができます。あたりまえですが、自分を守ることができなければ、大切な人を守ることはできません。人生で、それほど悲しいことはないですよね。そのためにもまずは「自分を守れる自分」になる必要があります。

幸い私は、せどりやネットビジネスという仕事のお陰で、家から一歩も出ずに収入を得ることができ、何不自由ない生活を送れます。「自分と大切な人を守れている状況」に溢れる感謝を感じながら日々すごしています。本書を手に取っていただいたのも何かのご縁です。「自分と大切な人を守れている状況」をぜひつくっていってください。

本書では、あなたに結果を出してもらうことに究極的にこだわったことがあります。**パソコン操作をそのまま真似すれば結果が出るネットリサーチの「動画」を10本収録**しました。すべてのリサーチ動画内で利ざやを取れる商品を見つけているので、せどりで稼げる実感を味わっていただけると思います。

また、**どんなせどりの上級者が読んでも、有益な知らない知識、視点が複数あるように仕上げている**ので、現役で実践している人も本書を楽しんでください。

最後に本書の読み方についてです。好きなところから読んでいただいて大丈夫ですが、すべてのノウハウは相互的に関連しているので、全ページに目を通すようにしてください。そして正しく理解ができるまで（結果が出るまで）、実践しながら何度も読むことが重要です。Chapter7はすぐに読む必要はありませんが、せどりをしていくと出くわすことがある重大なトラブルの対処方法をまとめています。トラブルに遭遇したときは熟読してください。

本編がはじまる前に、重要すぎることをもう一度お伝えします。

「ノウハウのまま実践する！」

大切な人を守るためにすることは、たったこれだけです。
それでは、はじめていきましょう！

クラスター長谷川

はじめに……2

世界一簡単な小売商売「せどり」を知ろう

01 初日から１万円の利益？「せどり」ビジネスとは……10

02 Amazon販売が最も効率的に稼げる理由、それがFBA……15

Amazonに自分のお店を開店しよう

01 〔アカウント開設〕
Amazon出品用アカウントを開設してみよう……20

02 〔販売可能商品〕Amazonでは、どんな商品が販売できる？……24

▶ Amazonセラーセントラルアプリの使い方❶
規制商品をチェックする方法……29

03 〔コンディション〕出品コンディションの判別方法……30

▶ 新品と中古品の出品コンディションの判別方法……34

04 〔店舗名〕買ってもらえるお店の名前を考えてみよう……35

05 〔商品の説明〕買ってもらえる出品コメントを考えてみよう……39

Chapter 2 仕入れの準備をしよう

01 せどりで必要なものはたった2つだけ……46

▶ セラーセントラルアプリの商品検索と利益計算の仕方。便利な使い方も収録！……53

02 お勧め「せどりアプリ」これだけは入れておこう……56

▶ せどりお勧めアプリの使い方「最安値サーチ」「ロケスマ」「メルメモ」……58

03 せどり必須拡張機能「モノサーチ」……62

▶ せどり必須拡張機能モノサーチの使い方を徹底解説……67

04 〔Google Chrome〕せどりにお勧め！3つの拡張機能……68

▶ せどりリサーチ効率化拡張機能の使い方を徹底解説……72

05 無料の販売履歴サイト「Shopping Researcher for web」で仕入れリスクゼロ？……73

▶ 無料の販売履歴サイト「ショッピングリサーチャー」の使い方＆仕入れ判断のしかたを徹底解説……78

06 「Keepa」を使えば仕入れの精度が上がる！……79

▶ Amazonのデータバンク「Keepa」の使い方＆仕入れ判断のしかたを徹底解説……83

07 販売履歴データの注意すべきグラフ……84

08 Amazonの手数料について知ろう……89

09 利益率と回転比率を意識して売上を伸ばそう！……93

Chapter 3 仕入れをしよう

01 〔店舗編〕最も簡単に仕入れられるセールリサーチ……98

02 〔ネット仕入れ編〕最も簡単に仕入れられるネットセールリサーチ……103

▶【実践リサーチ】ネットショップのセール商品 105

▶【実践リサーチ】ショッピングモールサイトのPOPつき商品 106

▶【実践リサーチ】
価格.comの「大幅値下げランキング」の簡単リサーチ 107

03〔リアル店舗〕
違和感を探せ❶ 少しの意識で仕入れ倍増！ 108

04〔ネットショップ〕
違和感を探せ❷ ネットで違和感を見つける方法 113

▶【実践リサーチ】ヤフオクで状態がいい商品をリサーチ！ 115

▶【実践リサーチ】
ヤフオクで、パッケージなしの美品をリサーチ！ 116

05〔店舗〕最速で売れるトレンドリサーチ 118

06〔ネット〕最速で売れるトレンドリサーチ 123

07〔店舗〕〔ネット❶〕生産終了品をねらう定点観測せどり 129

08〔ネット❷〕生産終了品をねらう定点観測せどり 135

▶【実践リサーチ】
Keepaで、値上がり＆生産終了品をリサーチ！ 139

09 仕入れるのが最も簡単なヤフオク!の最も簡単なリサーチ方法 140

▶【実践リサーチ】もっとも初心者向けのヤフオク！リサーチ 146

10〔ヤフオク！〕キーワード戦略仕入れ 147

▶【実践リサーチ】ヤフオク！効率化キーワードでお宝発見！ 150

11〔メルカリ〕早い者勝ちリサーチ 151

▶【実践リサーチ】メルカリ早いもの勝ちリサーチ 154

12〔ネット〕意外な穴場！メーカー直営サイト仕入れ 155

Chapter 4

商品別リサーチポイント

01 〔古本せどり〕
あまり資金がない人は、ここからスタートしよう …… 160

02 本のついでにCD・DVDせどり …… 166

03 〔家電せどり〕毎年決まった時期にねらえる！ …… 172

04 〔おもちゃせどり〕おもちゃ屋以外でねらう醍醐味！ …… 177

05 〔ホビーせどり〕少しの知識で差がつく …… 181

06 〔ドラッグストアせどり〕
創意工夫することでライバルが少なくなる …… 187

07 〔食品せどり〕
ライバルの真似でリピート仕入れ可能なジャンル …… 192

【実践リサーチ】
ライバルの真似がしやすい食品リピートせどり …… 196

08 〔類似商品登録販売〕
Amazonに既存の商品の型番違いを登録する …… 197

Chapter 5

出品してみよう

01 「せどり出品必勝グッズ」8点をそろえよう …… 208

02 〔中古〕仕入れた商品をきれいにする方法 …… 215

03 簡易スタジオで商品の画像を撮影しよう …… 222

04 〔商品登録〕最初からしっかり管理しよう …… 228

管理しやすい商品登録の方法 …… 233

05 〔出荷〕Amazon倉庫へ商品を納品する手順 …… 234

Amazon倉庫へ商品を納品する手順 …… 242

Chapter 6 「せどり」を管理しよう

01 スムーズに売り切るための価格改定方法 244
02 〔価格改定〕セラーセントラルで自動価格改定ができる 250
03 〔利益計算〕意外と知らない物販の利益計算方法 255
04 〔開業届＋確定申告〕意外と簡単なので、しっかりやっておこう 259

Chapter 7 トラブルシューティング

01 良い評価のもらい方と悪い評価の消し方 264
02 真贋（しんがん）調査対応マニュアル 271
03 〔知的財産権侵害〕Amazon倉庫からすぐに返送する 276
04 〔アカウント再開〕アカウント停止・閉鎖再開方法 284
05 〔セラーフォーラム〕セラー同士の助けあい掲示板を活用しよう 289
06 返品とクレームに正しく向きあおう 296

おわりに 301

Chapter 0

世界一簡単な小売商売「せどり」を知ろう

「せどり」が初心者でも稼ぎやすい理由は、「早く売り切ることができる商品だけを仕入れる利益が出るシステムに沿った物販」だからです。物販をはじめると、注文を受けたあとの入金確認や発送作業が大変だったり、仕入れ商品の保管場所にも困ります。Amazonのプラットフォームを使えば、そういった障壁が取り除けるので、副業でも多くの人が取り組めるんです！

01

初日から１万円の利益？「せどり」ビジネスとは

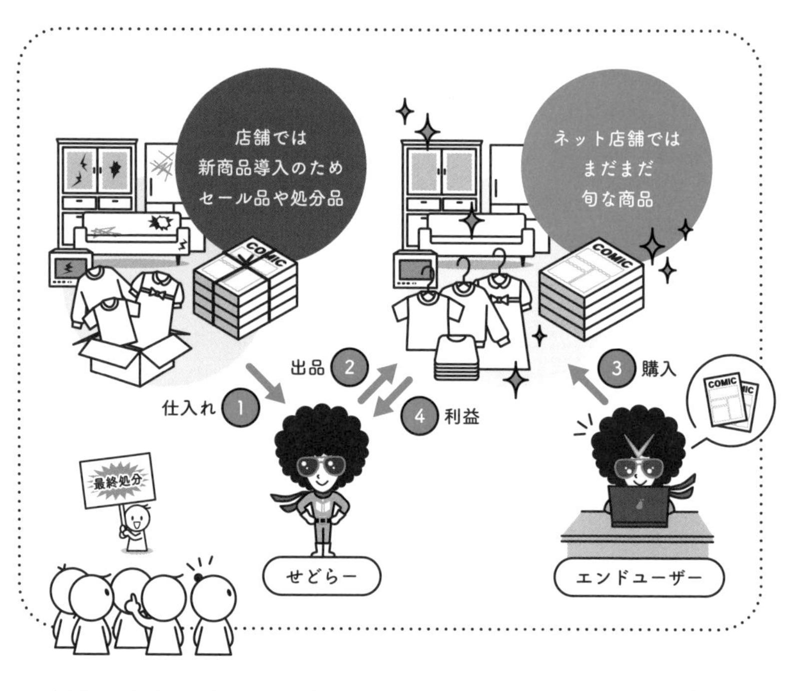

店舗の都合で処分品となった商品を安く仕入れてきて、需要のあるネット店舗で販売し、利ザヤ（利益）を得るのが、せどりのしくみです。

POINT

1. せどりは「**安く仕入れて高く売る**」だけ。
2. 100万円稼ぐために必要なのは「**やる気**」のみ。
3. 各商品の販売履歴を調べれば「**在庫リスク**」が最小限に抑えられる。

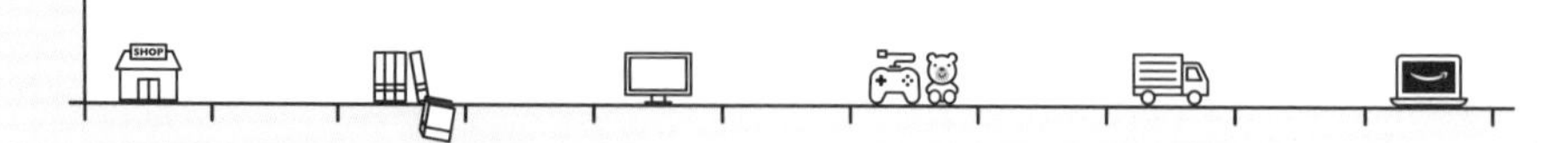

「せどり」ってなに？

せどり（競取り・背取り）とは、あらゆる店で相場よりも安く売られている商品を買いつけ、相場よりも高く売れる販路で販売し、その差額で利益を出す商いのことをいいます。要するに「安く仕入れて高く売る」たったこれだけです。

仕入先は、一般店舗、ネットショップ、オークション、フリマアプリなどになります。

販売先は、Amazon、楽天、ヤフーショッピング、ヤフオク！、メルカリ、ラクマなどがあります。

仕入れ商品は、本、ゲーム、おもちゃ、家電、パソコン、ペット用品など、ほとんど何でも仕入れて売ることができます。逆に販売できないのは、国の販売許可が必要なものになります（Chapter1-02）。

このように、どこの店でも、何でも仕入れ対象になるので、せどりのリサーチは宝探しゲームのようで楽しいものです。

「転売」ってなに？
「転売」と「せどり」はどこが違う？

近年ニュースでよく取りあげられる悪質な「転売」と「せどり」は似て異なるものなので、違いをお話しておきます。

転売とは、少量しか販売されないで希少価値の高いプレミアム価格（定価超え価格）になると予想される商品を、多くの一般の購入者が入手できないくらい買い占める迷惑行為のことです。

せどりは、商品の流通開始から一定の期間を経て、**マーケット上の相場価格にばらつきが出はじめたタイミングで、安値で商品を探し出し販売して利ざやを稼ぐ小売商売**です。基本的にせどりの業務は、一般購入者へ相場価格帯で商品を提供するためにリサーチをすることなのです。

悪質で多くの人が迷惑を被る場合は、違法化され犯罪になる

例 チケット、マスク

せどりは、初日から１万円稼げてしまう可能性もある

せどりはアカウントを作成し、正しい知識でリサーチをして仕入れをすれば、初心者でもその日から１万円以上の利益を稼げてしまうことがあります。

実際には、商品を発送して売れたあとに入金が確定するので、利益が手元に入ってくるまで１～２週間のタイムラグはあります。ただ事実上は、１日で１万円を稼げたことになります。もちろん初心者がいきなりそれだけの金額を稼ぐには「運」も必要となるかもしれませんが、２カ月～３カ月間しっかりと実践を重ねていけば、半日で１万円以上の利益を稼ぎ出せる仕入れをすることは現実的に十分可能です。また、せどりを極めればたった１人ですべての作業をしても、月に100万円くらい利益として稼ぐことができます。

せどりは単純作業の積み重ねなので、今現在、何のスキルがなくても大丈夫です。パソコンスキルが心配に感じるかもしれませんが、ネットにつないで文字が入力できればこなせる作業なので、パソコンをあまりやったことがなかったとしても、すぐに慣れます。必要なのはとにかく「やる気」だけです。

せどりの業界に触れたことがない人にはうさん臭く聞こえてしまうのも当然ですが、せどりの交流会などに参加すれば、私が今お話ししていることが本当だ！　とわかるはずです。

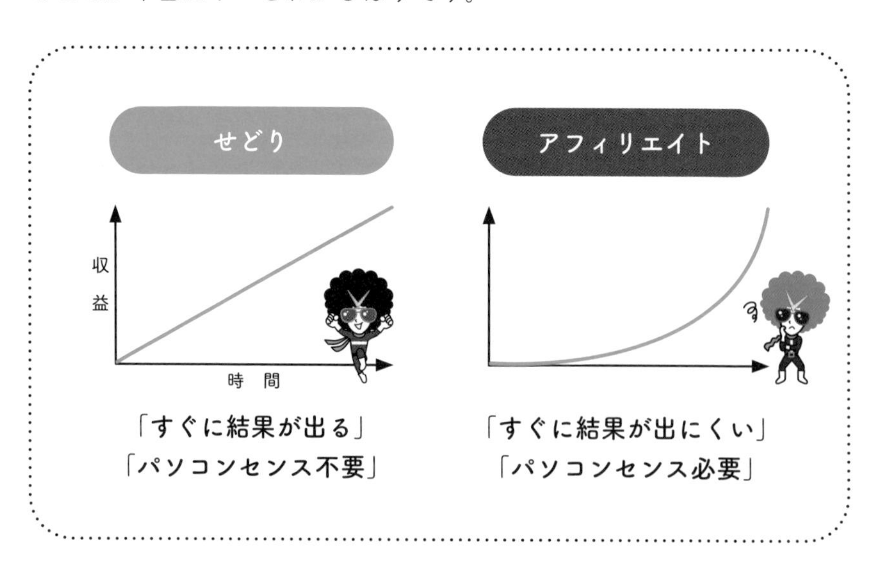

物販なのに仕入れ金不要で、在庫リスクがない

せどりは、物販をするのに大きな障壁である仕入れ金と在庫リスクの問題がありません。

まず仕入れ金ですが、仕入れはクレジットカードで決済をします。クレジットカードの引き落とし日までに商品を売り切れば、手元に現金が1円もなくても利益を発生させることができます。

ただ不良在庫がたくさん発生してしまうと、キャッシュフローが回らないのでは？　と不安に思うかもしれませんが、心配無用です。

実は仕入れをするときに、その商品がいつ、いくらで、何個売れたのか、詳しい販売履歴がわかっているんです。つまり、**仕入れてから1～2カ月以内に売れていくであろう商品だけを仕入れる**のです。こんなリスクのない物販は人類史上初です。これがせどりの最もすごいところです。**ほぼ確実に売れるものしか仕入れないので、正しくリサーチをすれば損をするほうが難しい**です。その販売履歴がわかるサイト（Chapter2-05）があるので、楽しみにしておいてください。

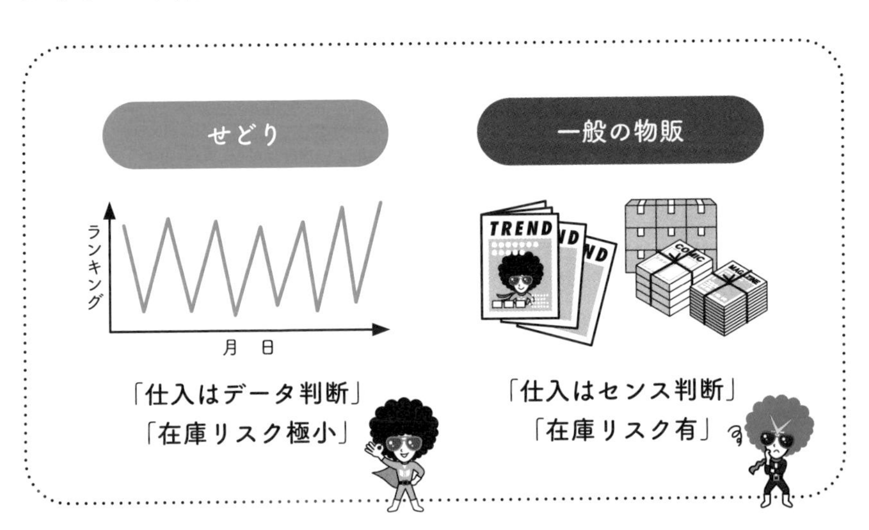

ライバルがいっぱいいたら仕入れができない？

せどりのブログや動画のコメント欄を見ると、「実際にせどりをしてみたけど稼げなかった」「ライバルが多すぎて稼げない」といったコメントが書き込まれていることがあります。

ちなみに、私はせどり業界に９年ほどいますが、私の意見はむしろ真逆です。便利なツールや稼げる情報もいいものがでてきているので、どんどん稼ぎやすくなってきています。**これほど最高の環境がそろっていながら稼げないのは、しっかりと正しい方法で取り組まなかった人の言い訳**としか言いようがありません。「地方だから稼ぎにくい」と主張する人もいれば、「地方だからこそ仕入れられる物があって稼げる」という人もいます。北海道でも沖縄でも、月商100万円くらいは普通に達成できます。

私がせどりをはじめたときは、稼いでいる有名な人は全員把握できていました。ところが、稼いでいる人が年々増えすぎて、今ではせどりで成功している全員を知ること自体が不可能になっています。それくらい成功者が増えているということです。せどりの月商の基準もどんどん上がってきていて、以前は月商100万円を達成したらとても驚かれましたが、今では月商200万、300万円でも普通になっています。信じられないと思いますが、月商1,000万円を達成している人もたまに耳にするくらいです。

何より、せどりが稼げるという証拠がデータとしてあります。ある月額5,000円以上するせどりの有料ツールの会員数は、2015年には2,400名でした。それが2020年には8,300人を超えたので、3.5倍は増えたことになります。**せどりをビジネスや副業でやっていて、もし稼げていなかったら有料ツールの会費を払い続けることはない**はずです。ましてや会員数が増え続けるはずもありません。

稼ぐのは自分次第だということを胸に刻んでおいてくださいね。

もっと増えているから大丈夫！

増えている！

せどらーの数

Amazonの売上

マーケットプレイスの売上

02

Amazon販売が最も効率的に稼げる理由、それがFBA

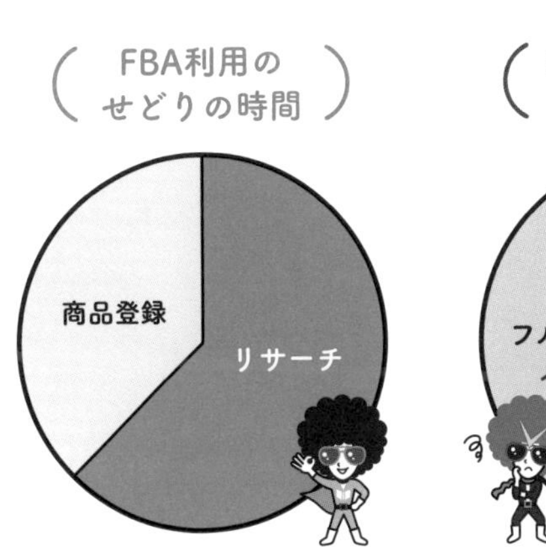

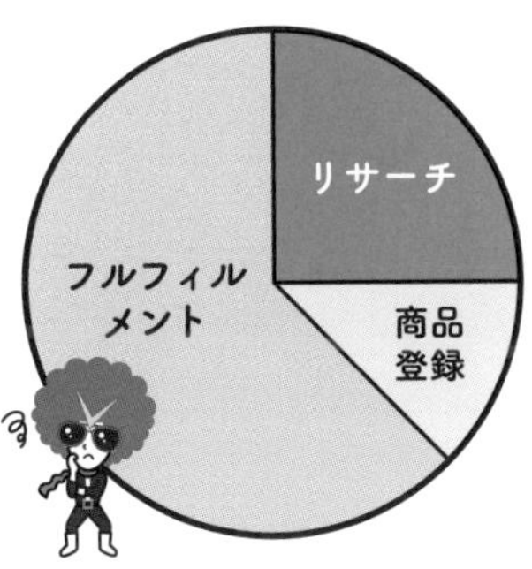

（※注文を受けてからお客様に商品が届くまでの全業務）

せどりで結果を伸ばしていくために、できるかぎり「リサーチ時間」を確保することが重要。それを助けてくれるのがFBAというしくみです。

POINT

❶ 販売スピードが早い販路なので、キャッシュフローがいい。
❷ 半自動収益システム（**FBA**）があるのはAmazonだけ。
❸ FBAを使えば**高値で売れる**ので仕入れ幅も広がる。

Amazonという販売スピードがなければ経営できない

Amazonを使うひとつの理由は、国内最大規模の集客力による販売スピードです。日本人の３人に１人にあたる4,000万人ものユーザーが、毎月Amazonで買い物をしています。商品を出品したら早ければ24時間以内に商品が売れるのは、これだけのユーザーがいるからです。ほかの販路でももちろん売ることは可能ですが、ほとんどのジャンルにおいてAmazonが最も早く売れていきます。

実際にせどりをはじめてみるとわかりますが、**ほとんどの人が手持ちの資金をさほど用意しないではじめるネット物販は、キャッシュフローが生命線**です。いい商品を仕入れることができても、早く売れなければ次の仕入れができません。早く売れることは、ネット物販を経営していくために必須事項なのです。資金にある程度の余裕があるなら販売スピードは多少遅くても大丈夫ですがが、どんどん次の仕入れをしていくためには、商品が次から次に売れて現金化しなくてはならないのです。

そういった点でも、Amazonという絶対的な集客力を持ったプラットフォームは安心してビジネスを委ねられます。

ネット物販で唯一の半自動収益システム

Amazonを使う最大の理由は、フルフィルメント by AmazonというFBAサービスがあることです。**フルフィルメントとは、一般的に、「注文を受けてからお客様に商品が届くまでの全業務」を指します**。ただ、Amazonのフルフィルメントはそれだけではなく、商品代金の請求、カスタマーサポートまでしてくれます。

要するに、仕入れた商品をAmazon倉庫に送りさえすれば、あとは半自動で収益が上がってくるということです。

Amazonのサイトからお客様がほしい商品を買っていってくれたら、あとは2週間ごとに売れた商品のお金が銀行口座に振り込まれます。**商品の荷受けから受注管理、在庫管理、商品の仕分け、ピッキング、梱包、発送、代金請求・決済処理、お客さまサポートのすべての業務をAmazonがやってくれます**。このようなフルフィルメントサービスを提供しているのは、2021年7月現在Amazonだけです。

ネット物販をするうえで、本来自分がしなければいけない作業の大半をAmazonがしてくれるので、せどらー（せどりをする人）は売上と利益を生み出すための仕入れ（リサーチ）業務に集中することができます。逆にこれらの作業をすべてひとりでやるとなると、受注して発送できる商品の数が売上の限度になります。また、仕入れ商品を家で保管することも物理的に限界があります。仕入れができる量自体も大きく制限され、お小遣い稼ぎのレベルでしかできなくなってしまいます。

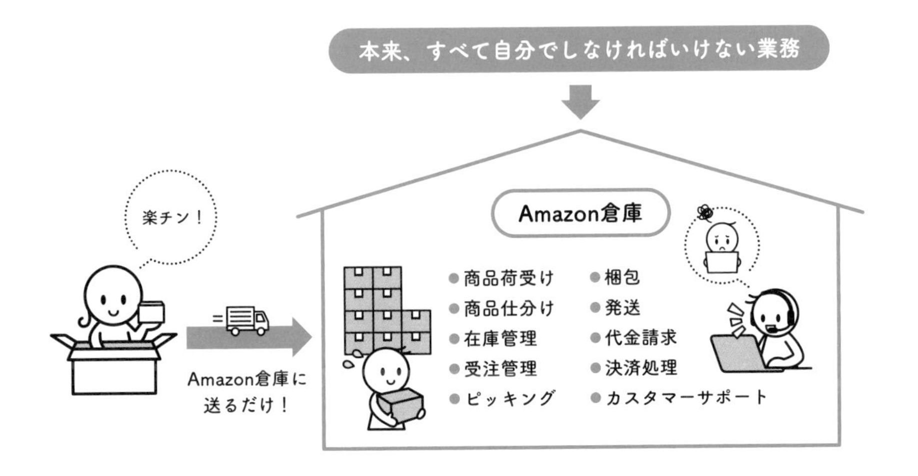

FBAを使うことで利益額がアップする

Amazonには「**当日お急ぎ便**」という、注文した日に商品が家に届く有料サービスがあります。私のアカウントの場合、注文数の3分の1から半分近くが、このサービスを利用したものです。Amazon倉庫に商品を納品しておくことで、この「当日お急ぎ便」が適用されるようになります。どうしても急ぎで商品が必要なお客様は、自己発送で安く販売している出品者より、1～2割ほど高くてもAmazon倉庫に商品を納品しているFBA出品者から購入します。

また、FBAの商品は梱包が丁寧にされて配送されることや、「Amazon倉庫の商品＝Amazon.co.jpの在庫」と勘違いをして、それを理由にFBAの商品を購入するお客様もいます。このようにして、販売率も大幅に上がります。逆に、**FBAを使わないと3分の1から半分は注文が入らないことになる**のです。

倉庫からお客様への送料はAmazonが各配送会社とスケールメリット

を利用した破格の契約をしていて、セラー（FBAの会員＝せどらー）もその破格の金額で配送ができるしくみになっています。実際に私たちが個人で発送するよりも半額以上安い価格で発送できるので、配送コストもFBAを使うことで大幅に抑えることができます。

このようにFBAを使うことで、商品の販売価格を上げることができ、さらに配送コストも抑えられるので、利益額も利益率もダブルで高めることができます。これは仕入れにも大きく影響していて、中間コストがかからずに利幅が取りやすくなるので、仕入れができるようになる商品の幅が格段に広がります。

Amazonで販売する理由は、FBAサービスを活用するためと言い切れます。またFBAだからこそ、効率的に稼げるともいえます。FBAサービスを使わない理由はないので、ぜひ世界一の販売力を体感してください。当日お急ぎ便が多くの人に求められているということだけでも、ほかの販路よりも商品が買われやすいということです。

せどりは飽和しているのか？

効率的に稼げると聞くと、どこか信じられない気持ちになるのも当然だと思います。「そんな美味しいビジネスなら、ライバルも多く、すでに飽和してしまっているのではないか？」そう思ってGoogleで検索すると、「せどりはライバルが多いので稼げなかった」という情報を多く目にします。まず、ライバルのいないビジネスは存在しません。むしろ、**ライバルが多ければ多いほど、その業界は収益を上げられる可能性が高い**という証明になります。稼げなかった人は稼げないことを実践してあきらめてしまっただけです。そのような情報を鵜呑みにする前に、せどらーやブロガーがせどりの交流会を全国で開催しているので、実際に足を運んで自身の目で見て確かめてみてください。必ず稼いでいる人がたくさんいるので、せどりビジネスの可能性の真実を知ることができるはずです。

Chapter 1

Amazonに自分のお店を開店しよう

Amazonにお店を持つうえで、最低限の予備知識をここで身につけておきましょう。特に、販売してはいけない商品や倉庫に納品してはいけない商品は、ひと通り頭に入れておかないとアカウント停止や閉鎖に繋がってしまいます。また、店舗名や商品説明文のつくり方、商品の撮影のしかたについては、そのまま実践すれば結果は出ますが、ライバルに差をつけるための考え方の部分を意識して読んでください。

01〔アカウント開設〕

Amazon出品用アカウントを開設してみよう

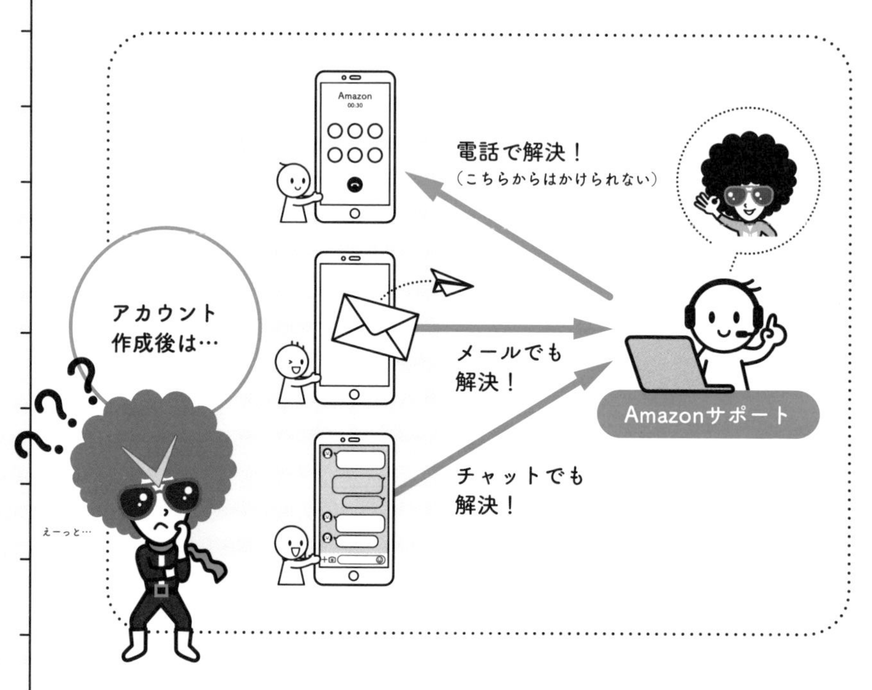

Amazonテクニカルサポートは、アカウント開設時はメールで対応、開設できたあとは、チャットや電話（選択すると向こうからかけてくれる）でも、さまざまな疑問点を丁寧に教えてくれます。

POINT

1. 本人確認に数週間かかる？　今日中にアカウントの登録をしよう。
2. Amazonでの販売は、無料でスタートできる。
3. つまずいたらAmazonカスタマーサービスに電話しよう。

Amazonの出品用アカウントの開設は、ヤフオク!やメルカリと同じように「**事業開業届がいらない**」のでとても簡単です。登録作業自体は、30分もあればできてしまいます。

ただし、必要な資料を提出してからAmazonのチェックが終わるまで数週間かかる場合もあるので、今日中にやってしまいましょう。

アカウント開設のために用意するもの

用意するのは次の7つです。

アカウント開設のために用意する7つのもの

1. 銀行口座（本人名義）
2. クレジットカード（本人名義）
3. 住所
4. 電話番号
5. メールアドレス
6. 身分証明書
7. 過去180日以内に発行された各種取引明細書1通

① 銀行口座（本人名義）

Amazonから売上を入金してもらうための口座になります。入金の際、販売手数料が差し引かれます。

② クレジットカード（本人名義）

その月の売上金額が、Amazonで大口出品する際にかかる月額4,900円に満たなかった場合、このクレジットカードから足りない分が引き落とされます。

※最初は月額無料の小口アカウントではじめますが、アカウント作成にクレジットカードの登録が必要になります。

③ 住所

現住所を記入します。本人確認のための資料提出をする際、住所が違うとアカウントを作成できないことがあります。アカウント作成後に登録情報を変更することは可能です。

④ 電話番号

今は家の電話を持ってる人が少ないと思いますが、携帯番号で大丈夫です。個人の番号を載せるのに抵抗がある場合は、有料になりますがNTT系列の会社が運営している050plusというアプリがあるのでそれを使ってもいいです。月額330円と別途通話料が請求されます。

⑤ メールアドレス

アカウント作成後もAmazonからいろいろなお知らせがくるので、継続的に確認が可能なメールアドレスを登録するようにしましょう。

⑥ 身分証明書

運転免許証か旅券（パスポート）のどちらかを用意しましょう。マイナンバーカードは使えないので注意してください。

⑦ 過去180日以内に発行された各種取引明細書1通

クレジットカードの利用明細書、インターネットバンキング取引明細、預金通帳の取引明細書、残高証明書のいずれかを用意します。

電話番号もメールアドレスも登録後に変更可能。
Amazon購入用アカウントと同じでも問題ない！

月額無料の小口アカウントからスタートしてみよう

上記の7つが用意できたら、ネットで「Amazonアカウント登録手順」と検索するか下記URLからアカウントの登録をします。

Amazonアカウント登録手順 - Amazon出品サービス

https://services.amazon.co.jp/resources/start-selling-guide/account-registration.html

アカウントの種類は2つあり「**小口出品**」か「**大口出品**」のどちらかです。

小口出品と大口出品の比較

〔小口出品〕商品が売れるたびに100円の成約料がかかる。

〔大口出品〕月額登録料が4,900円かかるが、小口のように1個売れるたびに100円といった成約料はない。

※小口出品、大口出品ともに、商品が売れるたびに別途販売手数料が引かれます。

初期費用をできるだけ抑えてスタートするためには、小口出品のスタートで問題ありません。ただし、Amazon物販で使えるツールなどは大口出品でないと使えないものもあります。**1カ月以内に49個以上販売できそうなタイミングで、大口出品に切り替えましょう。** 1カ月で50個以上売るなら、大口出品にしておかないと損することになります。

せどりに慣れてくれば1日に商品が何個も売れていきます。個人差はありますが、1カ月で50個販売することは、2カ月もあればできるようになるでしょう。

困ったときは、「Amazonカスタマーサービス」に連絡

アカウント作成後、商品登録や出荷でつまずいたときは、Amazonカスタマーサービスに連絡すると、とても親切に教えてくれます。Amazonには、月額料金や手数料を払うので、遠慮せずに聞きましょう。

私は今でも、出品する商品に問題がありそうなときや、Amazonが新しいキャンペーンをはじめたときには、すぐに問い合わせをして疑問点を聞くようにしています。

ちなみに、電話を選択するとカスタマーサービスからかけてきてくれます。こちらからは、Eメールやチャットで、問いあわせをすることもできます。

02〔販売可能商品〕

Amazonでは、どんな商品が販売できる？

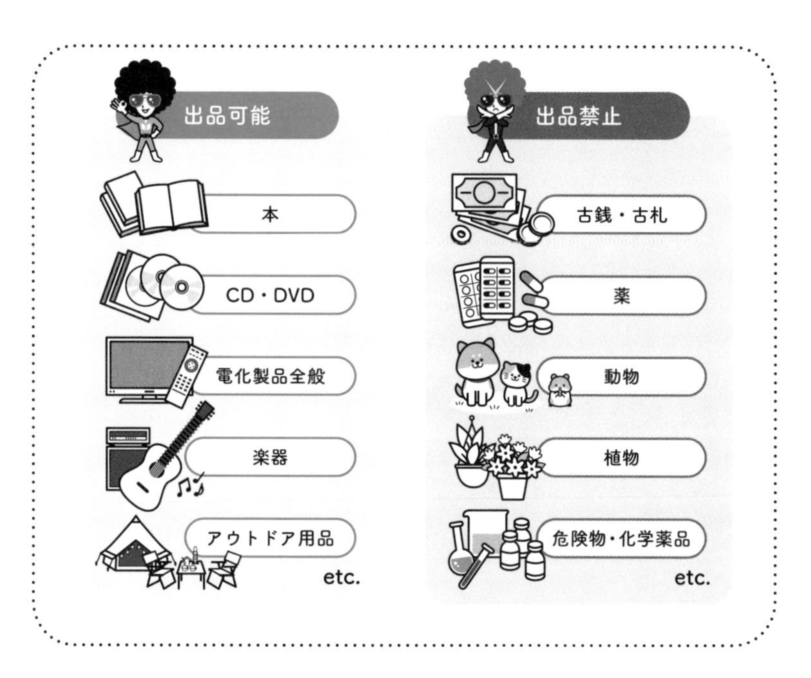

一般的な店舗で売られている物であればほとんどのジャンルの商品が出品できますが、生物や薬など扱いや注意が必要なものは出品できない傾向にあります。

POINT

1. ほぼ何でも出品可能！（中古で出せないカテゴリーもある）
2. 倉庫納入＆出品禁止は、アカウント停止のリスクあり。
3. 出品候補の商品はアプリで出品可能か必ずチェック！

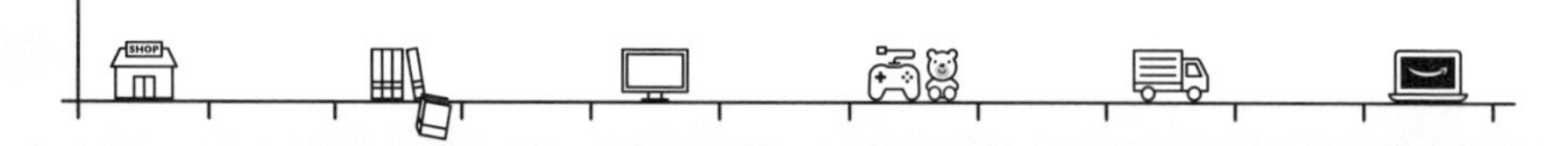

出品できるカテゴリーと商品

Amazonでは、ほぼすべての店舗が仕入れ対象になるくらいさまざまな商品を出品することができます。ただし、カテゴリーによっては新品しか出せない場合もあります。まったくの新規アカウントで出品できる商品は下記のようになります。しっかり把握しておきましょう。

▼新規アカウントで出品できる商品

新品・中古ともに出品可能なカテゴリー	本、エレクトロニクス、カメラ、パソコン・周辺機器、ホーム、ホームアプライアンス（小型白物家電）、大型家電、楽器、文房具・オフィス用品、PCソフト、ゲーム、DIY・工具、産業・研究開発用品、カー&バイク用品、スポーツ&アウトドア、おもちゃ&ホビー、おもちゃ&ホビー、ペット用品	エレクトロニクスは、テレビ、電話、ヘッドホンなど家電製品全般。産業・研究開発用品は、作業ゴーグルや梱包資材など主に業務用で使う商品
新品のみ出品可能なカテゴリー	ドラッグストア、ビューティ、ジュエリー、腕時計、服&ファッション小物、シューズ&バッグ	中古で販売すると衛生面でトラブルになりやすいカテゴリー。ドラッグストアは、洗濯洗剤やティッシュ、虫除けスプレーなど文字どおりドラッグストアで仕入れができるようなカテゴリー

FBA倉庫に納入できない商品に気をつける

倉庫内の安全と衛生面でトラブルが起こりそうな商品は納品することができないので、自己発送で販売しなければいけません。下記に、Amazonが指定している「FBA出品禁止商品の主なカテゴリー」をまとめておきます。

「許可が必要なもの」「温度管理が必要な食べ物」「生き物」「爆発物」、これだけは頭に入れておきましょう。

Chapter 1

FBA倉庫に納入できない商品

- 日本の規格および法律を満たしていない商品
- 室温で保管できない商品
- 動植物
- 危険物および化学薬品
- 出品に必要な届出や許可取得などが行われていない商品
- 医療機器
- 医薬品
- 金券類
- 金、プラチナ、銀などの貴金属バー・インゴッド・地金
- 金貨・銀貨・銅貨・記念コイン
- 古銭・古札
- プログラムのポリシーによって出品が禁止されている商品
- リコール対象の商品、または日本で販売が禁止されている商品
- ネオジウム磁石および、そのほかの商品に影響をおよぼす恐れのある磁性商品

Amazonのセラーセントラルのページに具体的な説明があるので「FBA禁止商品」で検索して、一読しておきましょう。

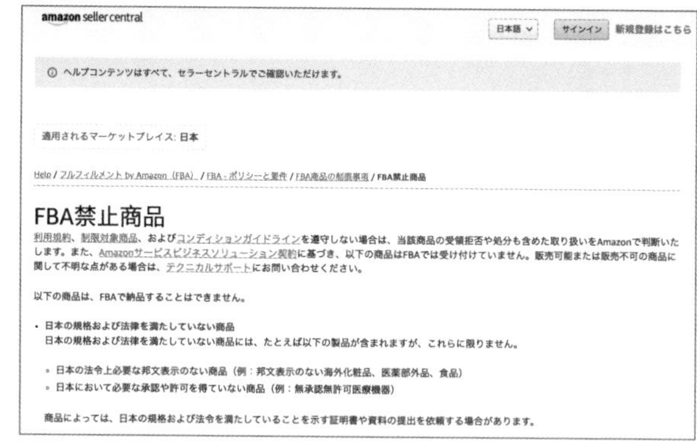

Amazonセラーセントラル〔FBA出品禁止商品〕
https://sellercentral.amazon.co.jp/gp/help/external/201730840?language=ja-JP&ref=mpbc_200314960_cont_201730840

Amazonで販売禁止されている商品

Amazonでは、お客さまが安心して買い物ができないと思われるような商品の販売を禁止しています。もちろん法律で販売が禁止されている商品や、販売許可がいるのにも関わらず免許を持っていない場合も同様です。この規約を破って出品すると、アカウントの停止や閉鎖になりかねないので注意してください。ちなみに、私は、医療機器である血圧計を出品してしまいアカウント停止になったことがあります。

うっかり仕入れてしまいそうな主な商品には次のようなものがあります。

Amazon販売禁止商品

- Amazonが販売や成分を許可していないサプリメントや化粧品
- リコール対象商品
- 表現が過激なアダルトメディア
- Amazon Kindle商品
- プロモーション用の媒体・販促物
- 日本の食品衛生法などに引っかかりそうな輸入食品、飲料およびペットフード
- 医療機器
- 医薬品 etc.

また、規約には書かれていませんが、**Amazon.co.jp限定商品を新品で販売することができるのは、Amazonだけ**なので注意してください。

こちらも、Amazonのセラーセントラルのページに詳細が書かれているので「Amazon出品禁止商品」で検索して、一読しておきましょう。

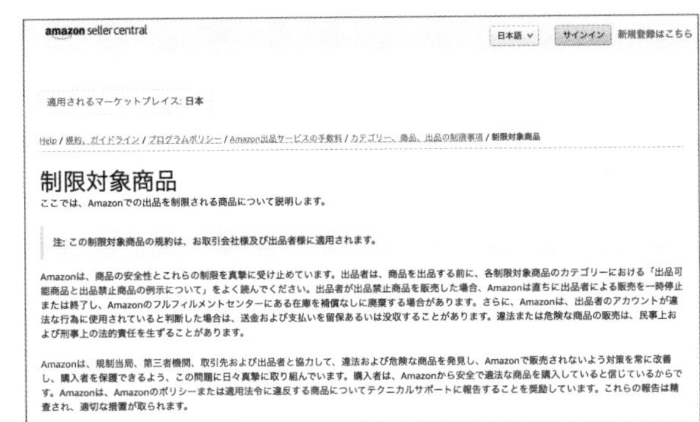

amazon seller central　日本語　サインイン　新規登録はこちら

適用されるマーケットプレイス: 日本

Help / 規約、ガイドライン / プログラムポリシー / Amazon出品サービスの手数料 / カテゴリー、商品、出品の制限事項 / 制限対象商品

制限対象商品

ここでは、Amazonでの出品を制限される商品について説明します。

注: この制限対象商品の規約は、お取引会社様及び出品者様に適用されます。

Amazonは、商品の安全性とこれらの制限を真摯に受け止めています。出品者は、商品を出品する前に、各制限対象商品のカテゴリーにおける「出品可能商品と出品禁止商品の例示について」をよく読んでください。出品者が出品禁止商品を販売した場合、Amazonは直ちに出品者による販売を一時停止または終了し、Amazonのフルフィルメントセンターにある在庫を補償なしに廃棄する場合があります。さらに、Amazonは、出品者のアカウントが違法な行為に使用されていると判断した場合は、送金および支払いを留保あるいは没収することがあります。違法または危険な商品の販売は、民事上および刑事上の法的責任を生ずることがあります。

Amazonは、規制当局、第三者機関、取引先および出品者と協力して、違法および危険な商品を発見し、Amazonで販売されないよう対策を常に改善し、購入者を保護できるよう、この問題に日々真摯に取り組んでいます。購入者は、Amazonから安全で適法な商品を購入していると信じているからです。Amazonは、Amazonのポリシーまたは適用法令に違反する商品についてテクニカルサポートに報告することを奨励しています。これらの報告は精査され、適切な措置が取られます。

Amazonセラーセントラル〔制限対象商品〕
https://sellercentral.amazon.co.jp/gp/help/external/200164330?language=ja-JP&ref=mpbc_1085374_cont_200164330

アカウントリスク大！ の化粧品

ドラッグストアなどで必ず売っている化粧品。あれだけの種類があるのでリサーチしたいところですが、実は要注意です。私のせどり仲間は、海外化粧品を販売してアカウント閉鎖になったことがあるので、仕入れはNGだと思ってください。Amazonのセラーセントラルのページに、「医薬品」の項目に化粧品ブランド一覧をExcelにしたURLが載っています〔Amazon.co.jpが定めるビューティストア出品不可商品（日本語）: https://images-na.ssl-images-amazon.com/images/G/09/rainier/help/NoParallelImportBrands_jp_beauty.xlsx〕。見てみると、化粧品の成分が法的に問題となることが多いようです。

出品禁止商品例

- 未承認または無承認無許可医薬部外品・化粧品
  - 医薬部外品または化粧品として使用される成分が含まれる、または効能効果を標ぼうしている等のため薬機法上の医薬部外品または化粧品に該当するにも関わらず、医薬部外品または化粧品の販売に必要な承認を得ていない、または届出を行っていない商品。
  - その他日本国内での広告・販売等が許可されていない医薬部外品または化粧品
- 小分けにされた商品
  販売目的で既製の商品をその容器、または被包から取り出して分割した商品の販売は禁止しています。

- 無許可輸入された商品
  医薬部外品については医薬部外品製造販売業許可を、化粧品については化粧品製造販売業許可を有していない日本国内の出品者がAmazon.co.jpを通じて注文を受け、海外の業者から輸入した商品を購入者に配送することまたは同様の形態で出品することは禁止されています。詳しくは以下のリンクをご覧ください（日本語）。

  https://www.mhlw.go.jp/kinkyu/diet/tuuchi/0828-4.html

- Amazon.co.jpが定めるビューティストア出品不可商品（日本語）：
  https://images-na.ssl-images-amazon.com/images/G/09/rainier/help/NoParallelImportBrands_jp_beauty.xlsx

Amazonセラーセントラル〔出品禁止商品例〕
https://sellercentral.amazon.co.jp/gp/help/external/G200164470

出品禁止の国内ブランドも載っています。海外メーカーもちょこちょこ追加されるので、化粧品をどうしても仕入れたいときは、このページをこまめにチェックするようにしましょう。また、出品できるメーカーでも、成分的に書類を提出しなければいけない場合があるので、化粧品に精通している人を除いて、初心者は化粧品は避けたほうが無難です。

出品可能かどうか、アプリで必ずチェック！

FBA倉庫へ納品できない商品、出品禁止の商品や出品許可がいる商品は、仕入れる前に**Amazonセラーアプリ（Amazon Seller：Chapter2-01）**で判別することができます。

▼Amazonセラーアプリ（Amazon Seller）で仕入れてはいけない商品をチェックする

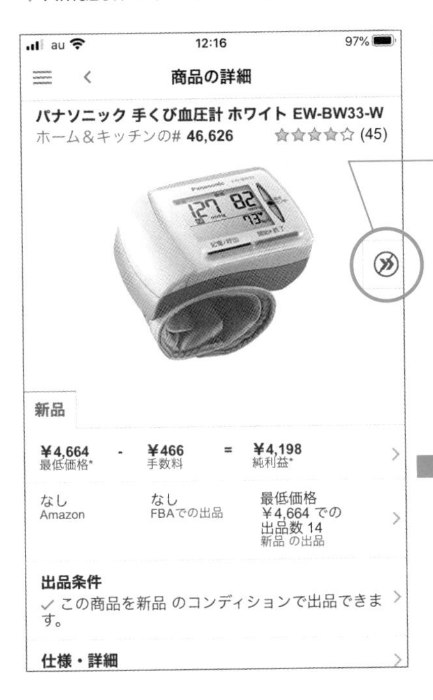

アプリの「商品登録」から商品を検索したときに、商品画像の横に「禁止マークアイコン」が表示された場合は、納品が禁止されているか出品が禁止されているかのいずれか

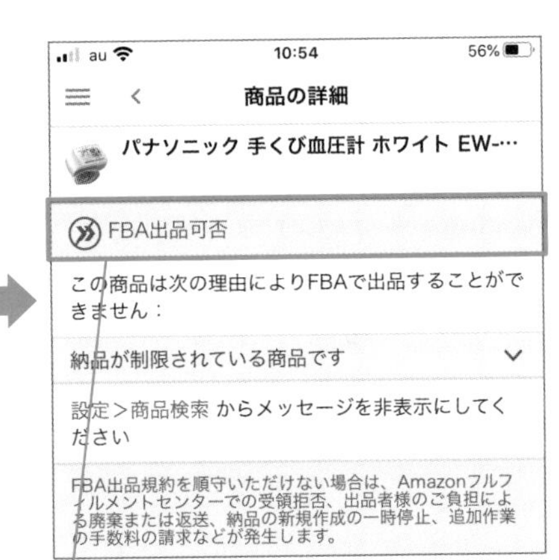

「禁止マークアイコン」を押すと、「FBA出品可否」と表示される。「出品禁止」の商品の場合もある。そういった商品を自己発送で出品しているとアカウント停止になるリスクが出てくるので注意する。出品禁止商品か判断が難しければ、遠慮せずにテクニカルサポートにメールで確認する

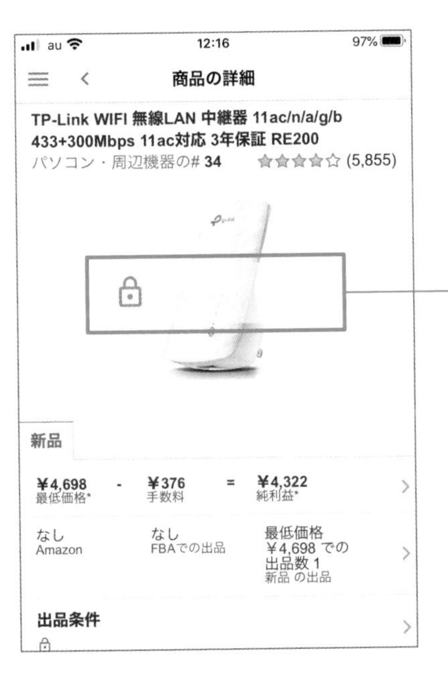

メーカーに許可申請をしないと出品できない商品は「鍵マーク」が表示される。同じメーカーでもカテゴリーによって出品できない商品もあれば、出品できる場合もある

Amazonセラーセントラルアプリの使い方❶ 規制商品をチェックする方法
https://youtu.be/OW8hVegAhxw

03〔コンディション〕

出品コンディションの判別方法

自分がお客様の立場になり、商品が届いたときにどのように感じるかを基準にすれば、コンディションは簡単に判別できます。

POINT

1. 新品は、外箱以外は誰が見ても真新品である必要がある。
2. 中古は、自分の第一印象でランクを判断。
3. 付属品は、主要な物がそろっているのが仕入れ対象。

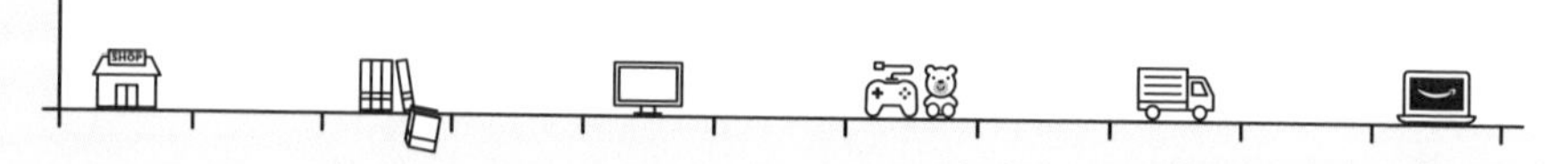

「新品」とは？

新品のコンディションは、商品、付属品、説明書が完全に真新品の状態である必要があります。商品本体がOPP（ビニールの透明な袋）や不織布（ふしょくふ）の袋で梱包されているような場合は、その袋で梱包されている必要があります。もちろん付属品も、同様です。

たとえば、コード類が新品の状態でも、まとめているバンドがほどけてばらけていたら、それは明らかに新品の状態ではありませんよね。説明書や保証書も、破れや、折れ、シワがある場合には、新品ではなく「ほぼ新品」で出品するようにしましょう。保証書がある場合は、同梱する必要があります。残念なことですが、この条件を出品者が勝手にゆるくして「新品」で出している場合があります。お客様も新品として購入しているのに、どう見ても開封商品が届いたら怒って当然です。このようなことを防ぐために、アメリカのAmazonでは「新品」のコンディションで出品する場合、商品の説明文が記入できないようになっています。あたりまえのことですが、**「新品」は誰が見ても「真新品」のものでなくてはいけない**からです。

パッケージに関してはできるだけきれいなほうがいいですが、**少しであればダメージやスレがあっても大丈夫**です。問題ない範囲のダメージであれば、商品のコンディションにありのままを記入しておきましょう。

パッケージのダメージを自然に隠す方法

家電量販店やホームセンターなどで防犯管理のために、**商品にバーコードのようなシールが貼られている**のを思い出してください。あのシールを商品のパッケージのダメージ個所に貼って傷んだ部分を隠します。5枚くらいまでだったらクレームがくることはまずありません。むしろ、大切に管理されて流通してきた商品だと思ってもらえます。これで「ほぼ新品」で出品しようか迷った商品も「新品」で出品することができるようになります。

とはいっても、10枚ぐらい貼ってしまうと見た目にあまりにも不自然なので、貼りすぎに気をつけましょう。

また、この防犯シールは、値札はがしなどのときにも役立ちます。値札さえはがせたらノリが残ってしまっていても上から貼ってしまえばいいのです。値札シールのノリをきれいに取りきるには、それなりに手間がかかるので、時間の節約になります。
ただ、**直径3センチ以上の大きな穴や、全体的に目立つような汚れがある場合は、「ほぼ新品」で出品する**ようにしましょう。

▲防犯タグ 消去式 4×4cm 500枚入（実勢価格：1,680円）

中古商品の仕入れについて

中古商品の仕入れについては、Chapter4で詳しくお話ししますが、少しだけ触れておきます。
中古商品は基本的に商品の使用に差し支えがない範囲で主要な付属品がそろっているものを仕入れます。付属品がそろっていないと、やはり販売スピードが落ちてしまいます。例外として、付属品が多少なかったとしても、レアな商品や発売から5年以上が経っているのに商品本体だけで十分に価値があるような商品であれば、仕入れることもあります。
外箱や説明書はあるに越したことはありませんが、なくても問題はありません。説明書はメーカーのホームページにある場合が多いので、ひと手間かけて印刷しておけば販売スピードが上がります。

カテゴリー別 中古商品を仕入れるときのチェックポイント

カテゴリー別に、大まかに次ページの表のようなところをチェックします。
店で仕入れるときは、商品が未開封品以外のものは中身を出して見せてくれるので、必ず中身を確認してチェックします。チェックした項目は、すべて商品のコンディション説明欄に「有無」と「状態」をありのままに記載します。こうすることで販売スピードが格段に早くなります。

▼中古商品を仕入れるときのチェックポイント

本・雑誌	カバー、帯、付録、本文の書き込み、スレ、折れ、ヨレ、しわ
CD・DVD・TVゲーム・PCソフト	ケース、帯、特典やダウンロードコード（ある場合）、説明書、歌詞カード、リーフレット、盤面の状態、動作確認済みか
それ以外のエレクトロニクス、パソコン・周辺機器、文房具・オフィス用品、ホーム＆キッチン、家庭用品、DIY＆工具、おもちゃ＆ホビー、スポーツ＆アウトドア、カー＆バイク用品、産業・研究開発品用品、楽器、ベビー＆マタニティ、腕時計、ペット用品	商品の外箱、説明書、付属品、キズ・汚れの有無、動作確認済みか

中古商品を出品するメリット・デメリット

中古出品のメリットは、出品者の評価をつけてもらいやすいことです。「新品」は、きれいであたりまえと思われますが、中古は商品の状態がとてもいいと購入者が感動するからです。Amazonで売上をあげていくのに、出品者評価数と評価率はとても大切です。特に、評価がないうちは「新規出店者」と表示されるので、どうしてもライバルに勝ちにくくなります。1日も早く、出品者の良い評価を1個でももらえるように、状態がとてもいい中古品を販売して評価数を集めていきましょう。

ただし、**デメリットとして故障品を届けてしまうと悪い評価をつけられやすくなってしまいます**。それを防ぐために、評価数が少ないうちは届いた商品が故障品だった場合の連絡先と、最後まで責任もって対応するポリシーの内容について文章を作成し、それを紙かラベルシールに印刷して同梱するようにします。

Amazonの出店者評価数の最初の目標は30個です。ここまでは、良い評価をもらえることを強く意識してAmazon物販をしていきましょう。

▼新品コンディションでいい場合とダメな場合

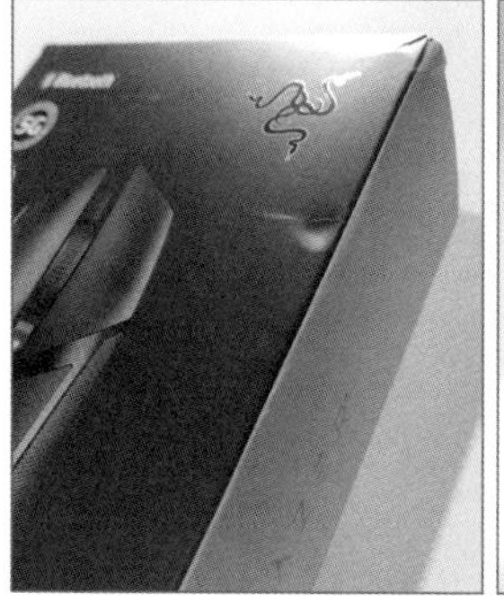

これくらいの凹みやスレであれば、「新品」のコンディションで大丈夫

未開封でも、箱に破れや強いヨレなど目立つダメージがあるので「ほぼ新品」で出したほうがいい

▼中古の各コンディションのチェックポイントについて

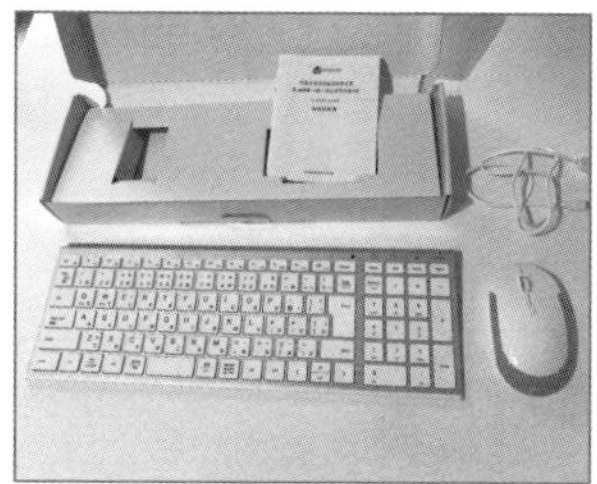

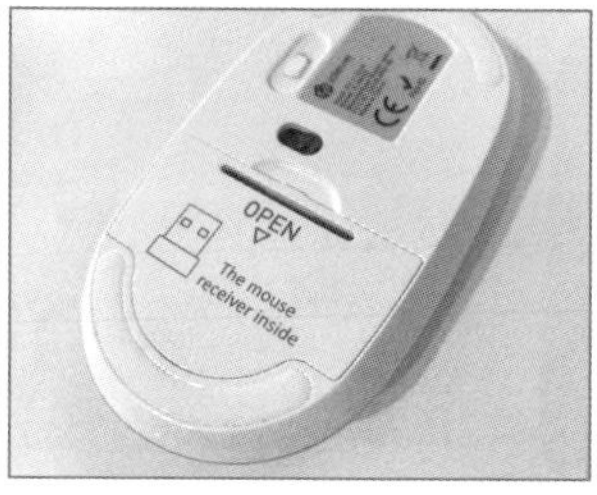

付属品などがすべてそろっていれば、コードがほどけていたりマウスの裏にほんのわずかな汚れがあっても、「ほぼ新品」の判断で大丈夫

全体的にきれいなら、一部分に気にならない程度の指紋汚れがあっても、「非常に良い」の判断で大丈夫

新品と中古品の出品コンディションの判別方法
https://youtu.be/0W5q3MgA8D8

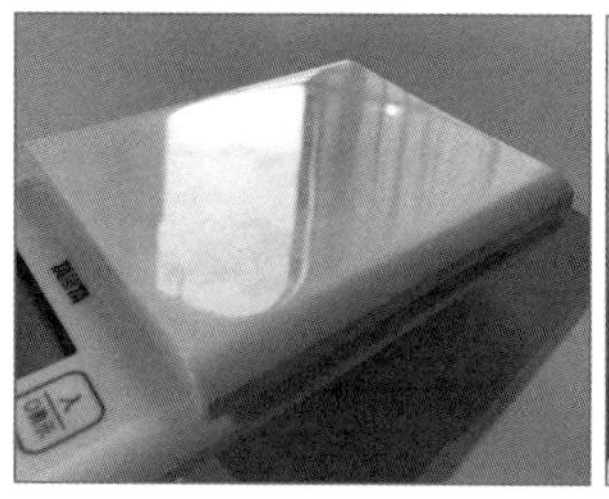

商品に問題はないが、使用感が新品の3割以上の割合で気になるなら、「良い」のコンディションにする

04〔店舗名〕

買ってもらえるお店の名前を考えてみよう

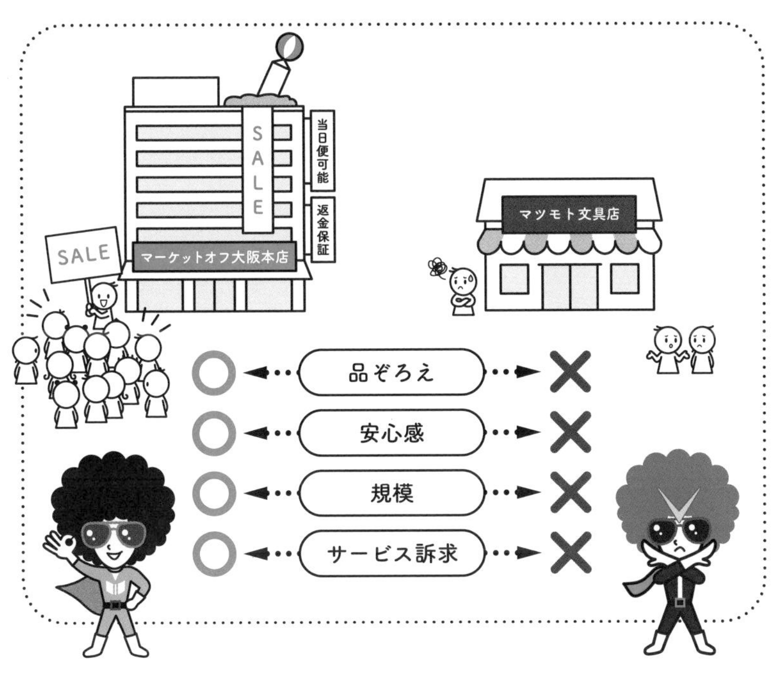

品ぞろえ、サービス、規模感など、店舗名だけで安心感を与えることができれば、お客様から選ばれやすい店舗になります。

POINT

① 店舗名から安心感を演出する。
② いろいろな商品を取り扱える店舗名。
③ サービス内容を店舗名に入れる。

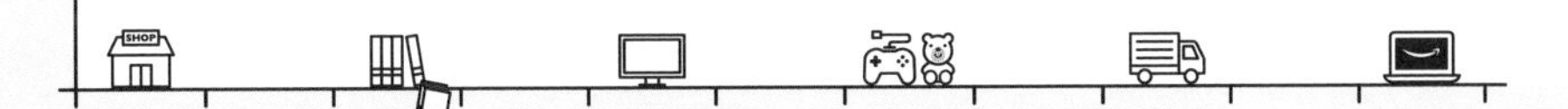

安心して買いたいと思える店舗名

Amazonでショッピングするお客様にとって、最も重要なのは購入する店舗の安心感です。特に、「届いた商品が初期不良やイメージしていた商品の状態と違った場合、スムーズにキャンセルを受け入れてくれる店舗なのか？」 この点で安心感を持ってもらえると、あなたのお店から購入してもらいやすくなります。そのために**個人商店ではなく、事業所が複数あるような会社規模として出品している販売者だとイメージしてもらうことが大切**です。規模が大きくなれば、サポート体制もしっかりしていると思ってもらえるからです。

具体的なテクニックとしては店舗名に「**〇〇大阪本店**」のように記載します。そうすることで、この会社はほかの県にも事業を展開している大きい会社なのだろう、購入後のサポート体制もしっかりしていそうだと思ってもらえます。ほしい商品がほぼ同じ価格帯で売られていれば、小さな個人商店よりも信頼ができそうな会社から買いたいというのが顧客心理です。その雰囲気を店舗名で演出しましょう。店舗名から信頼を得ることができれば、少しくらい高くても買ってもらえることもあります。

また店舗名に「長谷川商店」のような個人名や「クラスター商会」のような団体名のような店名をつける人もいますが、もっとお店っぽい雰囲気を出したほうが買ってもらいやすくなります。さらに、なんか聞いたことがあると思ってもらえるような店名やベタな名前をつけることで親近感を感じてもらいやすくなるので意識して考えてみましょう。

「こんな店舗名をベースにしよう。
東京グッドライフ 渋谷本店
よろず百貨店 銀座総本店
Best Select　京都本店
ウェルネス・マート　ネット通販部
おたからショップ　福岡本店」

幅広いジャンルの商品を扱える店名

せどりでは、ジャンルに関係なく利ざやがある商品を仕入れます。「ABCビデオショップ」のような店名にすると、そのお店に適した商品がビデオ、DVD、ブルーレイに絞られてしまいます。この店舗名でも、もちろん「食品」を売ることはできますが、お客様にとっては違和感しかありません。**店舗名は、どんなジャンルの商品を売っても違和感のない名前を考えましょう**。具体例としては「ABCマーケット」「ABC市場」のような感じです。

サービス内容を店舗名に入れる

お客様にとって、メリットのあるサービスを店舗名に入れましょう。具体的には、「**当日便可能**」と「**30日返金保証**」の2つのサービスが強く求められます。お急ぎ便を使うお客様は、割合的にとても多いです。「30日返金保証」は、FBAのデフォルトのサービスにはなりますが、お客様にとっては記載していない＝存在しないサービスです。ですから、ここはあえて記載するようにしましょう。

シンプルに、あなたがお客様になったとイメージしてみてください。「当日便可能」「30日返金保証」の記載がない店舗で注文をしたら、「当日届くのかな？」「返金保証してくれるのかな？」と少し不安に感じるはずです。「当日便可能」と「30日返金保証」の記載があって商品の状態に問題がなければ、その店から注文するのは当然です。店舗名にサービス内容を入れてしまいましょう。記載していない店舗が多いので、簡単に差別化ができて注文数をあげることができます。

店舗を目立たせるプチテクニック

サブ的なテクニックにはなりますが、**店舗名のはじめに記号やマークを入れると少し目立たせることができます**。「★」「●」などをつけると、ライバル出品者が多くてもお客様の目に止まる確率が高まります。チェックマークなどは、絵文字に変換できたりするのでそれを使ってもいいでしょう。

最終的に、こんな店舗名がお勧め！

これらを総合して店舗名をつけると、次のようになります。

お勧め店舗名

★ Tokyo ABC Store 横浜本店『当日便可能』『返金保証』
☑ マーケット・ジャパン 福岡本店【当日便可能】【返金保証】

単なる店舗名だからといって適当につけたり、変に意味を持たせた読めないようなややこしいものにするのは二流の考えです。店舗名は、売上に少しは影響するので重要です。

また、この店舗名を考えることで練習してほしいことは「お客様視点」です。**お客様の立場になったら、自分はどう感じるだろうか？** これを常に実践していくことがビジネスでは重要になっていきます。お客様視点がわかればわかるほど、売上は伸びるからです。

今回の具体的な実践として、次のことをしてみてください。

実践 Amazonで買いたくなる店舗名を調べる

① Amazonマーケットプレースに出品しているセラーの店舗名だけを見ていく
② どの店舗から買いたくなるだろうか？ それを考える

店舗名だけではなく、1つひとつこのように実践を重ねていくと、Amazonせどりが立派なビジネスだということを実感できます。

ちなみに店舗名は何度でも簡単に変えられるので、考えすぎずに1度つけてみて、少しずつ理想の名前に近づけていっても大丈夫です。

05〔商品の説明〕

買ってもらえる出品コメントを考えてみよう

商品説明は長くなってもいいので、必要な情報をすべて書き記すことで購入されやすくなります。ダメージ部分は、きっちり伝わるようにできるだけアップで撮影しましょう。

POINT

1. お客様にとって重要な順番で書く。
2. お客様の不安は、すべてなくなるように書く。
3. 中古商品は、画像を必ず撮影する。

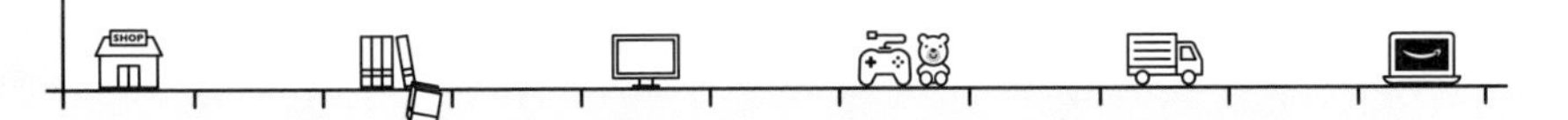

出品コメント文の考え方

出品コメント文の質の高さは、売上に直結します。その理由は、Amazonの場合、お客様はここの文章でしか購入の判断ができないからです。中古の場合は、画像（最高6枚）も購入判断の要因になります。あたりまえのことですが、ここを徹底的に意識すれば商品が売れやすくなります。出品コメントもなしに商品を出品している販売者もいますが、それでは売れるわけがありません。

お客様視点に立った出品コメント文とは、次の5点になります。

1. お客様が知りたい内容の項目順で書く
2. お客様の不安になる材料はすべて解消するように書く
3. 必要な情報をすべて記入しつつ、できるかぎり短く書く
4. 改行できないので、記号などで区切って読みやすくする
5. ダメージを記載する場合は、プラスの内容の間にマイナスの内容を挟むとマイナスの説明が目立たない

新品商品のFBA用出品コメント

これらを踏まえて考えた新品商品のFBA用の出品コメント文は下記のようになります。このコンディション説明文を真似して、あるいはそのまま使用して出品してみてください。

コンディション説明文例（新品）

当日お急ぎ便対応！◆在庫、確実に有り◆安心30日間返金保証◆国内正規品&未開封品。パッケージもきれいで、多少スレがある場合もございますが、全体的に良好です。◆Amazon倉庫にて専門スタッフが段ボールで防水梱包◆本日、全国無料発送！◆発送事故保障&追跡番号有り！◆購入後の問題は、Amazonカスタマーサポートにて電話で丁寧に対応致いたします。メール問いあわせは24時間受付（無休）◆（あなたの店名）お客様窓口：石井ゆり

左記の説明文について補足していくと、まず、「当日お急ぎ便に対応」していることは店名にも記載していますが、**Amazonの出品者一覧のページをパソコンで見たとき、店名よりもコンディション説明のほうが先に目に入ります**。最もニーズのある内容を1番先に伝えて購入率アップを図ります。「在庫が確実にある」ことも、急ぎのお客様や注文後のキャンセルを嫌うお客様にとっては重要です。そして、「返金保証」で安心感を訴求します。

ここまで読んでもらえたら、続きの出品コメント文を読んでもらえる確率が高まります。Amazonでは、開封品でも未使用品なら「新品」のコンディションで出品する販売者がいるので、「未開封品」でまったくの真新品（新品未開封）ということをアピールします。「Amazon倉庫から配達」されることと「防水梱包」も安心してもらえます。小さめの商品は段ボールで配達されない場合もありますが、梱包が丁寧なので問題ありません。

お急ぎ便でなくても、「本日発送」することも記載します。「事故保障と追跡番号」などの発送条件も、購入の決断の材料にしてもらえます。「購入後のサポート体制」を記載しているライバルはあまりいないので、差別化ができます。

また文章の最後は目に留まりやすいので、「女性の名前を記載」します。女性スタッフが、きめ細やかな対応をしてくれそうなお店だというイメージを持ってもらうことができます。

中古商品のFBA用出品コメント

中古のコンディション説明は、お客様がわかりやすいように商品（本体）と付属品を分けて記入します。商品と付属品にダメージがある場合は、それぞれ★の個所に記入しましょう。最後に「問題はない程度です」のような補足のコメントを入れるといい印象になります。ここの部分以外は、新品と同じ文章で問題ありません。

コンディション説明文で意識したいのは、**お客様が「思っていたのと違う！」とならないように、期待値を上げない、そして広範囲に受け取ってもらえるような表現にすること**です。たとえば、中古感が少しあるような商品を「きれいなほうです」といってしまうと、トラブルが起きやすくなります。そのような場合は、「良好です」と表現するくらいが無難です。

コンディション説明文例（中古）

当日お急ぎ便対応！◆在庫、確実に有り◆安心30日間返金保証◆【商品】全体的に良好です。中古感がわずかにありますが、気にならない程度です。★【付属品】説明書、保証書、電源コード、外箱付き。★画像のものがすべてなのでご確認ください。◆Amazon倉庫にて専門スタッフが段ボールで防水梱包◆本日、全国無料発送！◆発送事故保障＆追跡番号有り！◆購入後の問題は、Amazonカスタマーサポートにて電話で丁寧に対応いたします。メール問いあわせは24時間受付（無休）◆（あなたの店名）お客様窓口：石井ゆり

買ってもらえる中古商品の画像のポイント

中古商品は、どのコンディションでも画像を6枚までアップロードすることができます。お店の信頼度は、商品画像があるだけで商品画像がないお店よりも数倍上がるので、**「ほぼ新品」のコンディションでも、中古商品は必ず撮影する**ようにしましょう。ライバル出品者に画像がない場合、評価数で完敗していても画像があるという理由だけで勝つことができます。

中古商品の画像のポイント

1. 中古コンディションは画像を載せられるので、必ず画像を撮影する
2. 配送物をすべて、商品本体（メイン）、付属品、説明書で分けて撮影する
3. ダメージ部分は最大限アップで撮影する

6枚の中古商品の画像は、次ページのように撮り分けます。

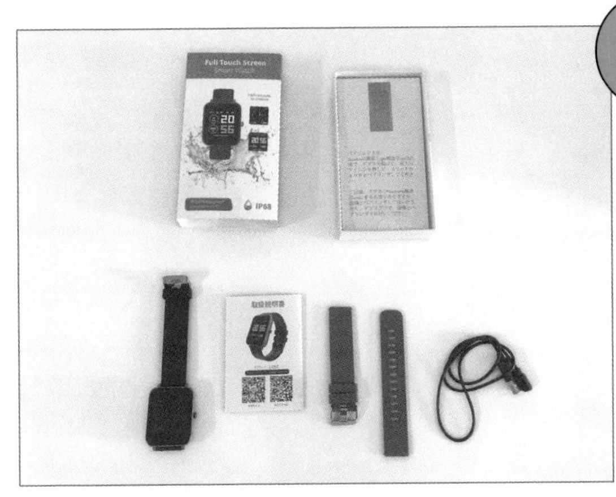

外箱を含めて、
お客様への提供物を
すべて撮影する

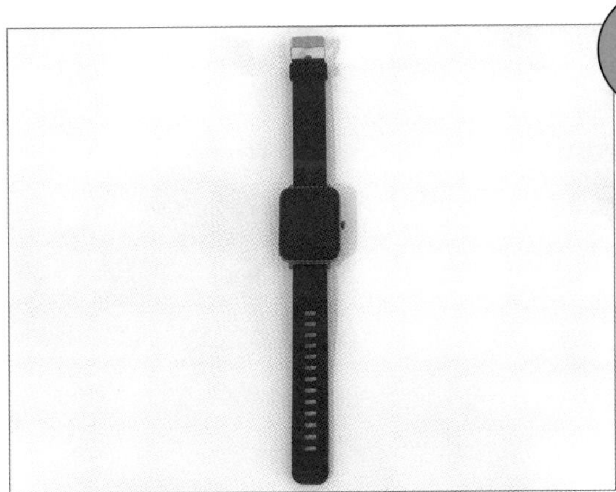

本体だけで
全体が入るように撮る

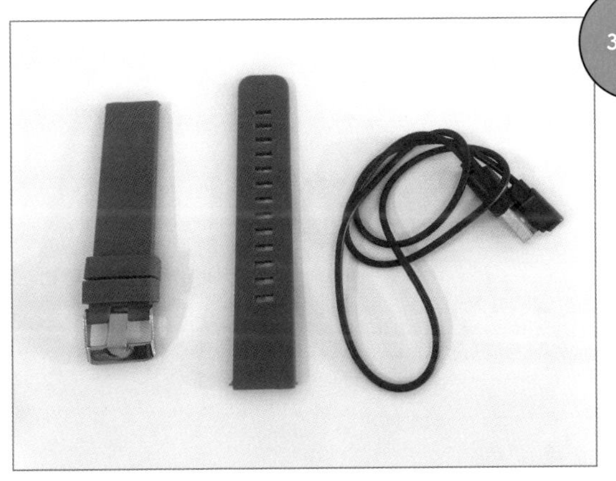

すべての付属品を撮る

説明書などを撮る

ダメージがある場合は、はっきりと見えるようにアップで撮る

5・6枚目

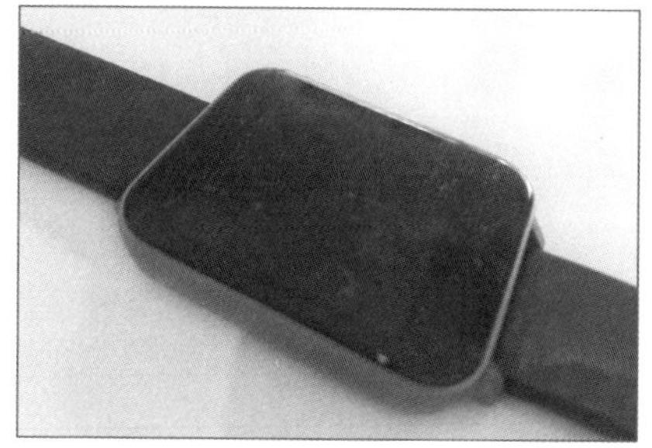

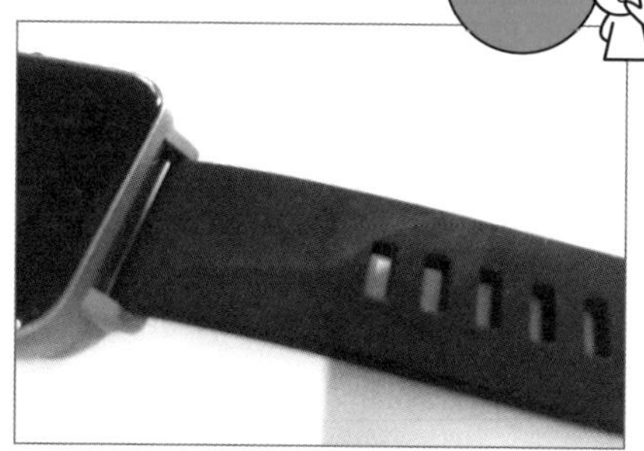

6枚の画像は

画像は、1枚目は外箱を含めてお客様に届けるモノすべてが入るように撮影してください。2枚目は商品の本体(メイン)のモノ、3枚目は付属物、4枚目は説明書や保証書など、5、6枚目はダメージ部分が明確に伝わるようにアップで撮影してください。商品の背景はできるだけ明るい単色で、商品が見えやすいように撮影してください。

必ずしも6枚すべてを撮影する必要はありませんが、このように撮影すれば、お客様に安心して商品を買ってもらいやすくなります。

仕入れの準備をしよう

せどりは、たくさんの小さな作業をいかに素早くこなしていくかで、結果が大きく変わってきます。スマホやパソコンの無料のツールでも十分なほど効率化できるので、しっかりと設定しておきましょう。まずは販売履歴サイトで、いろいろな商品のランキンググラフを見て仕入れ判断の練習をしてみましょう。キャッシュショートせずに健全なせどりの経営をしていくために必須のスキルです。

01

せどりで必要なものはたった2つだけ

せどりに必要なものは「スマホ」（できればiPhone）とクレジットカード（クレカ）だけ。あとは、ツール（アプリ）を準備して、仕入れをする前にそろえておくといいものが少しあるだけです。

POINT

1. スマートフォンは、できればiPhoneがお勧め。
2. クレカさえあれば、仕入金ゼロでも安全にせどりができる。
3. ツールは、有料版を導入しないほうが損をする場合もある。

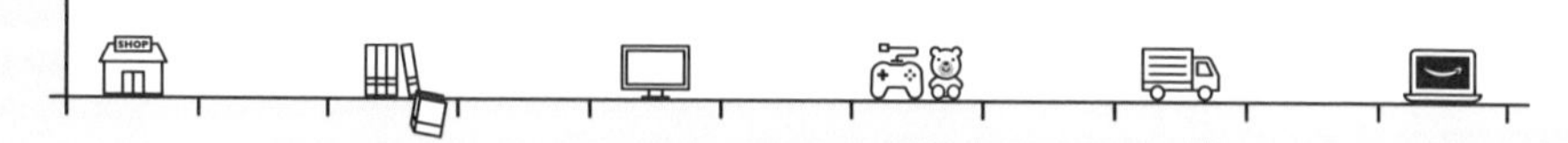

① スマートフォン（スマホ）

商品の相場をリサーチするために、店舗仕入れをするならスマホは必須です。iPhoneでもAndroidでも問題はありません。せどりのアプリはiPhoneのほうが充実しているので、できればiPhoneをお勧めします。

Amazon出品者用の公式アプリ「Amazon Seller」の使い方をマスターしておく

ここで忘れないうちに、**「Amazon Seller」のアプリをダウンロードしておきましょう**。このアプリはAmazon出品者用の公式アプリで、iPhone、Androidともにインストールできます。「Amazon Seller」では、「売上チェック」「商品検索」「手数料計算」「在庫確認」「注文確認」「商品出品不可判定」「お客様メッセージ対応」などができます。

ここで、商品検索からAmazon販売時の手数料計算までの流れをお話しするので、まずは身の回りにあるもので練習して、慣れたら店舗で商品をリサーチしてみてださいね。販売手数料についてはChapter2-08で詳しくお話しします。

Amazon Sellerアプリの商品検索の驚く機能は、パッケージの外側にバーコードの表示がなくても、スマホのカメラで商品自体を読み込めば、Amazon内の莫大なデータから該当する商品の情報を引っ張ってきてくれる機能です。すべての商品でできるわけではありませんが、精度が高く仕入れの実践でとても役立ちます。もちろん、バーコードのスキャンも可能です。バーコードはパソコンの画面のものでも読み込めるので、ネットリサーチのときも活用できます。

「Amazon Seller」で商品検索する。アプリのトップ画面から「商品登録」をタップする

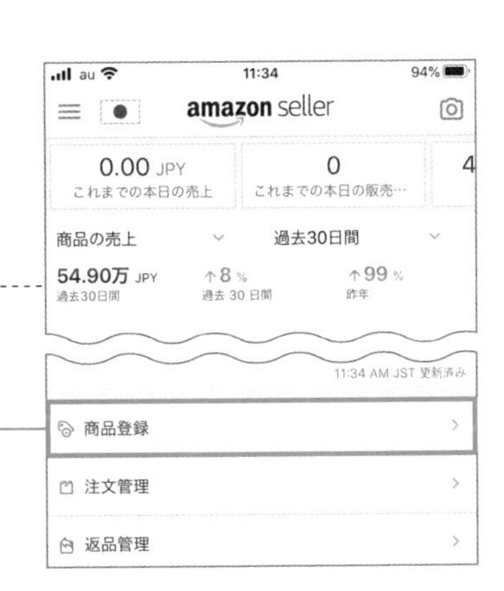

タップする

手順② 右上にある「カメラ」アイコンをタップするか、左側の検索枠にバーコードの番号やキーワードを入力する

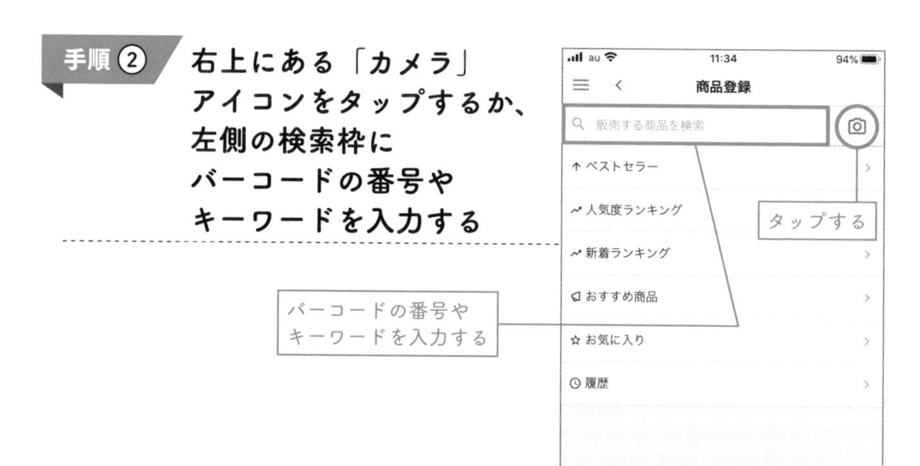

手順③ カメラの画面になったら、商品がスマホの画面全体に写るように調節する

手順④ 自動で検索候補を表示してくれるので、該当する商品をタップする

15:15
88%
商品登録
販売する商品を検索
商品が表示されませんか？商品を登録して出品しましょう。
行動が結果を変える ハック大学式 最強の仕事術
ハック大学 ぺそ
tankobon_hardcover
ショッピングカートボックスの価格: ¥1,320 +…
34 新品と中古の出品: ¥1,320
(234)
売上ランキング
525
オファーの表示　出品する
国会議員秘書の禁断の仕事術
尾藤克之
tankobon_softcover
20 新品と中古の出品: ¥331
(5)
売上ランキング
624,030

該当商品をタップする

手順⑤ **手数料の計算式の個所をタップする**

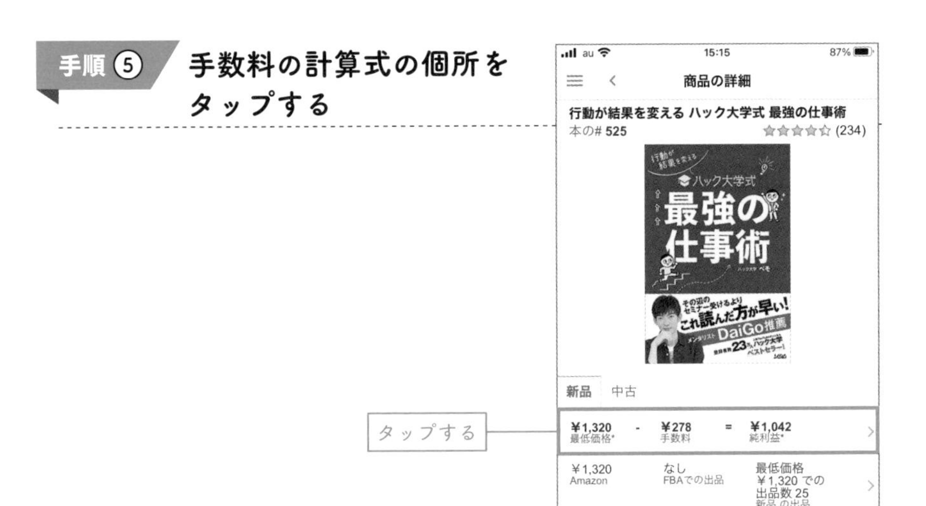

手順⑥ **「最低価格」のところに販売予定の金額を入力すると「純利益」のところに手数料が引かれた入金額が表示される。**
「Amazonへ納品」「仕入原価」に数字を入れると、差し引かれた利益が計算される

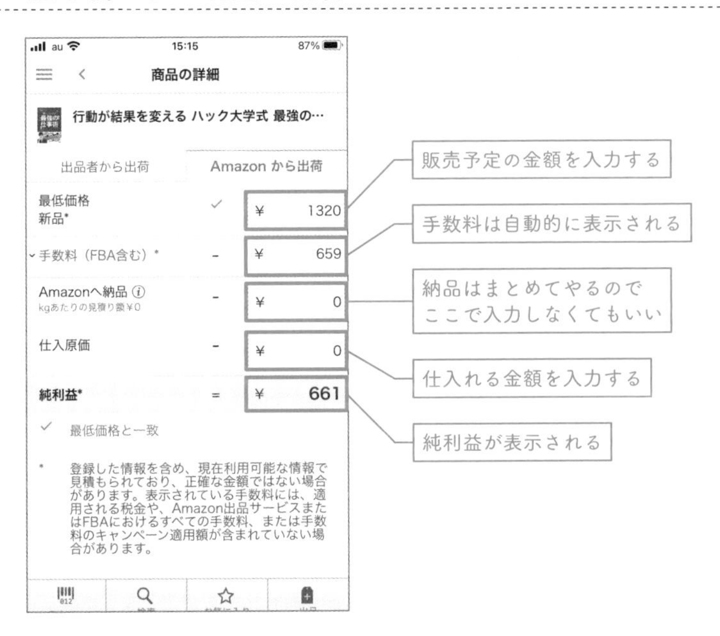

Chapter 2

② 仕入れ資金とクレジットカード

仕入れ資金は少なくても大丈夫

仕入れ資金は多ければ多いほど収益を上げやすくはなりますが、**もし用意できる額が少なくても、今あなたが用意できる額が最適のスタート金額**だと考えてください。

仕入金が10万円未満だったとしても残念に思う必要は一切ありません。元金と儲かった利益を全額次の仕入れに使えば、複利の力で雪だるま方式にお金が増えていきます。**10万円の仕入れ金で毎月２割分の利益を出していけば、1年後には90万円の元手になっています！** これは机上の空論ではなく、現実的に達成可能な数字よりも少なめだと思って大丈夫です。

そのしくみは、**Amazonからの売上の入金が月に２回ある**からです。回転の早い商品を仕入れていけば、1年で元手を100万円以上にすることも可能です。ちなみに1年で元手を100万円にして、月に利益2割の利益を出しながらもう1年せどりを続ければ、同じく9倍くらいの利益が出るので、800万円くらいの元手になる計算となります。ただしこれくらい金額が大きくなると、仕入れがなかなか追いつかなくなってしまうので、これは流石に机上の空論だと考えてください。それでも、現実的に数百万円までの売上が達成できるのはイメージしてもらえると思います。

仕入れ資金ゼロならクレジットカードで仕入れる

仕入れ資金を1円も用意することができなくても大丈夫です。現金の代わりにクレジットカードで仕入れをしていきます。クレジットカードなら引き落としまでの期日に売り切ってしまえば、資金ゼロでも利益を発生させることができます。もちろん、キャッシュショートの怖さがあるかもしれませんが、せどりは売れると予測ができる商品しか仕入れないので、仕入れ判断を正しくすれば安全に利益を出すことができます。

クレジットカードを２枚持てば、資金繰りに困らない

クレジットカードを２枚持つことの１番のメリットは、資金繰りです。締め日が違うカードを２枚併用して仕入れをすれば、引き落としまでに最長で約１カ月半の期間を確保できます。仕入れするときはカードの締め日を意識しておくとカードの引き落しに怯えながら仕入れしなくてすみます。

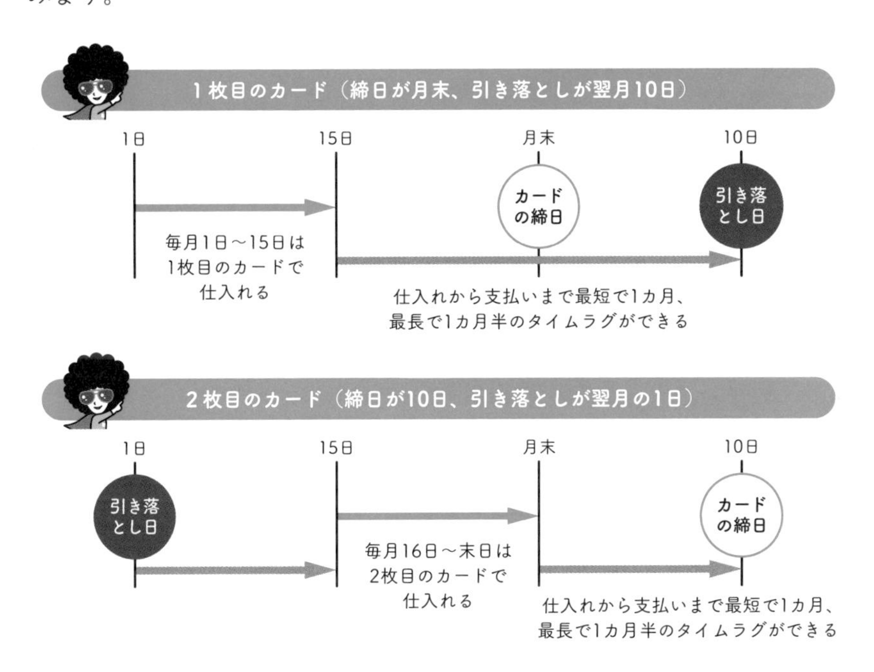

さらに、カードが使えない場面でも役立ちます。たとえば、今までクレジットカードでショッピングをしてこなかった人が、仕入れで急激に使いはじめると盗難カードと認識されてしまいセキュリティロックがかかってしまう場合があります。もちろん、カード会社に「買い物が増えた」と連絡をすればすぐに解除できますが、急ぎのときはもう１枚のカードで決済をすればスムーズです。

また、磁気不良などで使えなくなる可能性もゼロではありません。

資金繰りや諸々のトラブルに備えて、クレジットカードは仕入れ用として最低でも２枚は持っておきましょう。

もうひとつのメリットとして、クレジットカードの多くが買い物をするとポイントがついてきます。ビジネスをしていれば毎月数万円から数

百万円は経費や仕入れで使うことになるので、予想以上にポイントが貯まります。

ブランドは、VISAが最も多くの店で使えるので1枚は持っておきたいところです。AMEXは2回払いがないので注意してください。

可能なかぎり2回払いで支払う

クレジットカードで仕入れをするときは、**資金繰りに余裕を持たせるために必ず2回払いで決済**してください。店舗であれば、ほとんどの場合で可能です。ヤフオク!とラクマはできませんが、メルカリは3,000円以上の購入額であれば2回払いができます。**ほとんどのクレジットカードは2回払いであれば金利がかかりません。**

たとえば、セゾンカードは締め日が毎月末日です。1回目の引き落とし日が翌々月の4日です。1月1日に1万円の仕入れをして2回払いにしておけば、3月4日に5,000円、4月4日に残金の5,000円が引き落とされます。仕入金額を全額返済するまで3カ月以上もあるので、正しく仕入れをしていればキャッシュがショートすることはあり得ません。

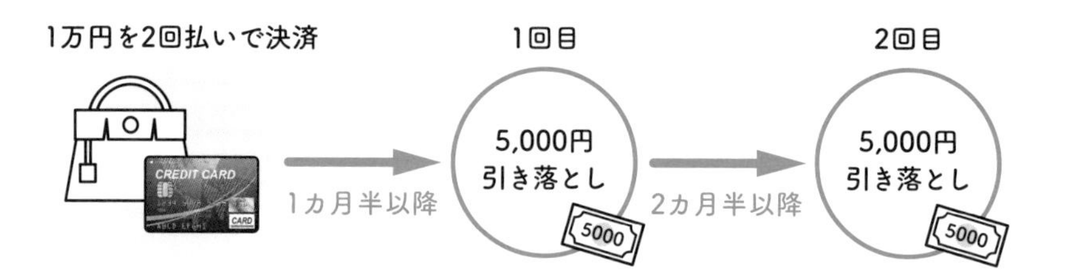

さらにもう1枚、締め日が15日のクレジットカードを持っておくと、より余裕をもってキャッシュフローを回すことができます。締め日が15日の場合、引き落とし日が翌月10日のカード会社が多いです（前ページの図）。この2種類の締め日のカードを持っておくと、仕入れてから初回引き落とし日までを常に1カ月半近く先にすることができます。**毎月1～15日までは、締め日が末日のカードで仕入れて、16～末日までは、締め日が15日のカードで仕入れる**ようにすることが合理的なクレジットカードの使い方です。

苦しくなったら3回払いで支払う

クレジットカードでの仕入れの支払いは、できるだけ金利がかからない2回払いまでにしたいですが、どうしてもキャッシュフローが悪くなってしまった場合は、分割払いに変更しましょう。

JCBや楽天などのクレジットカードでは、ネットの管理画面からあとからでも簡単に分割払いに変更することができます。3回払いであれば、金利がだいたい2％なので、キャッシュフローを円滑にするためには一部の仕入れを3分割にしてもまったく問題ありません。

ちなみに、**3回以上の分割払いをしなければいけない状況が増えはじめたら要注意**です。回転の悪い商品ばかりを仕入れすぎている証拠です。一度立ち止まって仕入れ基準を見直すようにしましょう。

クレジットカードは独立する前につくっておく

現在あなたが会社員だとしたら、サラリーマンのうちにカードを複数枚つくっておいてください。独立して自営業になるとクレジットカードの審査が通りにくくなってしまいます。**毎月1枚ずつ申し込むようにして5枚ぐらい持っておくのがお勧め**です。

せどりのような物販をしていると、クレジットカードのポイントがすぐに溜まるので、ポイント還元率ができるだけいいカードを選んでください。毎月の買い物ポイントだけで、旅行に行ったりショッピングができたりするようになります。

クレジットカードで仕入れるのが怖くなくなる

クレジットカードで仕入れをするのは、最初は怖いと感じるかもしれません。何を隠そう私は誰よりもびびっていました。来月の引き落としまでにたくさんの商品が売り切れるかどうかビクビクしながら、少しずつ仕入額を増やしていきました。これを繰り返しているうちに、いくら仕入れてもトータルで必ず黒字で売れていくのが確信できるときがきます。そうなれば、逆に仕入れないと嫌になります。現金が目の前に落ちているようなものですからね。

クレジットカードを使うのが怖い人は、**なるべく精神的負担を背負わないように、少しずつ仕入れを増やしていく**ようにしてください。

セラーセントラルアプリの商品検索と利益計算の仕方。便利な使い方も収録！
https://youtu.be/ofT-ay-ojUQ

店舗せどらーは「ビーム」を持ったほうがいい！

せどりで必要なものはたった2つだけと言いながら、売上が上がってきたらぜひ導入してほしい機材があります。**通称「ビーム」、いわゆるバーコードリーダー**です。

このバーコードリーダーはレーザーを商品のバーコードにあててスキャンするしくみです。機能としては、スーパーのレジにあるバーコードを読む機械と同じですが、せどり用なので手の中に収まるくらい小型になります。検索速度がカメラでスキャンする場合の5～10倍以上になるので、余裕ができたら必須アイテムとして導入を強くお勧めします。

大きく分けて姉妹品を含めて下記の3つになります。

▲ユニテック・ジャパン MS910-KUBB00-SG（実勢価格：1万3,500円）

▲Koamtac KDC200iM（実勢価格：3万2,000円前後）

▲【姉妹商品】KOAMTAC KDC20i（実勢価格：3万円）
ディスプレイ画面がなく、充電はUSBが機器に直接埋め込まれているので1番小さくて携帯性がある。

どれもアマゾンやヤフオクで購入できます。MS910はレーザーがぼやけて太いですが、KDC200系ははっきりとした細いレーザーで瞬時にスキャンしてくれます。価格は倍以上違いますが、それだけの機能性の違いは十分にあります。バーコードリーダーは、使ったほうが売上、利益が圧倒的に伸びます。**店舗せどりで大きく稼げるか稼げないかの分かれめは、バーコードリーダーを導入するかどうか**といっても過言ではありません。

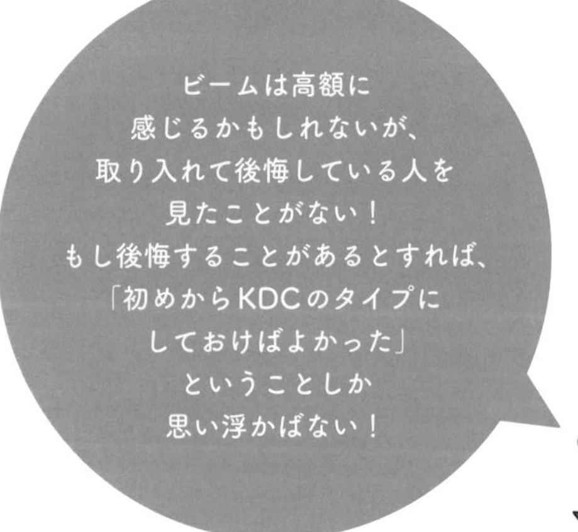

02

お勧め「せどりアプリ」これだけは入れておこう

せどりは、小さな同じ作業を何度も繰り返すことが多いので、頻繁に発生する業務は、効率化できるアプリがないか常に意識しましょう。

POINT

❶ すき間時間は、アプリで作業の効率化をし続けよう。
❷ メモアプリは文章だけでなく画像も保存できるものを選ぶ。
❸ 店舗せどりは、有料リサーチアプリを使っていこう。

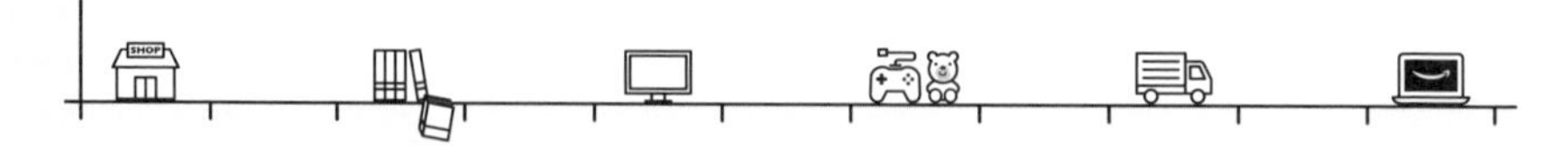

まずは、必須無料アプリ！

何はともあれ、まずはここで紹介する無料アプリを、App StoreかGoogle Playで検索してインストールしてください。そして、慣れて使いこなせるようになってください。

iPhone Android 最安値サーチ

スマホで安い商品をリサーチするときに､主に「楽天」「Yahoo!ショッピング」「ヨドバシ」「価格.com」で比較します。中古であれば「ヤフオク！」「メルカリ」「ラクマ」の3つが主な仕入先となります。リサーチしたい商品を検索枠に入力（コピペ）し、検索をかける作業を各サイトで同じようにやるのは、なかなか骨が折れます。そんなとき、**このアプリの検索枠にキーワードを入力して検索ボタンを押せば、すべてのサイトで一括検索をして表示してくれます**。ログインや特別な設定なども不要で、直感的に使えるのでとても使いやすいです。自分が検索したいサイトもカスタマイズできます。

iPhone Android ロケスマ

自分が現在いる周辺の、あらゆる店舗やサービスのスポットを地図で表示してくれます。せどりで仕入れ対象になるお店はもちろん、仕入れ金が足りなくなったときは、銀行や郵便局も見つけられます。また、ちょっと休憩がしたいときには、カフェやレストランなどがすぐに見つけられます。ジャンル別に表示することもできて､とても便利です。地図のベースがGoogleマップなので、見慣れているので使いやすいです。せどりの仕入れに関係なく、仕事でもプライベートでも外出する際に役立ちます。

iPhone メルメモ

iPhone専用メモアプリです。Amazon出品には大きく関係しないアプリになりますが、ネット物販をしていくうえで欠かせないツールです。仕入れたけどAmazonで出品できなかった商品、またはできなくなってしまった

商品というのはどうしても発生します。そんなときはフリマアプリで出品することになります。メルメモで、フリマアプリに出品する商品の写真や説明文を一時的に保存・管理しておくことで、再出品がとても楽にできます。メルカリの画面に似た構成になっていますが、どのフリマアプリでも使うことができます。

フリマアプリで商品を出品してから数日以内に売れなかった場合、再出品をして売り切る必要があります。フリマアプリは、毎分、何百もの商品が新しく登録されるので、時間が経てば経つほど自分が出品した商品は埋もれていってしまいます。そうなると、購入者の目に留まることが少なくなり売れる可能性も大きく下がってしまいます。

再出品で面倒なのは、画像と商品タイトルと説明文をコピーすることです。**メルメモに画像と文章を登録しておくことで、再出品がとても効率化できます**。文章は、文字の選択範囲をしなくてもコピーボタンを押すだけで全部コピーしてくれます。画像は、アプリに保存しておけば、スマホのカメラロールに再ダウンロードをすることで、すぐに見つけることができるようになります。

「**定型文リスト**」機能もとても便利です。購入者や出品者とやりとりする際は、だいたい同じ文章を使いますよね。その使い回したい定型文をコピペして無限に保存しておくことができます。メルカリ以外で使う文章でも、このメルメモに保存しておけば便利です。各定型文の並び替えも、スワイプで簡単にできちゃいます。

せどりお勧めアプリの使い方「最安値サーチ」「ロケスマ」「メルメモ」
https://youtu.be/_OhEfNThJzU

有料リサーチアプリを使えば効率アップ！

有料のリサーチアプリを使えば、店舗せどりの仕入れスピードが格段に上がり、楽になります。収益が上がるごとに、先行投資だと思って導入していきましょう。

店舗せどりのスタイルで本気で収益を上げたい人なら、これらのアプリの活用は必須です。どのアプリにしたからといって、大きくリサーチ結果が変わるわけではないので、使いたい機能を確認し、どれが自分にあっているか判断しましょう。また、どれも優秀なアプリなので、ひと通り使ってみて、気に入ったものだけ残すようにするのをお勧めします。

iPhone Android SellerSket（セラースケット）

iPhoneとAndroidの両方に対応している唯一のリサーチアプリです。このアプリは、Amazonに出品するとアカウント停止につながる可能性がある危険なメーカーの商品をレベル分けで表示してくれます（Amazonの真贋調査：出品した商品が正規品かニセモノかAmazonが審査するしくみがある）。また「利益計算」の画面では、独自の計算指標で商品が10日、30日、90日以内に売れる確率も表示してくれるので、仕入れ判断に役立ちます。パソコンにも連動していて、パソコンでも同じ内容を見ることができます。

Amazonアカウント停止の
復活・予防を徹底サポート｜
セラースケット
https://sellersket.com/
（月額2,480円）

iPhone Amacode Pro

iPhone専用リサーチアプリです。「Amacode Pro」のすごいところは、**店舗でリサーチしている商品がネット上の販売サイトで、利益が出るくらい安値で出品されている場合に通知してくれます**。店舗では高値だったとしても、ネットで思わぬ仕入れができてしまうことがあります。また、商品の仕入れ判断に最も役立つKeepaのランキンググラフをAmacode Proと契約すれば無償で表示してくれます。Keepaは本来、月額約2,000円の有料ツールなので、とてもお得です。

Amacode Pro
https://pro.amacode.app/#!/
（月額4,980円）

iPhone せどりすとプレミアム

iPhone専用リサーチアプリです。「せどりすとプレミアム」は、リサーチから仕入れ判断の時間を最短にできる仕様になっています。リサーチした商品を仕入れ判断するためにKeepaのランキンググラフをチェックするのですが、それをアプリ内の大画面で表示してくれます。さらに**新品出品者数と中古出品者数を1日ごとの表にしてくれているので、どちらがどのタイミングで売れたかがわかりやすい**です。また、手数料計算もアプリ内でワンタップで表示できるので、スムーズに仕入れ判断が完了します。月額の料金は最も高いですが、とにかく多機能で、その価値は十分にあります。プライスターという価格改定などが自動でできる有料管理ツールがあるのですが、それと連携できるのが特徴です。

※Seller Sketとせどりすとプレミアムで、Keepaランキンググラフを導入するには有料となり、月額15ユーロが別途必要です。

せどりすとプレミアム｜Sedolist Web
http://www.sedolist.info/premium/
（月額5,400円＋初月5,400円）

Chapter 2

03

せどり必須拡張機能「モノサーチ」

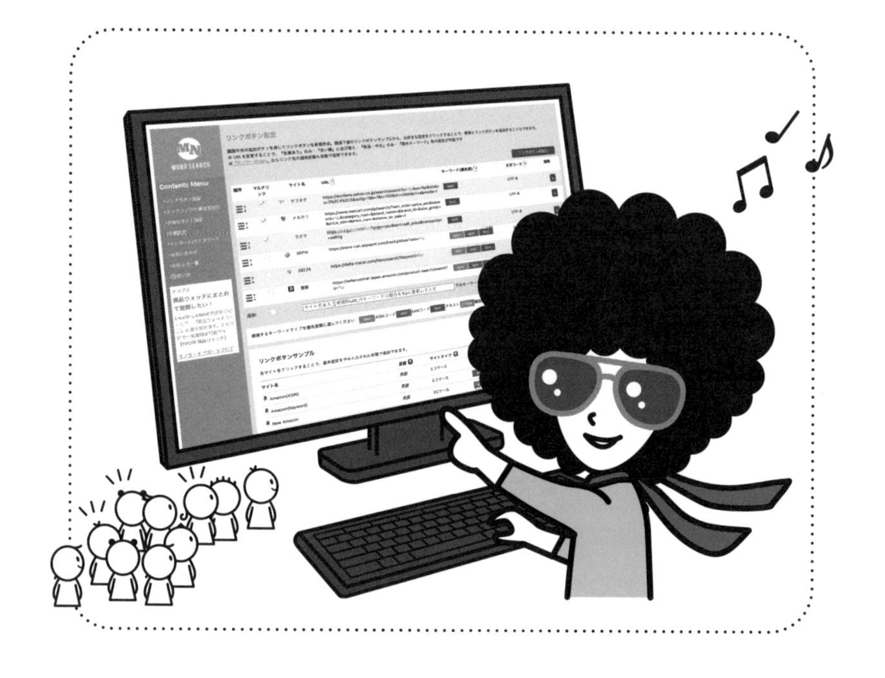

せどり業務で効率化したいパソコン作業はGoogle Chromeにモノサーチを入れるだけで十分。かなり自由にカスタマイズできるので、早く慣れて効率アップしましょう。

POINT

① モノサーチは、最も作業を効率化できるGoogle Chromeの拡張機能。
② 不要な機能を使っているとブラウザーの動きが遅くなる。
③ 頻繁にリサーチするサイトはどんどん追加設定していこう。

「モノサーチ」は検索したい商品を指定したサイトで一括検索できる

大前提として、**せどりをやる場合、パソコンのブラウザはGoogle Chromeを使ってください。**そのうえで、拡張機能であるモノサーチが必須になります。店舗せどりだけしかしない人でも必ずGoogle Chromeに入れておいてください。

極論、Amazon系の拡張機能はこれだけで十分といえるくらい無料で使える機能が満載です。使わない機能を入れておくとGoogle Chromeの動きが遅くなるので、モノサーチの使わない機能はオフにしておきましょう。

各設定は、ページの右下に表示される水色の「option」ボタンから設定しましょう。

「リンクボタンサンプル」の中から検索したいサイトを選択したり、「追加」ボタンで検索先を設定すると、ワンクリック検索できる「リンクボタン」がどんどんできていきます。

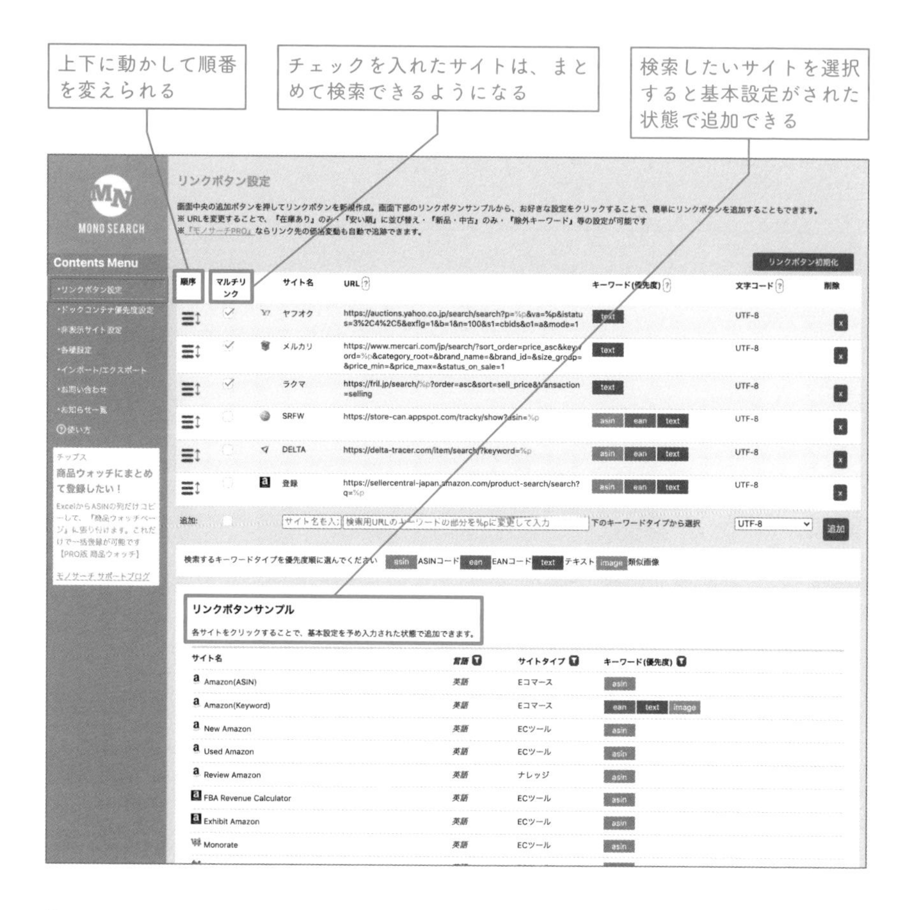

よく検索するサイトはリンクボタンを設定する

パソコン画面上で見ている商品の商品名や型番の部分をドラッグでなぞって検索したいサイトのボタンをクリックするだけで、そのサイトで検索ができるように設定できます。検索先として設定したサイトは、ブラウザーのページの最下部にドックとして表示されるようになります。

有名な販路のサイトは、リンクボタン設定ページの下に「リンクボタンサンプル」として一覧で用意されているので、選択するだけで追加できます。一覧に希望のサイトがない場合には新たに追加することもできます。

追加したいサイトで、「サイト名」を入力し、キーワード検索したときに表示されたURLの「キーワード」部分を「%p」に変更して「URL」に入力して、「追加」をクリックします。英語と数字でキーワード検索したほうがURLの「キーワード」部分がわかりやすくなります。

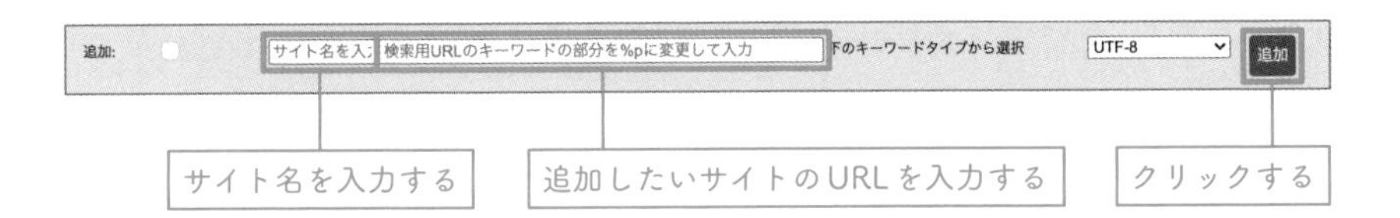

また、検索先での検索結果の条件なども設定することができます。

たとえば、ヤフオク!でキーワード検索したあとに、「未使用」のコンディションだけに表示を絞り込むとURLが変わります。その絞り込んだときのURLの「キーワード」の部分を「%p」に変更すれば、未使用品だけを検索結果として表示することができます。

Amazonページからの販路以外の検索先としては、リンクボタンサンプルから「アマ制限」を選べば商品が出品できるかを確認できたり、「FBA料金シミュレータ」を選べば手数料計算ページに1発でジャンプできるので便利です。

マルチリンクにチェックを入れた検索先は、ドックに表示される「まとめて」ボタンを押したときに、各サイトで同時に検索をかけてくれます。

検索するキーワードを指定する方法は、検索したい文字をドラッグでなぞることで、ドックの左端にある紫色のTマークの個所にキーワードが指定されます。そのキーワードが検索時のキーワードとして使われます。

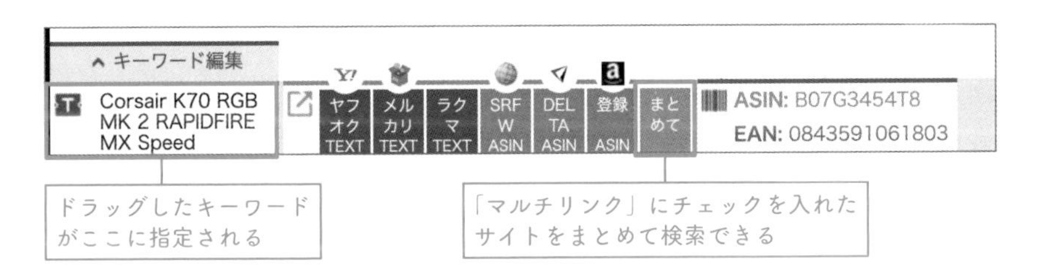

「ドックコンテナ優先度設定」のページは、イメージコンテナ以外にチェックを入れましょう。イメージコンテナ以外は、重要です。

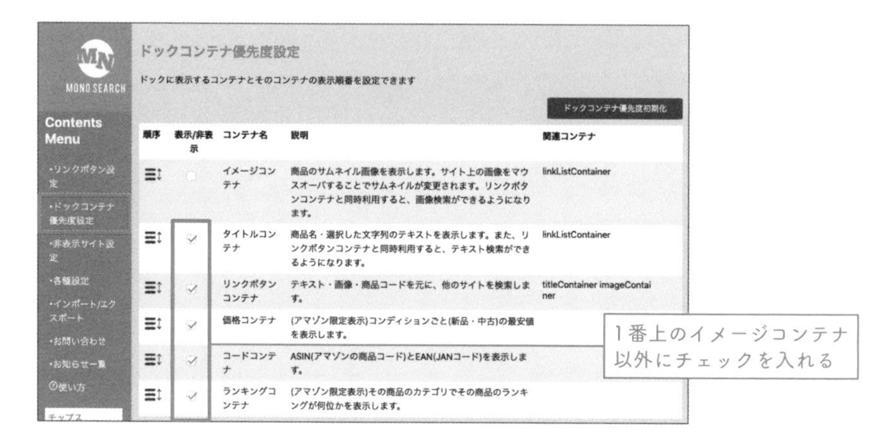

「各種設定」の「追加機能設定」も必要な個所にチェックを入れておきましょう。

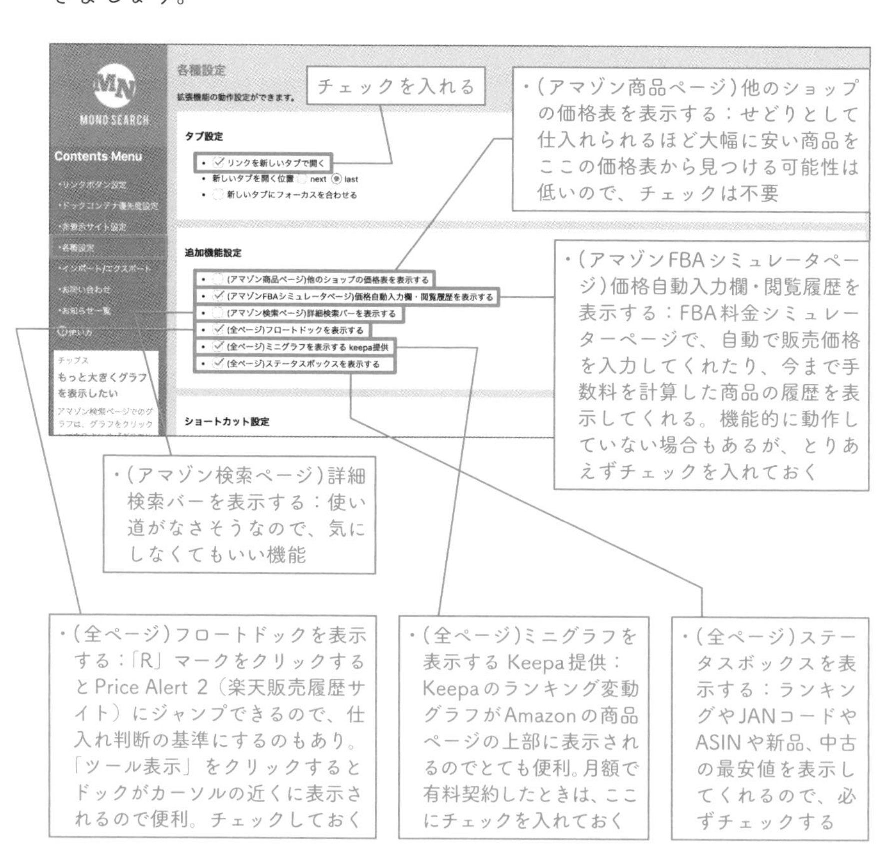

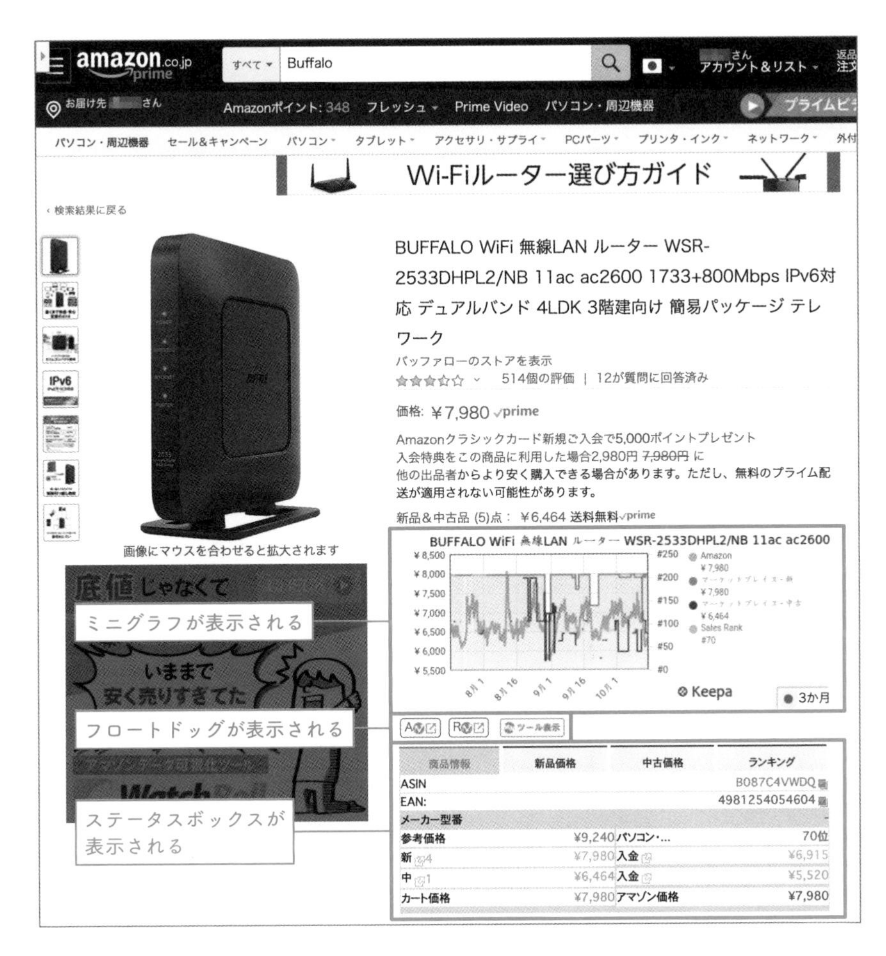

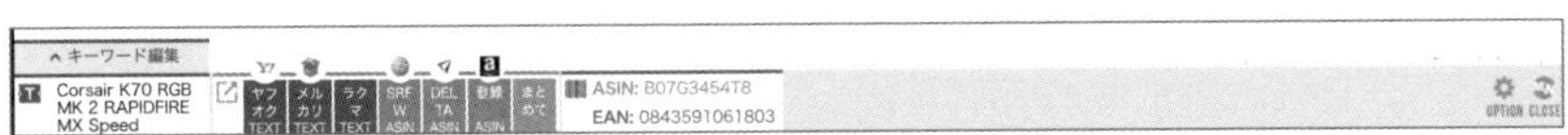

Amazonの商品ページに必要な情報が表示されるようになり、リサーチのときにとても便利です。

せどり必須拡張機能モノサーチの使い方を徹底解説
https://youtu.be/U3tjrnrNCz8

04〔Google Chrome〕

せどりにお勧め！3つの拡張機能

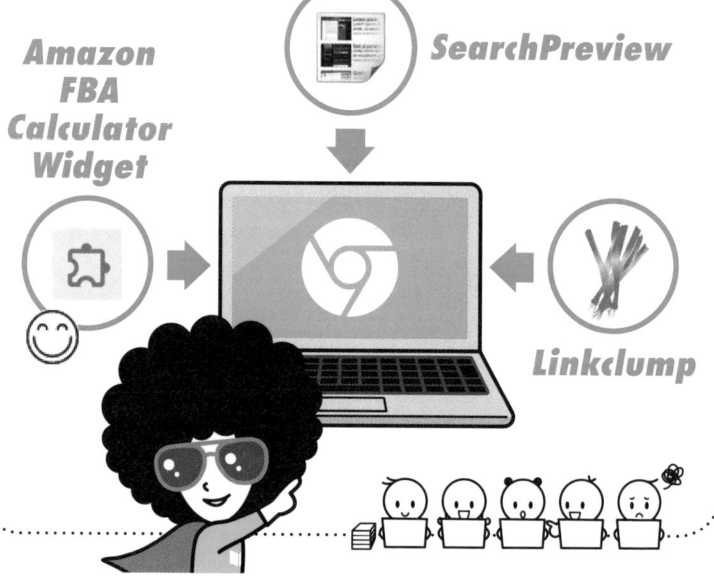

ここで紹介する拡張機能は無料で、Google Chromeの動作も重くならないので、まずはインストールして使ってみましょう。

POINT

1. 拡張機能は、業務効率化なので売上アップに貢献してくれる。
2. 拡張機能は、入れすぎるとGoogle Chromeが遅くなるので必要最低限に。
3. 不具合がある場合は、組みあわせが原因かもしれない。

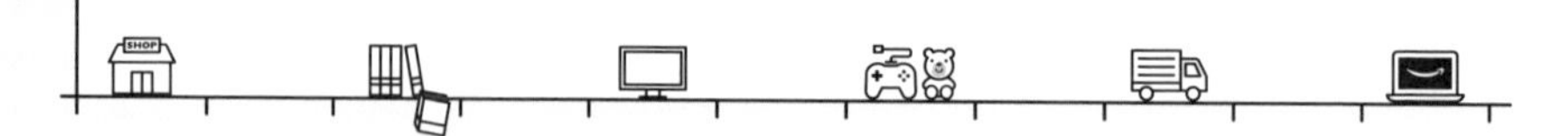

① Amazon FBA Calculator Widget（FBA料金シミュレーター）

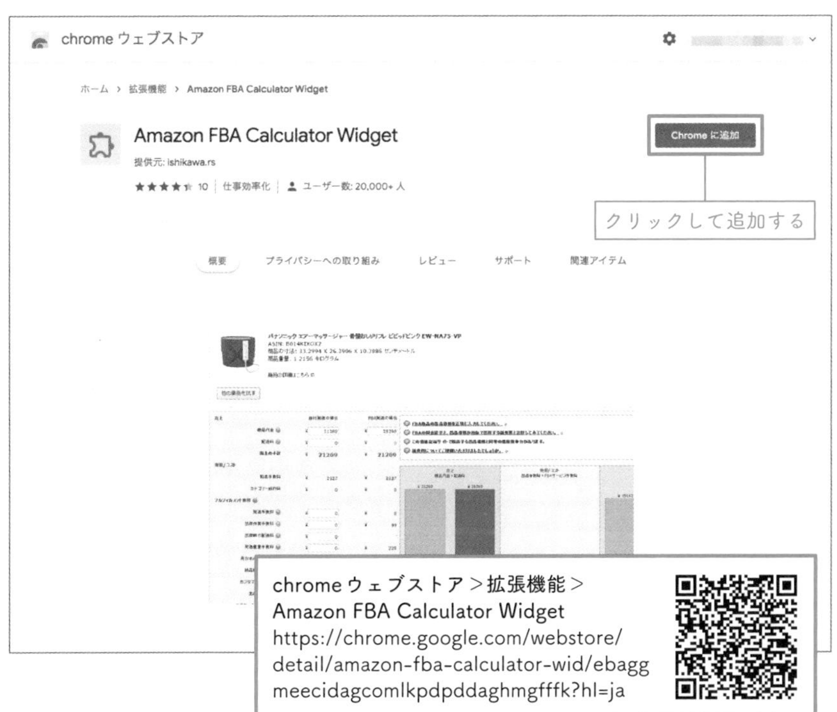

chrome ウェブストア＞拡張機能＞
Amazon FBA Calculator Widget
https://chrome.google.com/webstore/detail/amazon-fba-calculator-wid/ebaggmeecidagcomlkpdpddaghmgfffk?hl=ja

Amazon FBA Calculator Widgetを入れると、１クリックでAmazonの商品ページからFBA料金シミュレーターのページにジャンプして、見ていた商品を自動で検索し、新品の販売価格（最安値）まで自動入力してくれます。本来であれば、FBA料金シミュレーターのページで商品を検索してから、販売価格を入力する必要があるところを２ステップも作業を省略できます。販売価格は変更して入力する場合もありますが、商品を自動で検索してくれるだけでもとても楽になります。注意点は、Amazonの商品のトップページからしか機能しないことです。

使い方はとても簡単で、拡張機能をインストールするとブラウザーのURLのアドレスバーの右に😊が表示されるので、クリックするだけです。

② SearchPreview

SearchPreviewを入れると、Googleでキーワード検索をしたときに、検索結果の各サイトのトップページの画像を小さく表示してくれます。便利な点は、Amazonの商品ページが検索に引っかかっているかどうか一瞬でわかるところです。Amazonの商品ページがあるということは、リサーチした商品が仕入れの対象になる可能性があるということです。これが瞬時にわかることで、大幅な時間短縮に繋がります。

右ページの例では、検索結果の3つ目がAmazonのページだとすぐにわかります。型番でGoogle検索をして、検索結果の1ページ目にAmazonのトップページの画像がなければ、検索キーワードを追加して再度検索をしてみましょう。「型番＋Amazon」のように検索すれば、Amazonの商品ページが出てくる場合もあります。ヨドバシカメラやヤフオク！、メルカリなど、自分がよく見るサイトのトップページを覚えておけば、検索結果が画像の目視だけですぐにわかるようになります。

③ Linkclump

chrome ウェブストア＞拡張機能＞Linkclump
https://chrome.google.com/webstore/detail/linkclump/lfpjkncokllnfokkgpkobnkbkmelfefj?hl=ja

ブラウザー上で新しいページを複数開きたいとき、1つひとつのURLをクリックしてオープンするのはわずらわしくないですか？　これを解決してくれるのがこの拡張機能です。使い方はとても簡単です。Zボタンを押しながら、マウスのドラッグで範囲指定をするだけで、そこにあるURLをすべて一括で開いてくれます。範囲指定した場所は赤枠で表示されます。ブログの記事などで画像や言葉にURLが埋め込まれている場合も同じように開いてくれます。何度も何度もクリックしていると自分が思っている以上に疲労するので、ひとつのサイトを開くときでも、Zボタンとドラッグの範囲指定で開けると楽チンですよ。

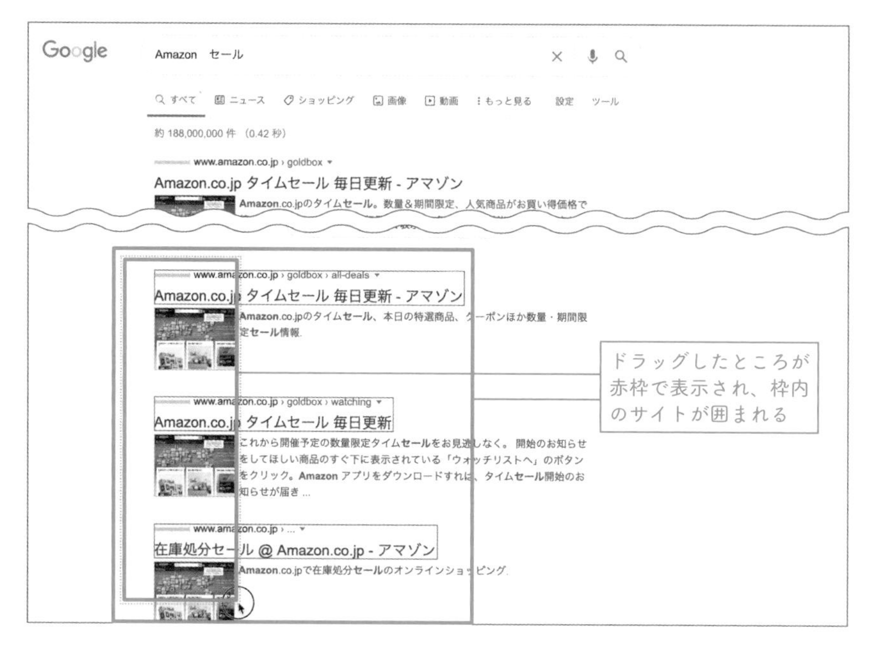

拡張機能の注意点

ほかにも便利な拡張機能はたくさんありますが、ここでは絶対に入れておきたい3つを厳選して紹介しました。基本的に拡張機能は無料なので、効率がアップしそうなものがあればまずは使ってみましょう。

また、**拡張機能は組みあわせによって相互の動作に不具合が発生する場合があります**。新しい拡張機能をインストールしたあとに今まで使っていた拡張機能の動きがおかしくなった場合は、新しい拡張機能に原因があるかもしれないので、アンインストールするなどしましょう。

せどりリサーチ効率化拡張機能の使い方を徹底解説
https://youtu.be/xRLfbcKAHf0

05

無料の販売履歴サイト「Shopping Researcher for web」で仕入れリスクゼロ？

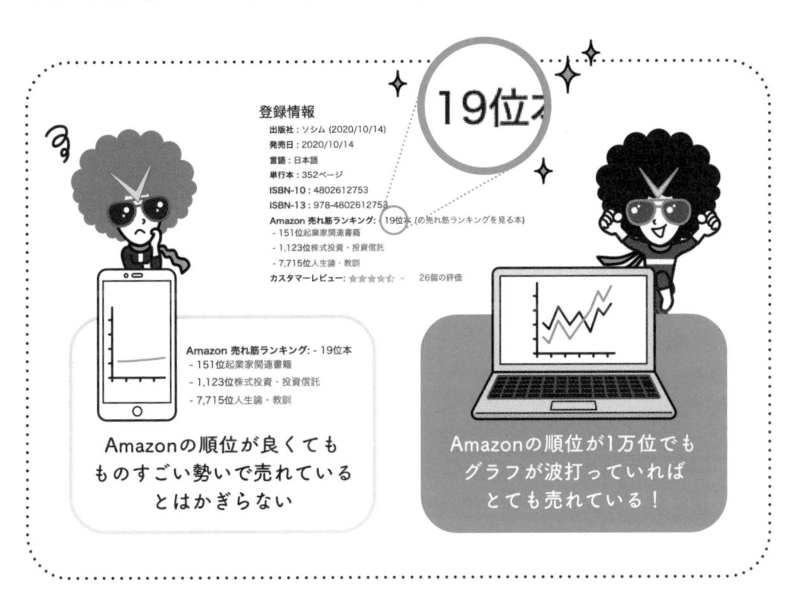

「ランキングがいいこと＝商品がたくさん売れている」とはかぎりません。総合的に正しく判断することで不良在庫はほぼゼロにできます。

POINT

❶ ランキングで判断しない！
❷ 仕入れ判断は、グラフが波打っている回数＝確実に売れた回数とライバルの在庫数のバランス。
❸ 自分の本当のライバルを見極めよう。

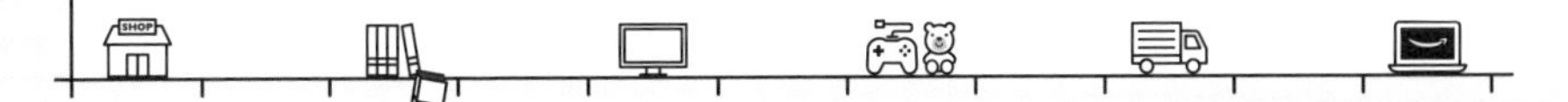

在庫リスクがほぼゼロを支えてくれるツール

ネット物販の１番の強みは、「**売れているものだけを仕入れることができる**」ということです。これは「**在庫リスクがほぼゼロで仕入れをすることができる**」ということです。通常の店舗営業の物販だと、売れるかどうかわからないようなものでもラインアップしておく必要がある商品がたくさんあったりします。

Amazonせどりのようなスタイルの物販は人類史上はじめてで、奇跡的だと思います。このしくみを可能にしてくれるのが、販売履歴サイトです。このサイトがあれば、Amazonでの各商品がいつ、いくらで、何個売れたかを高い精度で知ることができます。まずは、無料の販売履歴サイト「Shopping Researcher for web」を紹介します。

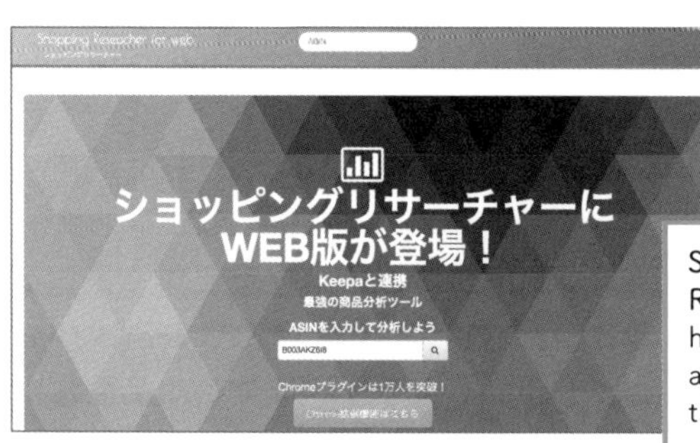

Shopping Researcher for web
https://store-can.appspot.com/tracky/

手順① Shopping Researcher for webの使い方（表示をカスタムする）

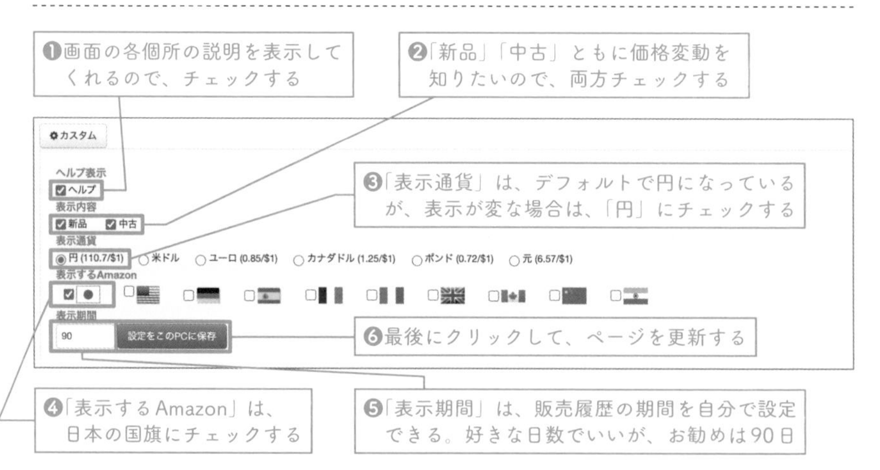

手順② 商品を検索する

Shopping Reseacher for web

B01AOGFX1K

❶リサーチして見つけた商品のASINを検索枠に貼りつける（商品名などASIN以外では検索することはできない）

❷Enterボタンをクリックする

手順③ グラフが表示される

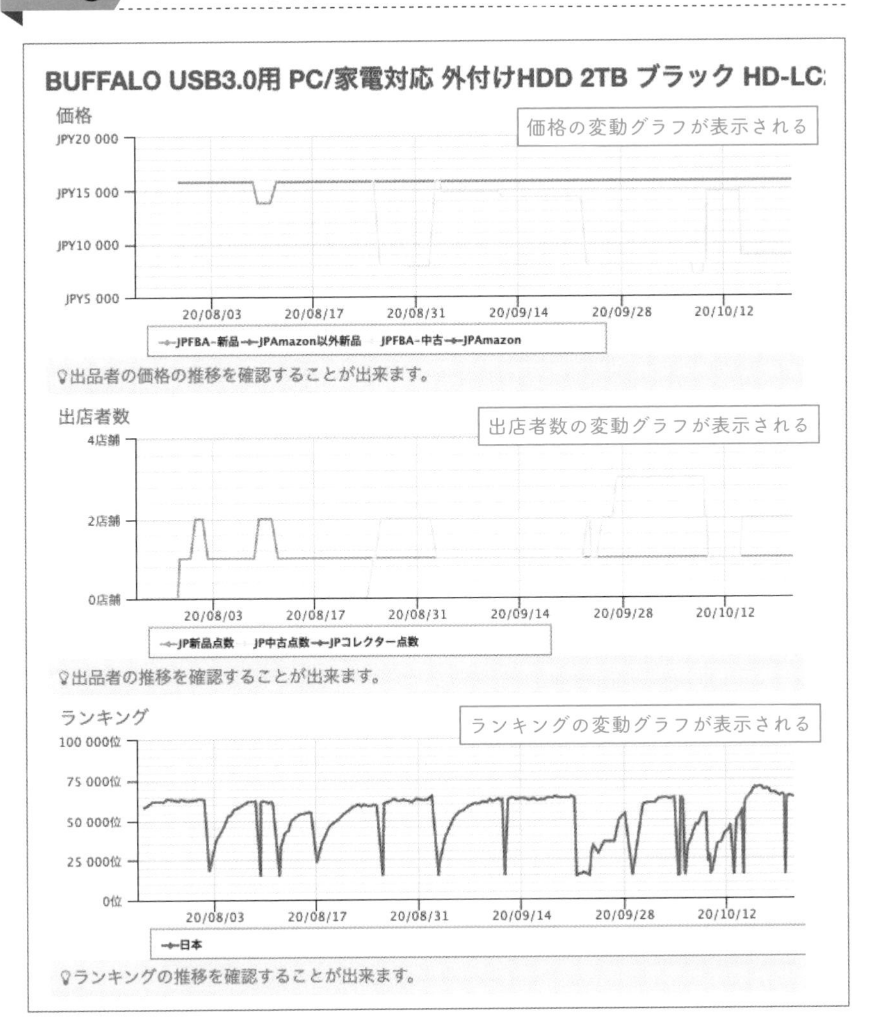

「Shopping Researcher for web」のグラフの見方

それではグラフを見ていきましょう。

1番重要なのは3番目にあるランキンググラフです。このグラフでまず見るべきポイントは、**ランキングの赤い線がたくさん上下していること**です。Amazonでは、商品が売れるとランキングが上がるので、グラフの赤い線は下落します。この下落の回数＝確実に売れている回数とカウントすることができるので、**ランキンググラフは、波の数が多いほど実際の売れ行きがいいということ**です。ランキングの数字自体は数百位や数千位とよくても、赤い線が波打っていなければ商品は売れていないので注意してください。

ちなみに、新品、中古、どちらが売れてもランキングは上がります。新品の価格と出店者数は水色、中古の価格と出店者数は黄緑色で表示されます。ランキングの波が下落したときに、新品か中古のどちらかの出店者数が減ったり価格が上がっていれば、変化があったほうのコンディションの商品が売れたと予測することができます。

仕入れ判断のしかた

ランキンググラフの売れている回数と現在出品しているライバルの出店者数や在庫状況を確認して、それらのバランスから仕入れ判断をするようにします。ライバルの一覧の状況は、右サイドバーのオレンジ色の「新品」か「中古」のボタンからジャンプすることができます。どちらをクリックしても、出品一覧ページとして中古を含めた最安値商品から表示されます。

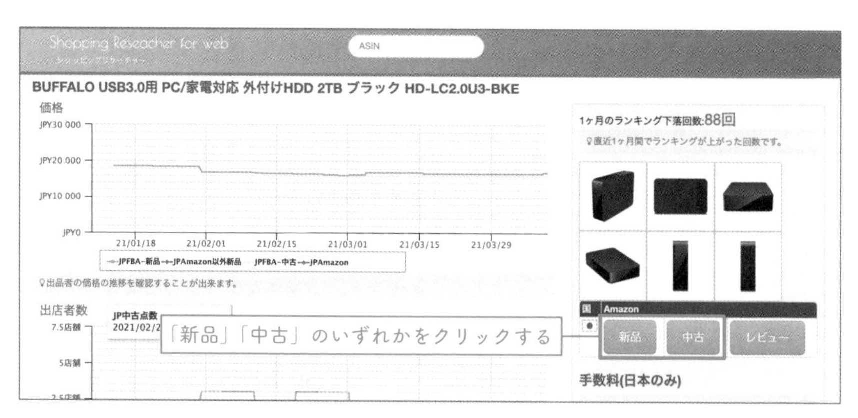

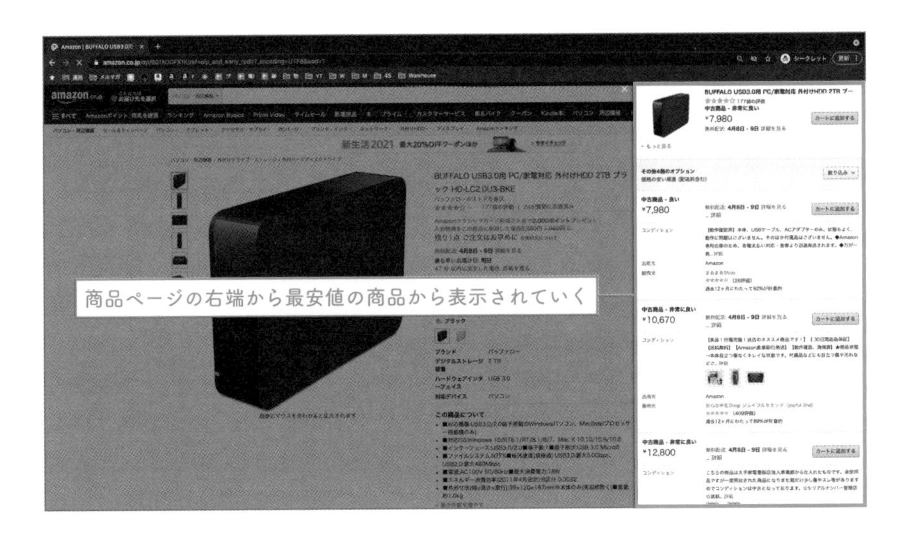

本当のライバルは、すべての出品者ではありません。たとえば、**FBAで出品する場合、FBAかつ同じコンディションで、最低価格帯あたりで値づけをしている出品者が本当のライバル**です。値段を、1、2割高く設定している出品者は、ライバルではありません。

また各ライバル出品者の在庫数は、「カートに追加する」ボタンでカゴに入れたあとショッピングカートを表示すれば、その出品者の商品の該当箇所に「残り○点」と表示されるので、確認しておきましょう。ここで在庫が10個以上ある場合は、ランキングの変動グラフを見ながら、短期間ですごい勢いで売れているのかよく確認してから仕入れてください。

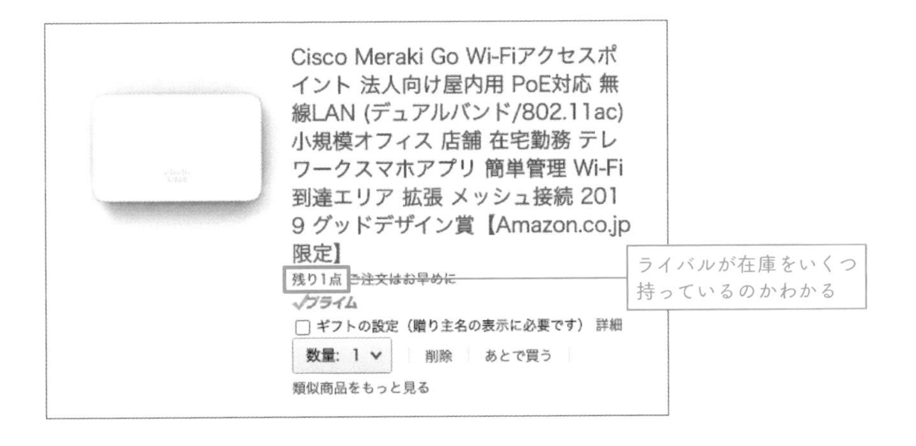

ランキンググラフのページの1番下に表示される「商品情報」のASINは、クリックすればコピーできます。商品登録ページ、FBA料金シミュレーター、Amazonサイトなどに貼りつけて検索すれば、一発で該当する商品を表示できるので便利です。

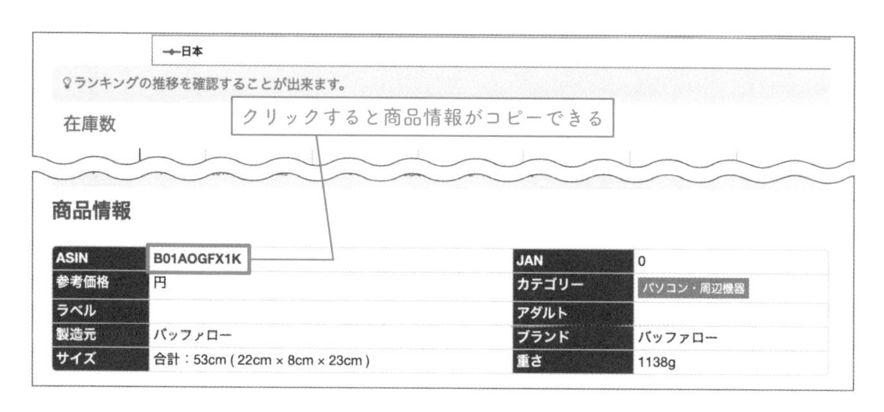

「Shopping Researcher for web」はパソコンのほうが機能をフルに使える

スマホでは「カスタム」の設定変更ができませんが、グラフはデフォルトで直近3カ月間を見ることができます。また、パソコンで表示される右サイドバーもスマホでは表示されません。パソコンのほうが圧倒的に便利な使い勝手になっています。

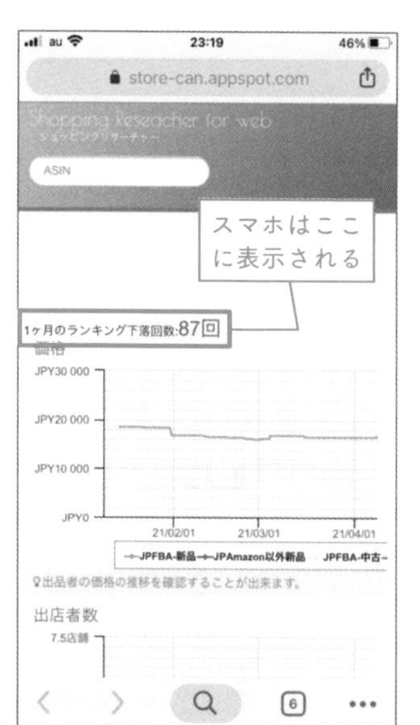

あと、パソコンもスマホも、1カ月のランキング下落回数の表示は、常に関係のない数字が表示されているので参考にしないようにしてください。パソコンの場合は、上記のランキンググラフの右サイドバーに表示され、スマホではページ上部に表示されます。

無料の販売履歴サイト「ショッピングリサーチャー」の使い方&仕入れ判断のしかたを徹底解説
https://youtu.be/c5ncfxv3HEI

06

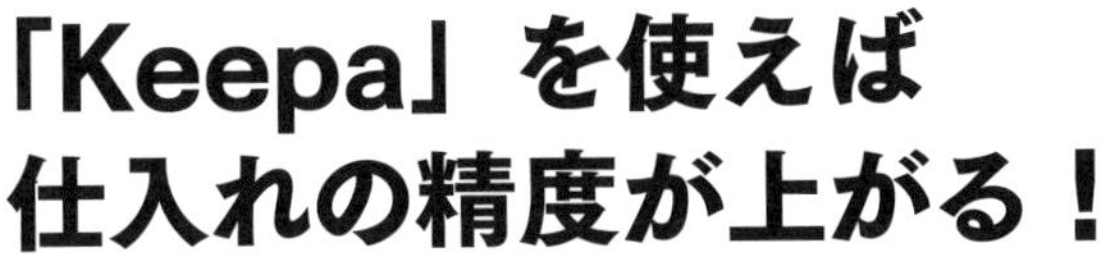

「Keepa」を使えば仕入れの精度が上がる！

Amazonのデータは多すぎるくらいあるので、Keepaを使って仕入れ判断の精度を最大限に高めましょう。

POINT

① 仕入れ判断の考え方はShopping Researcher for webと同じ。
② 必要最小限の情報だけを表示するようにしよう。
③ 出品時の詳細なデータを確認して仕入れれば、リスクをほぼゼロにできる。

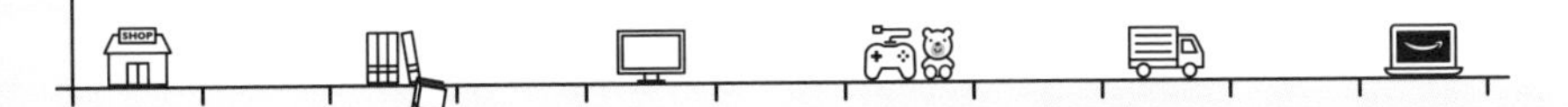

「Keepa」はAmazonのデータを世界で最も多く持っている販売履歴サイト

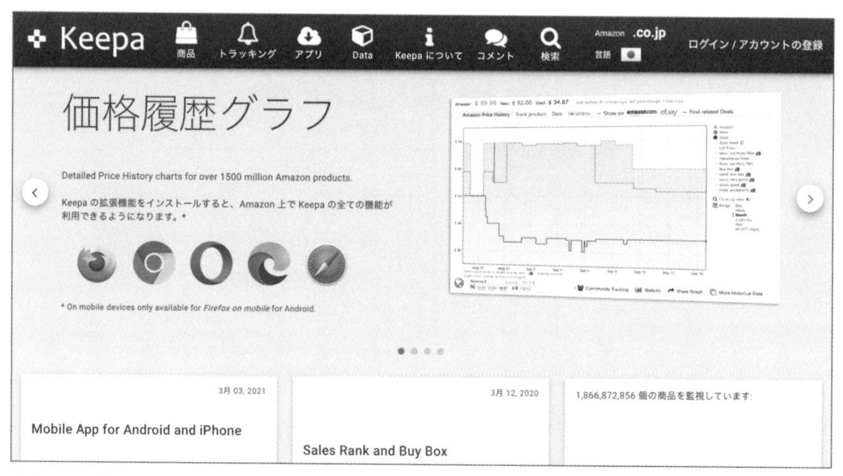

▲https://keepa.com/

「Keepa」は「Shopping Researcher for web」よりも販売履歴を詳しく、細かく、正しく知ることができます。便利なのは**販売履歴の機能だけでなく、Amazon上で登録されているほぼすべての商品を「条件を絞り込んで抽出できる機能（Product Finder）」を備えている**ことです。

月額15ユーロ（約2,000円）しますが、無料に感じるくらい価値が高い素晴らしいツールです。ネットリサーチには欠かせないツールなので、ぜひ導入をお勧めします。

Keepaをインストールして使ってみる

まず、Keepaの拡張機能をGoogle Chromeにインストールして、月額課金をすればAmazonの商品トップページの商品画像の下のほうに、2つグラフが表示されます。

Keepaを導入すれば、Amazonページだけで
仕入れ判断が完結できるようになる！

上のグラフにはランキングと各価格の２つの変動の推移、下のグラフは出品者数の変動の推移を新品と中古別で表示してくれます。

ランキンググラフの線が波打っていれば、商品が売れているという見方は「Shopping Researcher for web」と一緒ですが、自己発送の商品が売れたのか、FBAの商品が売れたのか、送料が入った値段なのか、どのコンディションの商品がいくらで売れたのかなど、「Keepa」のほうが詳しく読み解くことができます。

本書ではわかりにくいですが、右側に配置された各コンディションの丸の色がグラフの各コンディションの色と連動しています。色丸の部分をクリックすることで、そのコンディションのグラフでの表示、非表示を切り替えることができます。必要最小限のコンディションや項目だけを表示するようにしましょう。

また次ページの図のように、グラフにカーソルをあわせるとその日付での各最安値や出品者数が表示され、移動すると変化がわかります。下記の説明を読んでいろいろ試してみてください。

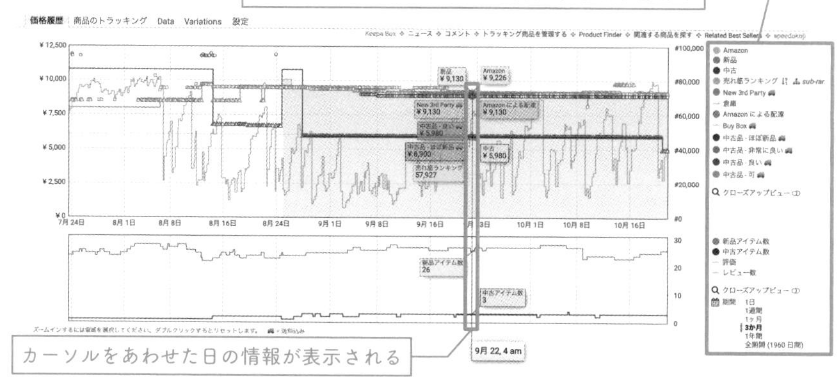

Amazon（オレンジ）	Amazon.co.jp本体が出品している期間の価格推移をオレンジ色の背景で表示
新品（薄紫）	新品価格の最安値の推移を薄紫線で表示
中古（黒）	中古価格の最安値の推移を黒線で表示
売れ筋ランキング（薄緑）	ランキングの推移を薄緑線で表示 右端の「sub-rar」をクリックして、サブランキングの表示、非表示が切り替えられる。たまにサブランキングしか表示されないものもあるので「表示」状態にしておこう
New 3rd Party（水色）	自己発送の新品最安値の推移を水色の四角で表示
倉庫（紫色）	Amazonアウトレット中古商品の最安値の推移を紫のバツで表示
Amazonによる配送（オレンジ）	FBA新品商品の最安値の推移をオレンジの三角で表示
Buy Box（ピンク）	カート価格（商品トップ画面の価格）の推移をピンク線で表示
中古品-ほぼ新品（黒）	「ほぼ新品」の最安値の推移を黒の丸で表示
中古品-非常に良い（緑）	「非常に良い」の最安値の推移を緑のダイヤの形で表示
中古品-良い（茶色）	「良い」の最安値の推移を茶色の三角で表示
中古品-可（灰色）	「可」の最安値の推移を灰色の四角で表示
クローズアップビュー	グラフの拡大表示の切り替え
新品アイテム数（薄紫）	新品の出品者数の推移を紫線で表示
中古アイテム数（黒）	中古の出品者数の推移を黒線で表示
評価（緑）	商品の評価の推移を緑線で表示
レビュー（黄緑）	商品のレビュー数の推移を黄緑線で表示
期間	1日、1週間、1カ月、3カ月、1年間、全期間を選択できるが、3カ月の設定がお勧め。また、グラフをドラッグで範囲指定することでその期間に絞り込んで見ることができる

実際に「Keepa」のグラフを使ってみる

特定のコンディションの推移だけを見たい場合は、その項目にカーソルをあわせます。下図は、「ほぼ新品」の商品だけの推移です。

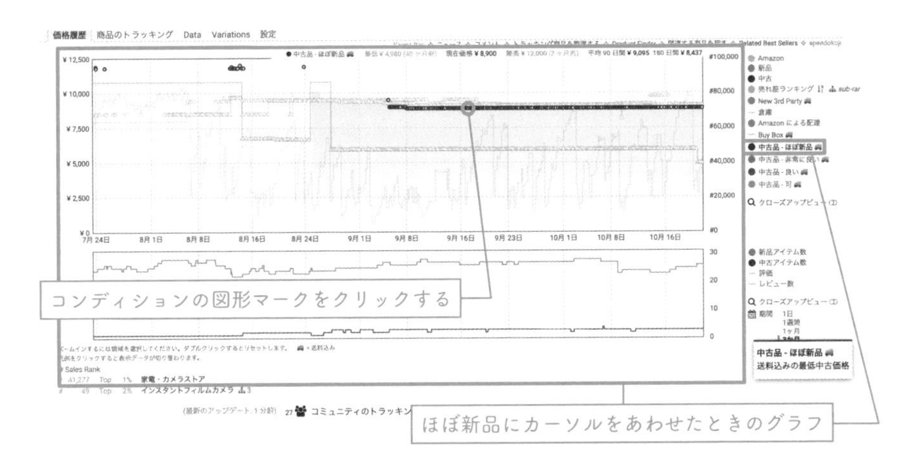

上図のグラフ上のコンディションの図形マークをクリックすると、そのとき出品されていたデータがポップアップで表示されます(下図)。「説明」で、どのような状態の商品かを確認し、それがどのくらいの期間で、いくらで売れたかのかわかるので、リサーチしている商品の仕入れ判断になります。たとえば、過去に付属品がなくても3,000円で売れていたデータがあれば、付属品があるなら、4,000円くらいでも、もっと早く売れる可能性があるということです。

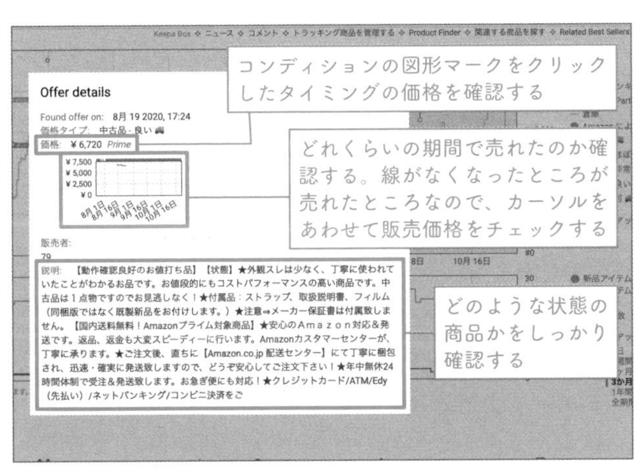

Amazonのデータバンク「Keepa」の使い方&仕入れ判断のしかたを徹底解説
https://youtu.be/3coh12kutVQ

07

販売履歴データの注意すべきグラフ

販売データをいろいろな角度から冷静に分析すれば、大きく仕入れ判断を間違えることはありません。情報が少なすぎるときは、仕入れないようにしましょう。

POINT

1. データの本質を読み解ければ、どんなグラフもわかるようになる。
2. まずは、コンディション別の売れている価格を見極めよう。
3. 1年以上データがない場合は、以前の相場では売れない可能性あり。

事例から学ぶ、このグラフに騙されるな！

販売履歴のデータの事例で、注意して見てほしい事例をピックアップします。事例のランキンググラフの上下、出品者数の増減、ライバルの商品状態や在庫数などの本質をとらえることを意識してください。本質を理解できれば、どのようなパターンのグラフでも商品がどのように動いているか鮮明にわかるようになります。

注意① ランキングがよすぎる

基本的に「**ランキングのグラフが波打っていない＝売れていない**」と判断します。ということは、**どんなに利幅があっても、グラフが波打っていなければ仕入れない**でください。それでも、唯一の例外がランキングがよすぎるケースです。

下図の例は、ランキングが10位以内と1日に数百個は売れているような商品です。全期間で見ると、グラフは1番下に張りついて一直線になってしまい、波が一切ありません。3カ月で見た場合でも、波が極めて少ないです。ランキング100位以内のようなランキングがよすぎる商品をせどりとして仕入れられることはほぼありませんが、**1,000位以内であれば出くわすことがあり、このようなグラフになっていたら、仕入れてOK**です！

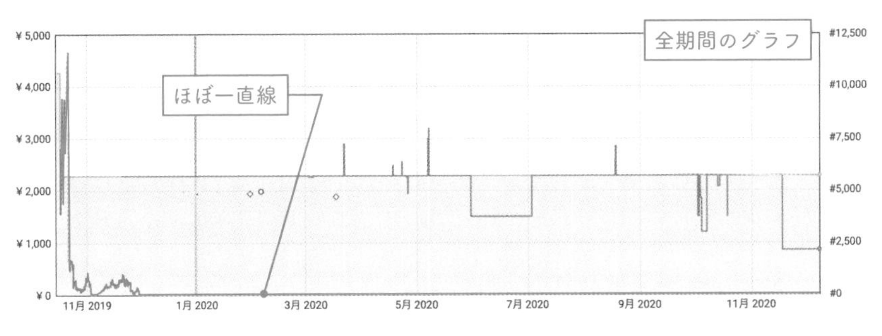

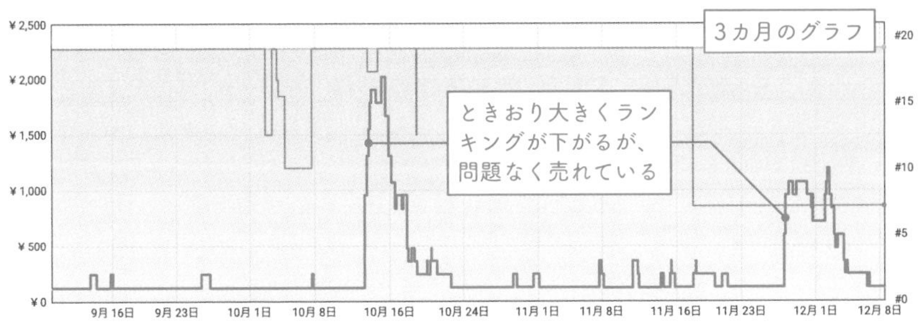

注意② 売れているランキンググラフは大きく上下する

ランキンググラフは波が下がった瞬間に売れているとお話ししましたが、ここで注意してほしいのが、**定期的に小刻みにグラフが動いているところは売れていない波と判断する**ということです。理由としては、「Keepa」かAmazonのシステム的なエラーが起きていると考えられます。その証拠に、小さな波だと出品者数の変動はありませんが、大きな波のタイミングで、新品も中古も出品者が減っています。ランキングがよくなり、在庫がなくなったため出品者が減ったと予測することができます。大きな波があっても出品者数が減っていない場合は、在庫が複数あったために同じセラーが販売を続けていると予測することができます。

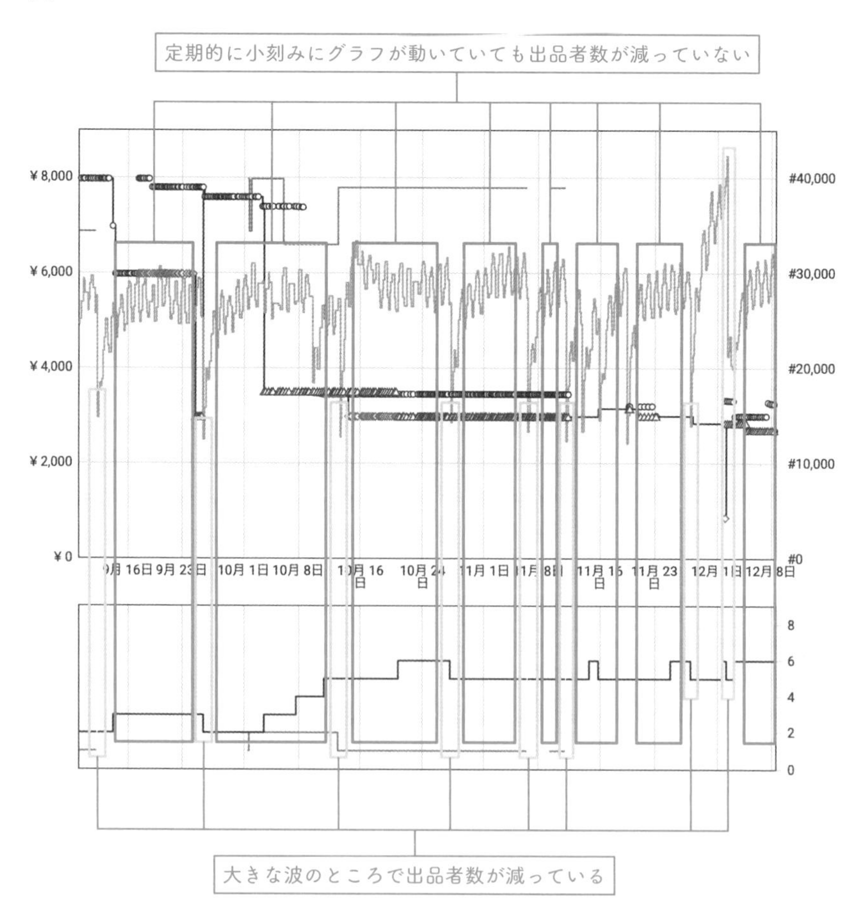

注意③ 相場より高すぎで売れなくなった

下図では、9月中旬までの1万5,000円弱の相場だとランキンググラフが大きく上下していますが、2万円近くに値上がりしてからは波が上がり続け売れなくなってしまいました。これは、単純に相場よりも高すぎるので、お客さまはAmazon以外で商品を買っていると予測できます。相場どおりの8月は7回も売れているので、1万4,000円くらいで販売しても利益が出るなら仕入れましょう。

そして、この商品が2万円近くで売れていくことがないか商品をフォローし続けましょう。複数回売れはじめれば、多少仕入れ値が高くても利益を出すことができます。

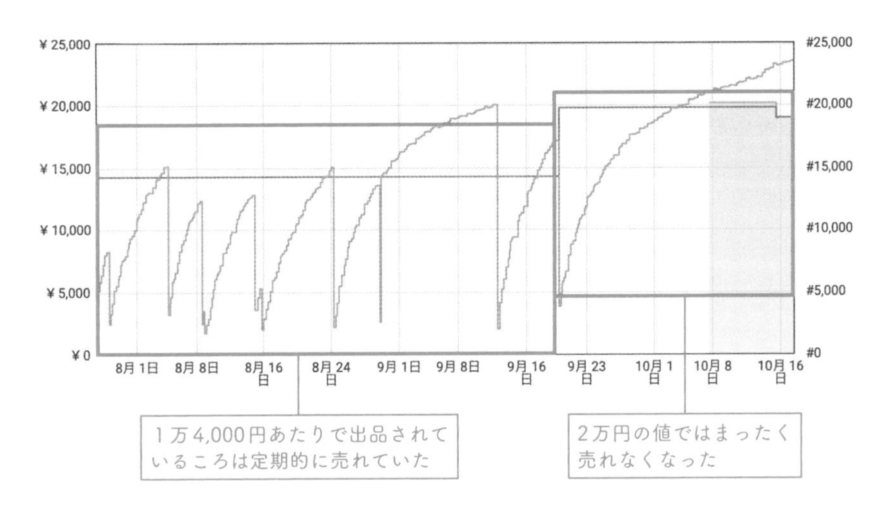

注意④ 情報量が少ないときは長期データをチェック

次ページのグラフでは直近は中古出品しかなく、12月上旬に1度売れたようですが、この情報量では仕入れ判断ができません。すぐに期間を「3カ月」から「1年間」に切り替えて、以前の販売履歴の情報を確認しましょう。

グラフを見る視点が増えるほど、
仕入れができる幅が増える！

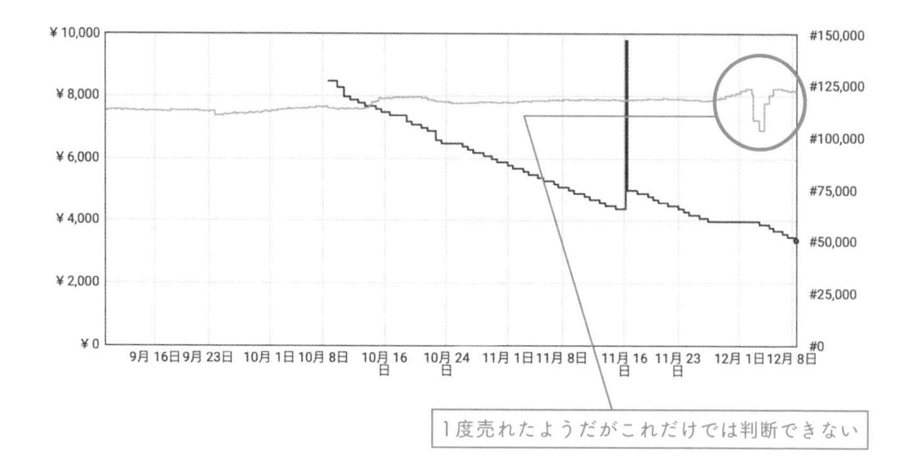

期間を「1年間」にしたグラフ（下図）の情報量があれば判断できますね。新品は、1万5,000円かそれ以上、中古は「良い」であれば7,000円から9,000円で売れているデータがあります。販売履歴のデータ期間は「全期間」もありますが、1年以内にデータがあるほうが望ましいです。日進月歩でテクノロジーが進んでいるカテゴリーの商品に関しては、より新しい製品のほうが性能が圧倒的によく、安いものも多いので、リサーチして仕入れた商品が以前の販売相場どおりに売れない場合もあるからです。

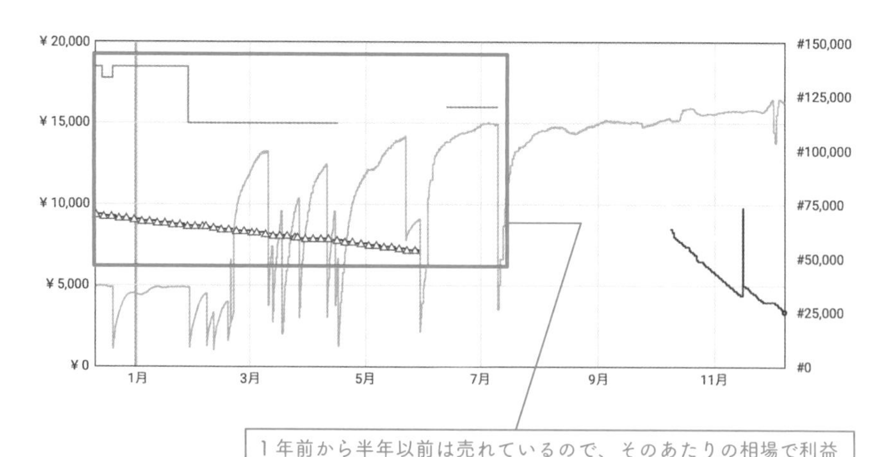

08

Amazonの手数料について知ろう

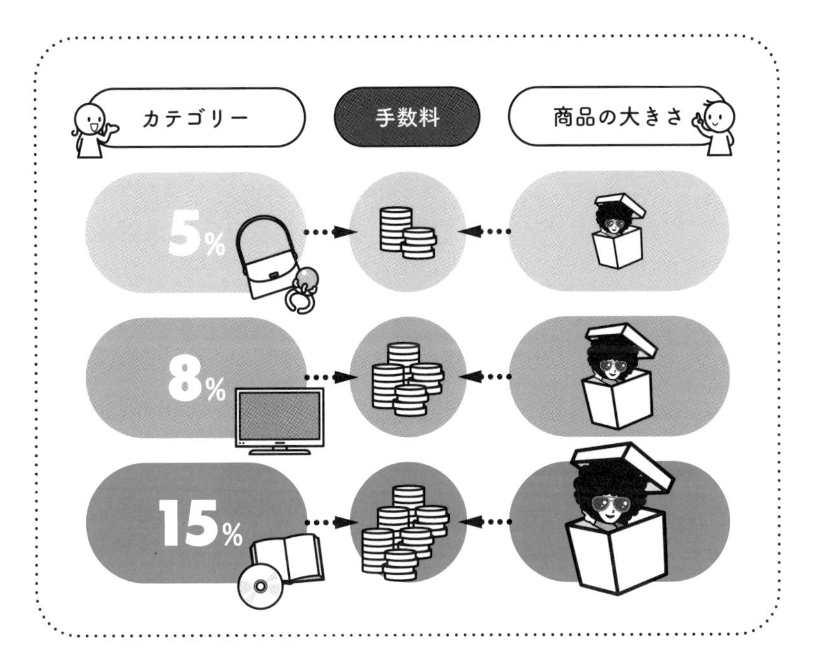

カテゴリーと商品の大きさの組みあわせによって手数料は倍以上変わることもあるので、できるだけ頭に入れておきましょう。

POINT

❶ FBAで販売すると売上の約20～25%が手数料で引かれる。
❷ カテゴリー別の販売手数料率を覚えておこう。
❸ 大型商品は在庫保管手数料が高いので早く売り切ろう。

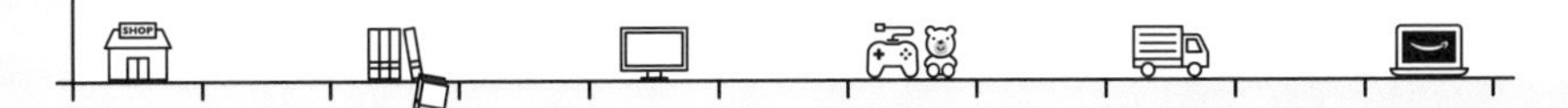

Amazonの手数料は大きく2種類ある

Amazonの販売手数料は、「**販売手数料**」と「**FBA手数料（配送代行手数料＋在庫保管手数料）**」の2種類に分けられています。また、本、CD、DVD、などのメディアカテゴリーに関しては「**カテゴリー別成約料**」として80円から140円が追加で徴収されます。これらの**手数料を合計するとFBAで販売した場合、だいたい売上の20〜25％が手数料として各商品にかかってくる**ことになります。

この20〜25％の手数料の中には送料と消費税が含まれています。自分で郵便局などから発送する費用よりもFBAの手数料のほうが安い場合も多々あるので、トータルしたら個人的には安いと感じています。FBAを利用しない自己発送の場合は、販売手数料だけが徴収されます。

アカウント作成後にセラーセントラルのアカウントから閲覧できるページとなりますが、「Amazon出品サービスの手数料」（https://sellercentral.amazon.co.jp/gp/help/help.html?itemID=G200336920&ld=ASJPSOADirect）は参考になります。手数料はときどき変わるので、定期的に見るようにしましょう。

販売手数料はカテゴリーによって違う

販売手数料は、カテゴリーによって8％、10％、15％と分かれています。販売手数料率は割合別にカテゴリーを覚えておくと便利です。8％と15％では、同じような販売額の商品を仕入れるときにも仕入れの限界価格が大きく変わってきます。ざっくりとでもいいので覚えておきましょう。

▼カテゴリー別の手数料

8％の 販売手数料の カテゴリー	・エレクトロニクス（AV機器＆携帯電話） ・カメラ ・パソコン・周辺機器 ・大型家電
10％の 販売手数料の カテゴリー	・付属品（エレクトロニクス、カメラ、パソコン） ・スポーツ＆アウトドア ・カー＆バイク用品 ・おもちゃ＆ホビー ・楽器

15%の 販売手数料の カテゴリー	・本 ・CD・レコード ・DVD ・ビデオ ・TVゲーム ・PCソフト ・文房具・オフィス用品 ・DIY・工具 ・ホーム（インテリア・キッチン） ・ホームアプライアンス ・産業・研究開発用品

▼サブカテゴリーとして手数料率が例外的に違うもの

8%の 販売手数料	・文房具・オフィス用品（オフィス機器／電子辞書・オフィス機器／電子辞書・アクセサリ） ・TVゲーム（ゲーム機本体）
10%の 販売手数料	・ホーム＆キッチン（キッチン用品・食器／浄水器・整水器・家電）

▼複合的に手数料割合があるカテゴリー

8%～10%の 販売手数料の カテゴリー	1,500円以下の商品は8%で、1,501円以上の商品は10%となる ・ドラッグストア ・ビューティ ・食品＆飲料
8%～15%の 販売手数料の カテゴリー	1,500円以下の商品は8%で、1,501円以上の商品は15%となる ・ペット用品 ・ベビー＆マタニティ
15%～10%の 販売手数料の カテゴリー	2万円以下の部分は15%で、2万1円以上の部分は10%となる ・ホーム（家具）
15%～5%の 販売手数料の カテゴリー	1万円以下の部分は15%で、1万1円以上の部分は5%となる ・腕時計 ・ジュエリー
15%～8%の 販売手数料の カテゴリー	3,000円以下の部分は15%で、3,001円以上の部分は8%となる ・服＆ファッション小物
15%～5%の 販売手数料の カテゴリー	7,500円以下の部分は15%で、7,501円以上の部分は5%となる ・シューズ＆バッグ

配送手数料は大きく5種類ある

配送手数料は、商品の大きさや重さによって5種類に分けられています。

小型と標準サイズの商品と大型ならびに特大サイズの商品の倉庫は別なので、FBA倉庫への発送時は別便で送ることになります。**「小型と標準サイズ」「大型と特大型サイズ」の組みあわせ以外は同梱できない**ので注意が必要です。

小型サイズ（25×18×2cm以内かつ250g以内）	290円
標準サイズ（100cm以内かつ9kg以内）	381～603円
大型サイズ（200cm以内または40kg以内）	589～1,756円
特大型サイズ（40～50kgで3辺合計260cmまでのもの）	2,755～5,625円

在庫保管手数料

仕入れた商品を在庫として保管しておくにもコストがかかります。いわゆる倉庫代です。Amazonでは、在庫保管手数料が商品ごとに徴収されます。保管期間が長くなれば長くなるほど利益が圧迫されるので、できるだけ1カ月以内に売れるような回転が早い商品をメインに仕入れるようにしましょう。

小型、標準サイズの商品の場合は、数十円から100円くらいですが、大型商品となると1カ月で500円ほど保管料がかかってしまう商品も普通にあります。大きめのインクジェットプリンターで、それくらいの保管料になります。また10～12月の期間は、在庫保管手数料が1～9月の1.8倍ほどになるので、大型商品や10～12月に仕入れるような商品は特に売れるまでの期間が早い商品を意識しましょう。**少なくとも、3カ月くらい経たないと売れないような商品は仕入れない**ことです。

各商品の在庫保管手数料は、FBA料金シミュレーターの「在庫保管手数料」という項目で月額保管手数料を算出してくれるので、利益計算をするときに確認してみましょう。「FBAの料金プラン」（https://sell.amazon.co.jp/pricing.html#referral-fees）でFBA手数料については、1度目を通しておきましょう。

09

利益率と回転比率を意識して売上を伸ばそう！

「せどり」もしっかり数字を出してみましょう。そうすることで自分のビジネスが見えてきます。

POINT

1. 利益率は、ROI（投資利益率）で考えたほうがマネジメントしやすい。
2. 投資利益率は30％以上、売上利益率は20％以上が目安。
3. せどり＝早く売れる商品を仕入れること。

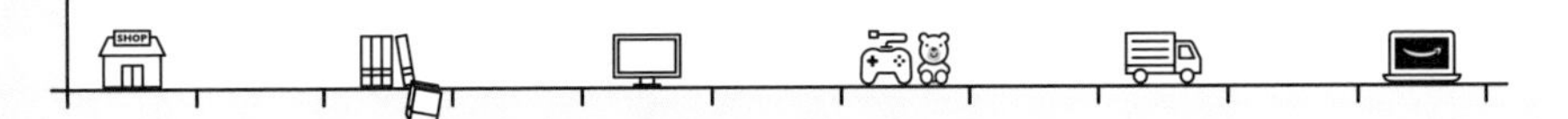

利益率は、ROI（投資利益率）で考える

せどりで利益率を考える場合、主に「**売上利益率**」と「**投資利益率（ROI）**」の2つがあります。

「売上利益率」の計算式を見てみよう

売上利益率は、単純に売上から仕入れ金額や手数料などの経費を引いたものを売上で割るだけです。一般的にイメージする利益率の計算方法なので、わかりやすいと思います。

$$\frac{\text{売上}-\text{Amazon手数料}-\text{仕入価格}}{\text{売上}}=\text{売上利益率（粗利益）}$$

「投資利益率（ROI）」の計算式を見てみよう

せどりでは、投資した金額に対して戻ってくるお金の割合を指す投資利益率を使う人もいます。

$$\frac{\text{売上}-\text{Amazon手数料}-\text{仕入価格}}{\text{仕入価格}}=\text{投資利益率（粗利益）}$$

たとえば、商品を1,000円で仕入れて2,000円で売れたとき、Amazonの手数料が400円なら、投資利益率は60％〔(2,000－400－1,000)÷1,000＝60%〕です。

この投資利益率は英語ではReturn on investmentといい、省略してROIといわれます。このROIは聞き慣れないかもしれませんが、ネット物販の業界では頻繁に見ることになるので覚えておきましょう。

売上利益率とROIではどちらがいい？

いろいろな人がブログや動画で利益率と書いたり言ったりしていますが、どちらの利益率かを判断して読みましょう。「こちらの仕入れ商品は利益率150％でした」と書かれていれば、売上利益率で考えると、大きく勘違いしてしまいます。でもそれはウソでも何でもなくて、ROIのことを指しているだけです。

私は長年、売上利益率で利益率を考えていましたが、Amazonの手数料がカテゴリーによって違うことを考えると、**ROIで考えたほうがマネジメント的にはシンプルでわかりやすい**ということに気づきました。

利益率は人それぞれの考え方があり、また資金力もそれぞれ違うので正解はありませんが、**ROIで30%以上になるくらいをひとつの目安にする**と、苦しくないせどりの経営ができていきます。

この場合、売上利益率は2割くらいにはなっているはずです。ギリギリの場合でROIが25%以上、売上利益率で15%以上になるようにしましょう。売上利益率で2割を切り出すと薄利の印象になるので、注意しましょう。

薄利が、すべての場合においてダメというわけではありませんが、物販をしている以上は返品が一定の割合であります。だからといって恐れる必要はなく、多い月でも全体の注文数の2～3%くらいのものです。

ただし、その返品されてきた商品が初期不良で、さらにその商品が運悪く仕入先に返品、返金などができない場合は悲惨です。その仕入れ価格を自分がすべてマイナスとして背負うことになります。ほとんどの商品を薄利で仕入れていた場合、この1商品の負債をカバーするのに、たくさんの商品を売らなくてはなりません。薄利で物販していくと、キャッシュフロー的にも苦しくなってくるので、メンタル的にも重くのしかかってきます。**ROIで33%くらいを維持しながら仕入れていれば、3つ商品が売れたら負債分がペイできる計算**になります。これなら、なんとかなります。

薄利で仕入れるときは、回転がとても早く、仕入れ商品として問題がないと確証が持てる場合だけにしましょう。

また返品リスクを考えて、仕入れの上限価格も決めておくのも大切です。利益額が1万円以上になりそうな商品を見つけて、意気込んで10万円で商品を仕入れたとします。10万円が初期不良品として返品されてしまったら、せどりの経営的にかなりの大打撃となってしまいます。薄利という怖さを覚えておいてください。

回転スピード＆仕入れ商品の回転比率

せどりをはじめるときに、まず徹底的に意識してほしいのは、「**せどり＝回転**」ということです。せどりをビジネスの観点から見た場合、雪だるま方式で資金を増やしていくことが重要だからです。**販売開始から1カ月以内に早く売れていく商品を仕入れることが「せどり」だと考えてください**。販売開始から2カ月以上経って売れていくような商品を仕入れることは「せどりではない」と考えてください。それくらい、せどりは「回転がすべて」だということです。

仕入れ金として、数百万円単位の現金を余裕で準備できるような人以外は、1カ月以内に売れる商品だけを仕入れるんだと考えてください。そこまで考え抜いて1カ月以内に売れると予測して仕入れても、その期間で売れない商品も一部でてきてしまいます。数カ月で売れると思って仕入れた商品は、売れるまでに半年くらいかかってしまうこともあります。

回転が遅い商品は、売れるまでに安値で出品してくるライバルが出現するリスクも高まります。そうなると、利益率が下がるどころか、赤字になってしまう可能性すら出てきます。せっかく仕入れをしたのに悲しくなりますよね。回転が遅い商品を仕入れる場合は、仕入れ値が安く利益率がすごくある商品だけにしましょう。回転が遅いといっても、販売してから3カ月もあれば売れると予測できるような商品にしましょう。そして目安として、**回転の遅い商品は全体の2割以上にはならないように注意しましょう**。

せどりは、
とにかく回転！
できるだけ早く売れる
商品を仕入れて、
予想していた期間をすぎても
売れないときは、
損切りしてでも
早く売り切ろう！

Chapter 3

仕入れをしよう

仕入れをするうえで重要なことは、あたりまえですが、仕入れができる方法でリサーチをすることです。ここで紹介している方法は簡単なものばかりなので、愚直に実践するだけで利益の出る商品を仕入れることができます。まずは1個仕入れることに全力を注いでください。
慣れるまでは大変に思うかもしれませんが、1度コツをつかんでしまえばこんな簡単なことはないので、たくさんリサーチしてみてくださいね。

01〔店舗編〕

最も簡単に仕入れられるセールリサーチ

セール商品をねらうのは、せどりの基本中の基本です。店舗のPOPや値札のクセを覚えていけば、どんどん効率化できます。

POINT

❶ ワゴンセールで、店舗の安さのバロメーターを把握することが重要。
❷ 棚セールは、ライバルが見落としている場所。
❸ 展示品は、新品の場合もある。

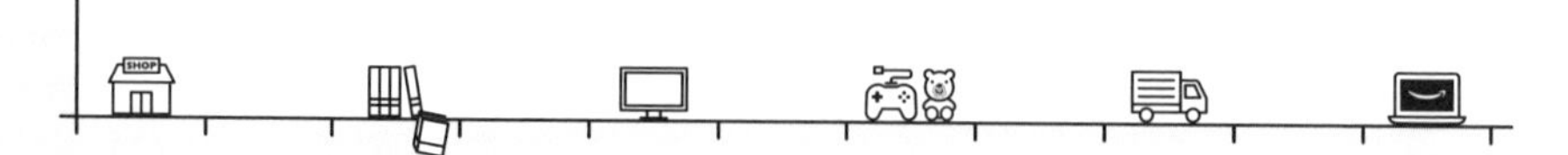

在庫処分ワゴンセールを全頭(ぜんとう)リサーチする

店に入ってはじめにすることは、店の全体の様子を知ることです。

そのために店内を軽く1周してみてください。大型店舗であれば、そのフロアをくまなく歩かなくても軽く1周すれば大丈夫です。その途中にワゴンセールがあれば、足を止めて全頭リサーチ（片っ端からリサーチすること）してみてください。基本的に、**ワゴンセールが最も仕入れられる確率が高い売り場**です。店頭では、新商品の販売スペースを空けるために不要な在庫商品になってしまいますが、ネット上では型落ち商品として在庫切れしてしまい、希少価値となってプレ値がついている商品に出くわすこともあります。

ワゴンセールは、ネット相場にあわせるために投げ売られた商品と店側の都合で安くした商品とが混ざっているので、すべてリサーチする

このワゴンセールをリサーチするのは、仕入れをすること以外にも重要な目的があります。それは、**店の値付け感のバロメーターを把握すること**です。ワゴンセールで大幅に値下げをしているにもかかわらず、仕入れ的にまったくかすりもしないような商品ばかりであれば、その店は全体的に値段が高く設定されていると疑います。

ワゴンセールで「**全頭リサーチ**」をしてみて値段設定が渋ければ、その店のほかのエリアをリサーチしてみます。「やっぱり、なかなか渋い」と感じたら、それ以上その店をリサーチしても効率が悪くなるだけなので、早めに見切って店を出ましょう。

もうひとつワゴンセールの仕入れができない理由として、ライバルが先にリサーチしてしまったということもあり得ます。この場合、仕入商品がなくなっていて当然なので、仕入れがまったくできなくても問題ありません。ただ、そのライバルが店全体をくまなくリサーチしたかというと、そうでもありません。せどらーによって、仕入れ基準やリサーチする場所は予想以上に違います。ポイントは、**値づけが安めの店と判断したら、仕入れられる可能性が高いので、せどれそうな売り場の商品は全頭リサーチあるのみ**です！

POPでセールを発見

シンプルに、**目立つポップがついている商品も要チェック**です。ワゴンセールほどではないにしても、大きく値下げされていることが多いです。「**ラスト1点**」「**在庫限り**」「**80%OFF**」「**赤札**」「**黄色札**」といったPOPは、お店側の「早く売り切りたい」というサインです。**特に手書きのPOPは急ぎで安くした証拠なので、漏れなくリサーチしましょう。**

こういった商品は、コーナーの入口や通路、エスカレーター前など、人の目線に触れやすい場所に置かれていることが多いので、店内をひと周りする際、重点的にリサーチします。

このポップは「売り尽くし」「完了品の為」「在庫限り」と記載があり、ちょっと古くなっている。明らかにほかの値下げポップと違うのでわかりやすい今すぐ仕入れができない商品でも、型落ちなどの理由で数週間後にネット相場が上がったり店頭でさらに安くなったりして、仕入れられるかもしれないので、何か気になった商品は将来の仕入れ候補としてリサーチしながらリストアップしておきましょう。

また、何重にもPOPが重ねて貼ってある商品は、POPをめくってみましょう。前のPOPからの値下げ幅を知ることができます。その幅を見て、リサーチするかしないかを決めてもいいでしょう。

ただし、新製品についている宣伝POPは見る必要がありません。新しい商品は、安くなくてもスムーズに売れていくからです。Amazonより安かったとしても、せどりとして利益が出るほど安くなっていることはあり得ません。新製品でも、店頭に在庫がなくなっていて「お一人さま１点限り」のようなPOPを見かけたら、せどれる商品かもしれないのでチェックしましょう。

通常棚のセール商品や値札（シール）が重ねて貼られている場合

値札や値札シール自体にもセールの情報が書かれている場合があるので、必ずチェックします。POPよりも目立ちませんが注意深く見てみましょう。値札に「**セール**」「**値下げ**」「**お得品**」と書かれていたり、「**色が通常と違う**」場合があります。大体の場合、赤字で書かれているか、赤色の値札、シールが上から貼ってあります。これらの商品は、通常の棚にポツンと１点だけ置かれていたりすることもあるので、ライバルも見落としがちです。

通常棚に陳列されていて、特にPOPもないけれどセール扱いになっているのはねらいめ！
店内を歩くときは満遍なく見渡して見逃さないようにする

また、**キリのいい数字になっている商品も要チェック**です。3,000円ピッタリのような値段の商品ってあまりないですよね。こういう商品は端数を切り捨てたとか、やはりいくらか値下げされた商品が圧倒的に多いです。

通常棚には「**展示品**」もたくさん売られています。この展示品で思いがけない利ざやを得ることもあります。展示品と書かれているだけで、ほとんど展示されていなかったものや、ラップに包まれていたために新品とほぼ同様の状態であったり、まだ真新品の在庫があるような場合もあります。Amazonで、新品価格と比較して利ざやが取れそうであれば、商品の状態をチェックしたり、店員さんに在庫を確認してもらいましょう。

まだ、新品のストックがあることを親切に教えてくれている

「展示品限り」の文字があれば、安くなっている可能性がある

期間限定のセールに出会う！

ほかにも期間限定のセールとして、「タイムセール」「決算セール」「開店セール」「閉店セール」などがあります。これらのセールに出会えたらラッキーです。上記と同様の方法でリサーチすれば、通常時の倍以上の利幅で効率的に仕入れられることもあります。

02〔ネット仕入れ編〕

最も簡単に仕入れられる ネットセールリサーチ

ネットのセール仕入れは、限定数量が少ない商品をできるだけ仕入れるようにします。大型セールは価格競争のリスクが大きいので注意が必要です。

POINT

1. ネットショップも値引きは店舗と同じ理由。
2. 全国のせどらーがライバルなので、少量仕入れから様子を見る。
3. セール商品のリサーチでも、地道に検索。

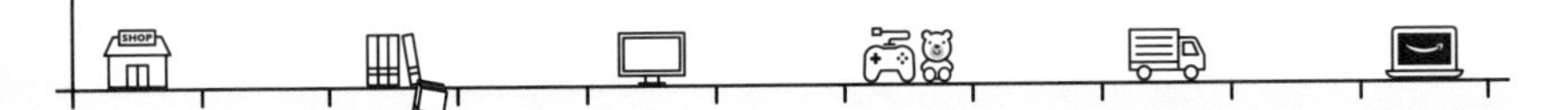

ネットリサーチの特徴を理解して仕入れる

ネットリサーチも基本的に店舗と同様と考えてください。値下げの考え方も同様で、在庫を持っているネットショップであれば、倉庫スペースにかぎりがあります。早く売り切ってしまいたい商品は、どんどん値下げをしていきます。

ただしネット店舗のほうが、ネットの相場に敏感です。店舗よりも値づけ感が厳しいので、そのネットショップの全売り場をサラッとひと通り見る必要はありません。かぎられたエリアだけをリサーチしていきます。そして、ネットリサーチの特性を生かして、次から次にネットショップをチェックしていきましょう。ネットリサーチはどこでも誰でも同じ画面を見てリサーチができるので、全国のせどらーがライバルになります。**明らかに在庫が多い商品は、価格競争になる可能性があるのでいきなり大量仕入れをせず、1、2個仕入れて様子を見る仕入れスタイル**にします。

ネットショップのワゴンセールを探せ！

ネットショップも店舗と同様、特価商品があります。ネットショップ内のカテゴリー別の商品の中にお得な商品が混ざっているわけではなく、値下げ商品だけのページがあります。「**特価コーナー**」「**SALE会場**」「**訳あり品特集**」といったページです。

リサーチは、店舗と一緒で**全頭リサーチのスタイル**です。店舗と違って商品の外箱がないので、バーコード検索ができないことも多いです。商品名をキーワード検索したり、型番がある場合はそれをコピペしてAmazonページで同じ商品があるか確認してみましょう。Amazonの品ぞろえは世界最大級なので、中国輸入のような商品以外は、Amazonにほとんどの商品があります。Amazon内で検索して商品がない場合は在庫切れしている可能性が高いので、Google検索で「商品名（または型番）Amazon」で検索すると販売ページが出てくることもあります。ネット仕入れは送料がかかってしまいますが、それでも販売して利益が出るほど安い商品がたくさんあるので、地道にリサーチしていきましょう。訳あり品と記載があっても、パッケージが汚れているなど商品の状態はまったく問題ない商品もあるので、全頭リサーチでお宝を発見しましょう。

【実践リサーチ】
ネットショップのセール商品
https://youtu.be/mgp6xXYsGOU

ネットショップのPOPつき商品を探す

店舗リサーチでは、POPがついている商品のリサーチについてお話ししましたが、ネットショップは3次元ではないのでPOPがありませ

POPのようなキーワードが商品名に含まれている

【サンエックス】キイロイトリのヒミツの日記帳♪

リラックマ グッズ 【在庫限り】 リラックマ キイロイトリダイアリーテーマ あつめてぬいぐるみ MX08901/MX09001/MX09101 【リラックマ/コリラックマ/キイロイトリ/インテリア/コレクション/着ぐるみ/コスプレ】【激安メガセール！】【あす楽対応】

商品番号 52-1707mx089

メーカー希望小売価格2,090円（税込）

価格 1,463円（税込）

ん。ただ、店舗と同様の文言がPOPのような目印として商品名とともに記載されています。「**在庫わずか**」「**ラスト1点限り**」「**展示品**」「**〇〇%引き**」と書かれていればチェックしてみる価値があります。このような商品は各カテゴリー内のページにありますが、あまり多くありません。ネットショップ内でこういった商品だけをねらってリサーチするのは効率が悪いので、**リサーチ途中でたまたま見つけたらチェックする程度で大丈夫**です。

楽天やヤフー!ショッピングのような巨大なショッピングサイトであれば、トップページの検索枠に「**在庫わずか**」といったキーワードを入力して検索すれば、該当する商品ばかりを抽出することができます。いろいろな商品が混ざった検索結果が出てしまうので、サイドバーにある項目からカテゴリーを選択して絞り込みましょう。自分だけのセール会場を出現させられるのでとても面白いですよ。

【実践リサーチ】
ショッピングモールサイトのPOPつき商品
https://youtu.be/x1r5nY_HtOM

ショッピングサイトの日替わりセールで仕入れる

ある程度大きなショッピングサイトだと、日替わりでセールしている商品のコーナーがあったりします。値下げ率が表示されている場合も多く、リサーチするのにとても便利です。値下げされているとはいっても、Amazon相場のほうが安い場合が多いので、**50%オフ以上の商品でないと仕入れができない**と思っておいてください。多くの人が見ているから飽和すると思うかもしれませんが、一般の人も購入しますし、在庫数もかぎられていたりするので、回転が早い商品であれば値崩れせずに販売することができます。

たとえば、価格.comでは「激安!大幅値下げランキング!(https://kakaku.com/pricedown/)」というページがあります。驚くほどたくさんのカテゴリーがあるので圧倒されますが、とにかく地道にリサーチするのみです。気になったカテゴリーから商品を順番に見ていきましょう。カテゴリーが多い分、ライバルも分散されるのでありがたいです。セールコーナーとはいえ、単純に値下げされている商品ばかりではなく、ネット相場にあわせて値づけされている商品も混ざっているので、リサーチして2、3分で見つかるようなものではありません。根気強く検索しましょう。

【実践リサーチ】価格.comの「大幅値下げランキング」の簡単リサーチ
https://youtu.be/oGTdf2cNLcA

商品は増え続けているので、毎日チェックして定点観測するのも戦略のひとつ

03〔リアル店舗〕

違和感を探せ①
少しの意識で仕入れ倍増！

少しでもピンと来たら、とにかくリサーチして経験を積みましょう。店の中をくまなく見渡せば、違和感はいくつも隠れています。

POINT

①「何となく」は、違和感の十分な理由になる。
② 店側の管理の視点から商品の配置を考えてみる。
③ お客様の動きを考えて商品の場所を意識してみる。

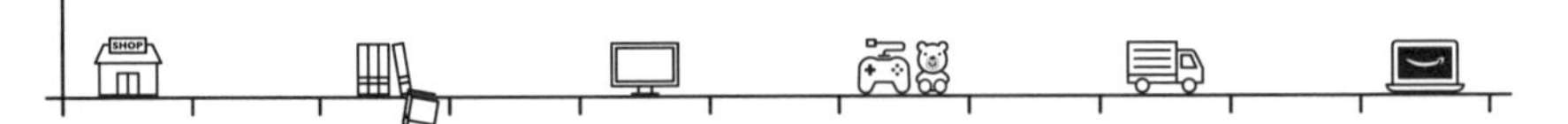

「違和感」こそ、お宝のサイン

セール商品以外でリサーチをするとき、違和感が少しでもあればとにかく検索をしてみましょう。せどり仲間と一緒に仕入れに行って、利益が出る商品を見つけてきたら「どうやってこの商品を見つけたの？」と聞いてみてください。「**なんか、気になったんですよね**」という答えが返ってくるでしょう。一見、なんの理論もないように聞こえますが、実は理にかなっています。**「何となく」でもいいので、「お！」「あれ？」と思ったら手にとってリサーチしてみてください**。きっと、せどれる商品が見つかります。違和感の代表例を下記に挙げたので、参考にしてみてください。

パッケージが古かったりダメージがある商品

商品の外箱が汚れているということは、店が仕入れてから１年以上売れなかった商品であることが多いです。発売されてから一定の期間が経っているので、新モデルが出ていたり廃盤商品になっている可能性もあります。そういった商品こそ希少価値があります。店のほとんどの商品はきれいな状態なので、パッケージが古いと目立つので見つけやすいですよ。

古いパッケージの商品は、店の端のほうの棚の下に置かれていることが多い

類似商品や色違いで1点だけ安くなっている

商品棚には似たような商品が並べられますが、1個だけ大幅に安くなってる値札を見かけることがあります。隣にある商品の前の年の商品であったり、売れない色だけ大量に在庫が残っていて安くなっているなど、さまざまな理由があります。ネット相場は変わっていないことも多いので、利ざやが発生することもたくさんあります。価格差だけではなく、なぜ安くなっているのかも考えてみましょう。

白色（右）も値下がっているのに、黒色（左）はさらに2割以上安くなっているので要チェック！

在庫が極めて減っている

通常、店の棚は商品で7、8割埋まっていますが、たまに在庫が1、2割くらいまで減っている商品があります。ネット相場と大きな格差があるかはわかりませんが、何かの理由で人気があるのは間違いないのでチェックしてみましょう。類似商品のリサーチのきっかけになる場合もあります。

棚商品は、右上、右下、左上、左下の四隅をチェック

店側は、売れる商品をお客様が見やすい場所に配置します。それは棚の真ん中あたりです。逆に、売れにくい商品はどうしてもお客さんの目線が行きにくい場所になります。自動的にそこに古い商品が押し出されてしまうので、価格差がある商品を見つけられる可能性が高くなります。商品棚の側面がメイン通路ではない目立たない場所になっていたりすると、そこには売れにくい商品が置かれます。

ショーケースの中

ショーケースの中の商品は、新しい商品が配置されることが少ないので、値下げされている商品が並べられていることもあります。ライバルも商品の検索が面倒なので、スルーしてしまう場所です。スマホに手打ちで商品名を入力したりしなくてはいけないので多少時間がかかりますが、仕入れられる商品が眠っていたりします。特にリサイクルショップは、ショーケースに状態がいい商品が並べられているので、要チェックです。

POPや商品の外箱にバーコードや型番の情報が載っているので、根気よく手打ちでリサーチする

マニアックな（見たことがない）商品

店舗を歩いていると単純に「こんな商品があるんだ」「誰が使うのかな」と思うような商品が目につくときがあります。そんな商品こそリサーチしてみてください。**ネットはどんなジャンルでもマニアックなモノが高値で売れます**。理由は、自分で近所のお店を探しても見つけられないので、高いとわかっていてもネットで買うしかないのです。

「お店独自の違和感」を見つける

チェーン店の規模の店になれば、在庫を管理するために商品価格や値札にルールづけする必要が出てきます。ここを読み解けば、効率がいいリサーチをすることができます。

たとえば、トイザらスでは末尾が「0」「6」「8」の数字がつく価格はセール扱いなので、値段が今までよりも安くなっています。「7」も同様ですが、全国共通でセールになっている商品なので価格競争が起こる可能性が高いです。リサーチしながら、店側の隠れた情報は何かないか意識してみてください。謎解きゲームのようでとても楽しいですよ。

このように店側の視点や一般のお客様の動きから考えると、どこにせどりやすい商品があるか見えてきます。ただ単に店に行って、なんとなく順番に商品をリサーチするのではなく、いろいろな角度で考えながら実践することで、どんどん効率的に仕入れをしていくことができるようになります。

04〔ネットショップ〕

違和感を探せ②
ネットで違和感を見つける方法

出品画像の背景が自宅の感じだったり、商品タイトルがとてもシンプルだったり、価格のキリがよかったり、素人っぽい雰囲気をキャッチできるようになりましょう。

POINT

① 個人出品者っぽい雰囲気を意識する。
② 評価が悪かったり、商品説明が雑な出品者は要注意！
③ 最安値だけで仕入れ判断をしない。

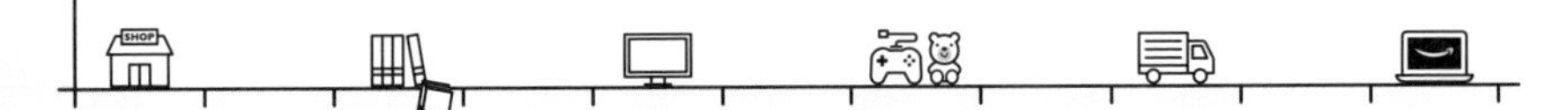

オークション・フリマアプリでの違和感の見つけ方

ここでは、中古商品についてオークションとフリマアプリでの違和感の見方をお話しします。これらの販路では、**特に素人っぽい雰囲気を意識して商品をチェック**していきます。ネットリサーチにおける新品商品の違和感については、Chapter3-02「ネットセールリサーチ」を参照してください。

出品タイトルにメーカー名・型番などがない

メーカー名や型番がすぐにわかったほうが売れやすいので、通常は出品タイトルに記載されますが、ない場合があります。たとえば、「ドライブレコーダー　中古」のような感じです。そのような商品の出品ページを見てみると、ノンメーカーではなく、一流メーカーの商品だったりすることがあります。商品説明文に型番が載っていることもあるので、そこからリサーチすることができます。

パパッと適当に出品しているような感じなので、出品の価格も適当だったりして相場よりも大幅に安いことがあります。価格が安いのはいいですが、悪質な出品者ではないかを注意して見るようにしましょう。**出品説明文がとにかく雑すぎたり、短すぎたりしないないかで判断しましょう**。あとは**出品者に何でもいいので質問をしてみて、その返答の丁寧さで感じるのもひとつ**です。

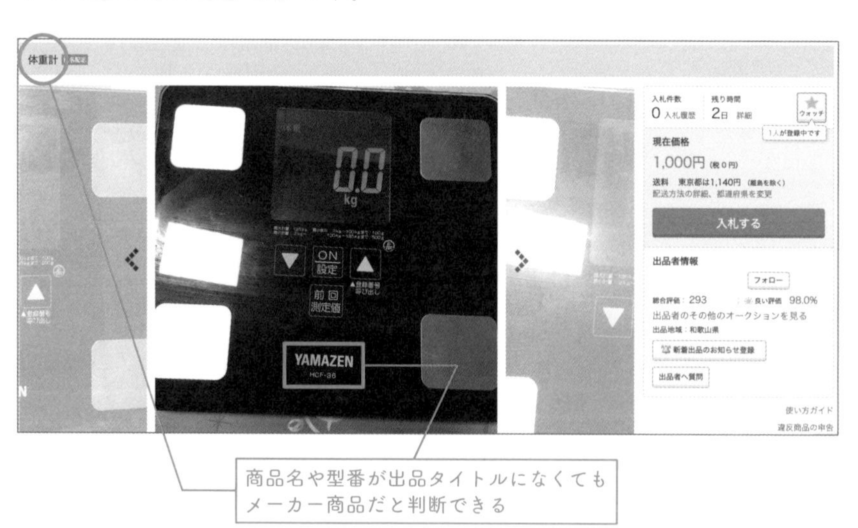

商品名や型番が出品タイトルになくても
メーカー商品だと判断できる

商品の外箱が写っている

オークションやフリマアプリに出品されている商品は中古商品がメインなので、外箱が写っている商品は圧倒的に少ないです。**商品のパッケージが写っている出品商品＝状態がよかったり、説明書や付属品が多かったりする可能性が高い**です。

中古の場合、当然ですが、メインの付属品がそろっていたり、多いほうがAmazonでも高値で売れます。多くのライバルは仕入れ商品を探すとき、最安値で判断する傾向が強いので、出し抜いて仕入れができます。

ちなみに付属品の種類は、取扱説明書に記載されています。今どきは、多くのメーカーが公式サイトに取説をアップしているので参考にしましょう。そう言いながら、私はあまり細かく付属品を確認しません。**重要なことは、メインの付属品があるかどうか**です。それは商品を見ればだいたいわかります。また、リサーチ中は必ずAmazonでのライバル出品者の商品の状態を見ます。そこで商品の状態や付属品の多さを比較して、仕入れ判断をするようにしています。

もうひとつチェックポイントを覚えておいてください。**写真の画像の背景がフローリングなど、自宅で撮影されていたら個人の出品だと判断**できます。個人は、不用品を出品するのがメインなので、安く出品している可能性が高くなります。

【実践リサーチ】
ヤフオクで状態がいい商品をリサーチ！
https://youtu.be/HEB7SI1QKuI

付属品がそろっているのがわかる

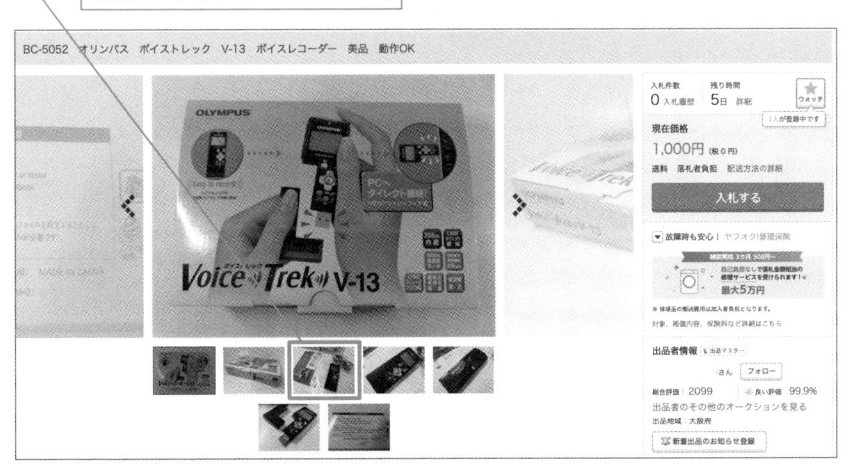

パッケージがないけど、コンディションがいい or 美品

今度は逆に、商品本体しか画像に写っていないけれど、商品コンディションが「未使用に近い」や「目立った傷や汚れなし」といったようによかったり、美品と説明されている場合です。少し違和感がありますよね。この場合は仕入れできるパターンが2つあります。

ひとつは、出品画像の1枚目に出品物のすべてを載せていないだけで、2枚目以降の画像に説明書や付属品が写っている場合があります。商品の外箱までそろっている場合もあります。

もうひとつは、外箱、付属品、説明書がなくてもいいような商品です。たとえば、ストップウォッチや電子スケールなどは説明書がなくても大体わかりますし、付属品もなくても困りません。そもそも、付属品がないような商品もあります。ライバルは、1枚目の画像だけで仕入れ判断するケースが多いので見落としています。**リサーチ時間がしっかりと取れるときは、すべての画像をくまなくチェックする**ようにしましょう。

【実践リサーチ】
ヤフオクで、パッケージなしの美品をリサーチ！
https://youtu.be/6ROsuTy3T4M

トップ画像は本体しか写っていませんが、3枚目の写真を見れば外箱や説明書も付属しているのがわかる

入札がある or お気に入り登録が多い

ヤフオク!を見てみると、全体の商品数に対してほとんどの商品に入札が入っていません。感覚的にですが、入札が入っているのは全体の1割もないはずです。逆を言えば、入札が入っている場合、その商品は大

幅にネット相場よりも安い可能性があります。ただ、注意点が2つあります。

ひとつ目は、「**安すぎないか？**」ということです。1円スタートだけでなく、1,000円スタートも価格帯が高いジャンルの商品の中では安値スタートになります。

2つ目は、「**入札がすでに10件以上入っていないか？**」ということです。このケースは落札10分前くらいになると驚くほど入札が増え、結果的にAmazon相場よりも高くなってしまうようなことも多々起きます。

こういった商品は落札できることもありますが可能性は低いということ、ほとんどの商品が手数料計算をしながら入札予約をした時間が無駄に終わってしまうということを覚えておきましょう。

またメルカリやラクマでは、お気に入り登録が5件以上あるような商品はネット相場よりも安い可能性があります。大幅に安い場合はもちろん早い者勝ちで売れてしまいますが、商品が残っているということは、もうひと声値段が下がれば仕入れられる可能性が出てくると予測できます。チェックしておいて、仕入れ候補に入れておきましょう。

05〔店舗〕

最速で売れるトレンドリサーチ

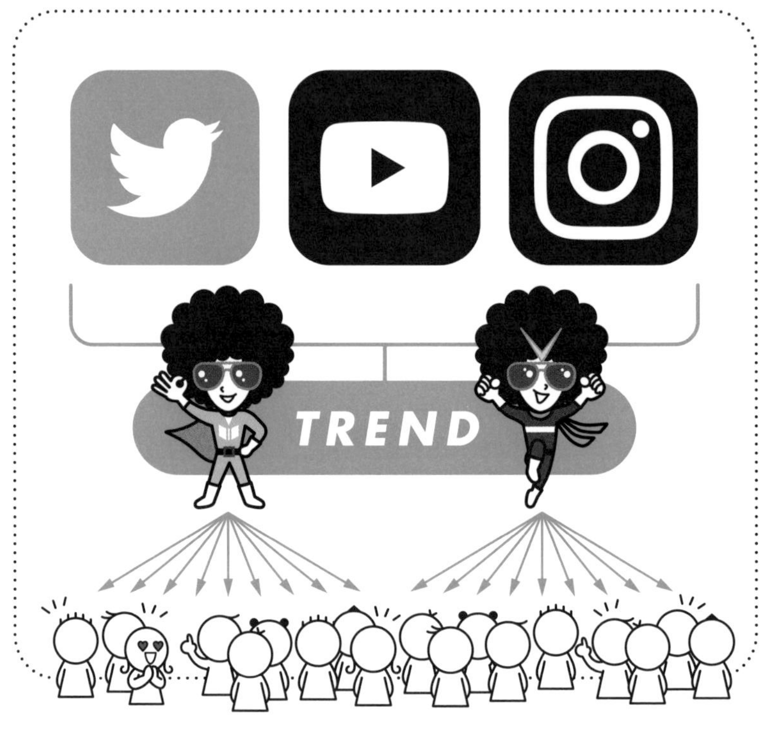

トレンドせどりはすべてがスピード勝負!!　なる早で店を回り、即決で仕入れて、早く売り切らないと、値崩れに巻き込まれます。

POINT

❶ トレンドが発生するきっかけを知っておく。
❷ 早く売れるのでキャッシュフローを助けてくれる。
❸ ひとつのトレンドで10万円以上稼ぐことも可能。

トレンドせどりで利益が出るしくみ

トレンドせどりとは、世間の注目や関心が急激に集まっている商品をねらうせどりです。ニュースなどで関連商品が突然売れはじめ、相場が急上昇して過去相場の値段のままの商品と価格差が生まれます。店舗では、定価が決まっている商品は定価以上の値段で販売することはあり得ませんが、ネットならプレ値で売ることができます。**定価で買ってもプレ値（プレミアム価格：定価や市場価格よりも急激に値上がりしているもの）との利ザヤが取れれば、店舗で在庫を見つけたら即仕入れましょう**。トレンドといってもいろいろなきっかけによって起こるので、事例を把握しておきましょう。

トレンド事例

- YouTuberなどのインフルエンサーによる紹介
- テレビ番組での紹介
- 事件、事故などのニュース
- 映画のヒット
- テレビでの映画やドラマの再放映
- 映画やドラマの中で使われているアイテム
- オリンピック、ワールドカップなどのイベント
- 人気アーティストの初回限定商品
- 天災や異常気象

1番わかりやすいのは**ネガティブなニュース**です。ネガティブなことほど人は衝動的に動いてしまう生き物です。たとえば、有名人が逮捕されたり、亡くなってしまうケースです。特に、その商品が市場から消えてしまうような可能性がある場合、ファンの人の購買行動はとても早いです。

あとは、マツコデラックスやHIKAKINのような**インフルエンサーの人が何かを紹介していたら、とりあえずチェック**してみましょう。驚くほど価格変動が起こっているかもしれません。

トレンドせどりのメリット

高値で数時間以内に売り切る！

Amazonのランキングが3桁台よりよくて、大幅に価格が跳ね上がった商品は、だいたい24時間以内に売れていきます。2、3日たっても売れないようなときは、価格設定があまりにも高すぎる可能性があるので、値下げしていきましょう。無理のない値づけであればすぐに売れるので、ほかのなかなか売れない商品の穴埋めになって、キャッシュフローを助けてくれます。

大量に仕入れられれば利益も大きくなる！

トレンドは突然起きるので、誰よりも早く店に着けば在庫はすべて残っています。まだライバルが動きだしていなければ、近所の店も回ってみましょう。たった数時間動いただけで利益が5万円なんてことも可能です。

トレンドせどりは、これらのメリットがあまりにも強いので、徐々に経験を積んでこのトレンドせどりをメインにやっているせどらーもいるくらいです。ぜひチャレンジしてみましょう！

例 大ヒット映画「鬼滅の刃」は、せどりの宝庫

それでは具体的な事例を見ていきましょう。コロナウイルスが流行しているにも関わらず、日本最速で興行収入100億円を突破した大ヒット映画「鬼滅の刃」ですが、たくさんの関連グッズに火がつきました。

アニメグッズは、はじめての人や馴染みのない人にはわかりづらさもありますが、マグカップ、ぬいぐるみ、文具、キーホルダーといった小物も意外と人気があります。

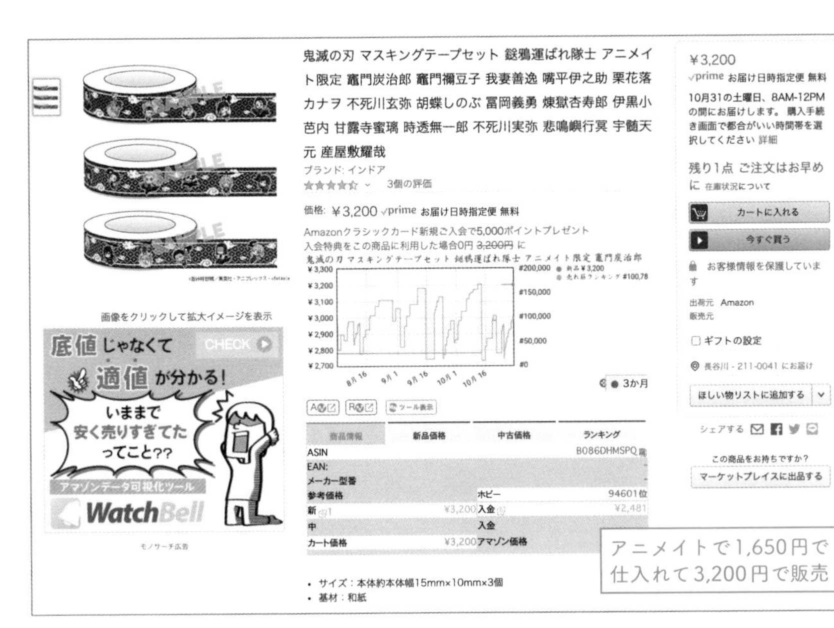
鬼滅の刃 マスキングテープセット 鎹鴉運ばれ隊士 アニメイト限定 竈門炭治郎 竈門禰豆子 我妻善逸 嘴平伊之助 栗花落カナヲ 不死川玄弥 胡蝶しのぶ 冨岡義勇 煉獄杏寿郎 伊黒小芭内 甘露寺蜜璃 時透無一郎 不死川実弥 悲鳴嶼行冥 宇髄天元 産屋敷耀哉
ブランド: インドア
3個の評価
価格: ¥3,200 prime お届け日時指定便 無料
Amazonクラシックカード新規ご入会で5,000ポイントプレゼント
入会特典をこの商品に利用した場合0円 3,200円 に
画像をクリックして拡大イメージを表示
底値じゃなくて 適値が分かる!
いままで 安く売りすぎてたってこと??
アマゾンデータ可視化ツール
WatchBell
モノサーチ広告
¥3,200
prime お届け日時指定便 無料
10月31の土曜日、8AM-12PMの間にお届けします。 購入手続き画面で都合がいい時間帯を選択してください 詳細
残り1点 ご注文はお早めに 在庫状況について
カートに入れる
今すぐ買う
お客様情報を保護しています
出荷元 Amazon
販売元
ギフトの設定
長谷川 - 211-0041 にお届け
ほしい物リストに追加する
シェアする
この商品をお持ちですか?
マーケットプレイスに出品する
3か月
商品情報
新品価格
中古価格
ランキング
ASIN
B086DHMSPQ
EAN:
メーカー型番
参考価格
ホビー
94601位
新
¥3,200
入金
¥2,481
中
入金
カート価格
¥3,200
アマゾン価格
サイズ：本体約本体幅15mm×10mm×3個
基材：和紙
アニメイトで1,650円で仕入れて3,200円で販売

鬼滅の刃 ベア 煉獄杏寿郎 ぬいぐるみ 映画『無限列車編』公開記念 公式グッズ 炎柱
ブランド: 鬼滅の刃
価格: ¥3,980 prime お届け日時指定便 無料
Amazonクラシックカード新規ご入会で5,000ポイントプレゼント
入会特典をこの商品に利用した場合0円 3,980円 に
新品 (2)点： ¥3,980 送料無料 prime
『鬼滅の刃』から、炎柱「煉獄杏寿郎」のベアが登場！
瞳の色、衣装、日輪刀など、細部まで再現した、キーホルダータイプのぬいぐるみです！
ボールチェーン付きだから、いろいろなところに一緒に連れていける♪
サイズ W:100×D:60×H:150
素材 本体：ポリエステル ボールチェーン：鉄
不正確な製品情報を報告。
ホビー商品の発売日・キャンセル期限に関して:
フィギュア・プラモデル・アニメグッズ・カードゲーム・食玩の商品は、メーカー都合により発売日が延期される場合があります。 発売日が延期された場合、Eメールにて新しい発売日をお知らせします。また、発売日延期に伴いキャンセル期限も変更されます。 最新のキャンセル期限は上記よりご確認ください。また、メーカー都合により商品の仕様が変更される場合があります。あらかじめご了承ください。 詳細はこちらから
¥3,980
prime お届け日時指定便 無料
10月31の土曜日、8AM-12PMの間にお届けします。 購入手続き画面で都合がいい時間帯を選択してください 詳細
残り5点 ご注文はお早めに 在庫状況について
数量: 1
カートに入れる
今すぐ買う
お客様情報を保護しています
出荷元 Amazon
販売元
詳細はこちら
ギフトの設定
長谷川 - 211-0041 にお届け
ほしい物リストに追加する
新品 (2)点： ¥3,980 送料無料 prime
シェアする
この商品をお持ちですか?
マーケットプレイスに出品する
画像をクリックして拡大イメージを表示
底値じゃなくて 適値が分かる!
いままで 安く売りすぎてたってこと??
アマゾンデータ可視化ツール
ジャンプ公式オンラインストアで1,485円で仕入れて3,980円で販売

Chapter 3

もちろん、映画館でも仕入れられちゃいます。

映画館で3,000円で仕入れて、4,980円で販売

　映画を見ればもらえる特典ですが、利益よりもチケット代が実質無料になることが何よりのメリットかもしれません。こんな感じで実践すれば、より楽しくせどりができちゃいます。

映画を見て、2,400円で販売

06〔ネット〕

最速で売れるトレンドリサーチ

トレンド商品は、どの販路でもだいたい同じくらいのプレ値で取り引きされるので、同時出品してリスクヘッジに備えます。

POINT

1. 多販路で販売し、自己発送で商品登録しよう。
2. 値崩れと価格競争のリスクを想定して仕入れよう。
3. 情報収拾は、ヤフー！ニュース、Twitter、LINEをついでに見れば十分。

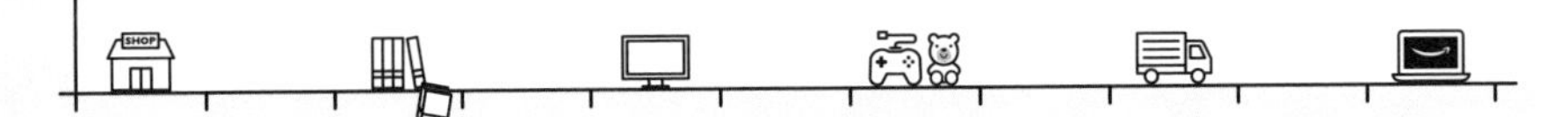

トレンドせどりのデメリット

値崩れと価格競争がすぐに起きる

情報過多によって**時代の流れが早くなっているので、トレンドは短い期間で終わる**ものが多いです。世間の注目がなくなれば、必然的に商品の値段は下がりはじめ、販売スピードも格段に落ちていきます。今は、せどり系の情報発信者がメルマガやLINEで紹介するケースもあるので、そうなると販売者同士による値下げ合戦がはじまり、値崩れが発生します。

トレンドせどりは、とにかく仕入れた商品をすぐに売りはじめる必要があります。自己発送で商品登録をしたほうがいいケースもありますし、早く売りさばくために、Amazonだけではなく、メルカリなどほかの販路でも併売していくようにします。

メンタル的にきつくなってしまう

このトレンドせどりでは仕入れてから販売し終えるまで、いつ起こるかわからない「値崩れと価格競争」が常に気になってしまいます。予測不可能な部分が多いので、初心者のうちは絶対に大量仕入れをしないように気をつけましょう。また、赤字になっても容認できるリスクを定めてから仕入れるようにしましょう。そうすることで、少しでも落ち着いてトレンドせどりをできるようにしましょう。

トレンド情報の集め方

トレンド情報のチェックといっても、難しいことはまったくありません。私たちが普段よく使っているサイトからチェックをすることができます。

Yahoo!リアルタイム検索を使う

Yahoo!検索の機能のひとつの中に、「**リアルタイム検索**」があります。PCでは、ヤフー！トップページの検索枠の上にある「リアルタイム」をクリックします。ここに1位から20位まで、直近で多く検索されたキーワードが載っています。気になるキーワードを見つけたら、クリックしてみてください。Twitter上でそのキーワードがどのようにつぶやかれているのか、見ることができます。スマホの場合はリアルタイム検索アプリがあるので、インストールしておくと便利です。

Twitterを使う

Twitterでは、シンプルに「**#話題を検索**」から「トレンド」を選んでみてください。スマホでは、「検索アイコン」をタップすれば「おすすめトレンド」が表示されます。こちらでも、多くつぶやかれたキーワードのランキングを見ることができます。

LINEを使う

LINEもシンプルで、「ニュース」の中から「話題」を選んでください。そこで、今世間で注目されていることを知ることができます。

価格.comを使う

価格.comの「テレビ紹介情報」を見ると、商品情報そのものをリサーチすることができます。ここでは、テレビで紹介された商品やグルメ、イベントなどの情報がピックアップされています。毎日何十件も掲載があるので、すごい情報量です。見ているだけで楽しくなります。このページは価格.comのトップページからは探しにくいので、「価格.com　テレビ紹介情報」で検索したほうが早いです。

価格.com ＞テレビ紹介情報
https://kakaku.com/tv/

これらのサイトを、すべて念入りにチェックする必要はまったくありません。1日1回、上記のサイトをひとつでもサラッと全体を見てみる程度で大丈夫です。世間で注目されている情報は、その日はもちろん、違う日にも何度も見かけることになるので、何となくわかってきます。ぜひ、情報収拾に慣れていってください。

事件による事例

2020年、「歌手のAさんが逮捕された」というニュースが飛び込んできました。そのニュースの直後、AさんのCDやDVDが回収されて聞けなくなると思ったファンが、CDなどを購入しはじめました。

CDやDVDは定価が決まっているので、リサーチ方法は簡単です。Amazonのトップページからその歌手のフルネームで検索をします。そうするとプレ値になった商品の値段の横に下図のような黄色いアイコンが表示されます。**このマークこそがプレ値の商品**です。このようなトレンドの場合、価格が著しく変動するので、10分おきくらいにチェックしてもしたりないくらいです。

このマークが表示されていたら、ほかのネットショップで在庫があればせどれる可能性あり

価格がプレ値になった商品を、各ネットショップで見てみます。商品が買える場合もありますが、ネットショップの在庫が切れていてもあきらめないでください。タワーレコードやHMV、ヨドバシカメラなどでは、店頭在庫があれば取り置きしてもらえます。**店舗とネットショップの在庫は基本的に別扱い**なので、店頭にあればゲットできる可能性が高くなります。取り置きしてもらえたら、あとは取りに行くだけです。ついでに、行ける範囲の店はすべてチェックしておきましょう。もちろん、中古ショップも寄れるなら寄ってきましょう。基本的に新品、中古ともにAmazonでの販売スピードが最も動きが早いので、オークションやフリマアプリなら残っている場合があるので要チェックです。

ベスト盤は、必ずといっていいほど値上がりします。Aさんの有名なベスト盤のグラフを見てみましょう。ニュースが流れた直後に値段が上がっているのがわかります。

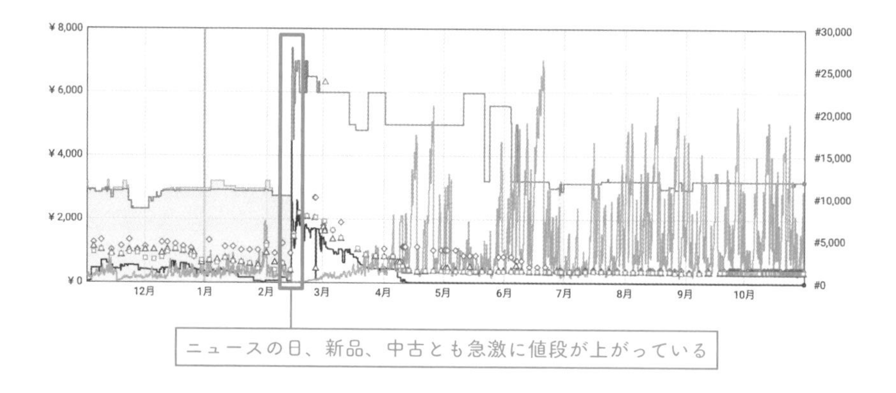

ニュースの日、新品、中古とも急激に値段が上がっている

では、下図のグラフを見てみましょう。こちらのアルバムはカバー曲集なので、すぐに値下がりしていました。このようなパターンもあるということを覚えておきましょう。

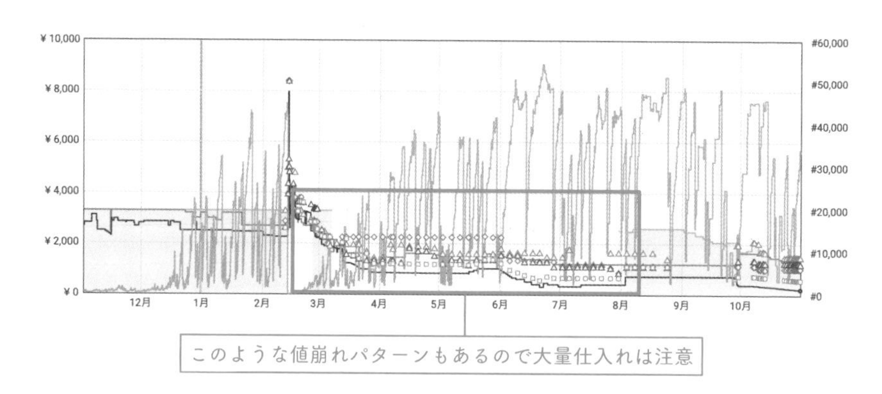

このような値崩れパターンもあるので大量仕入れは注意

トレンドリサーチは、
遅くとも当日中に
値上がり商品のリサーチを
すませてしまい、
翌日には店で
商品を回収していく
スピード感が必要！

07〔店舗〕〔ネット❶〕

生産終了品をねらう定点観測せどり

生産終了品は希少になりはじめるタイミングで仕入れをしていけば、セール商品と同等の「利益率のいい仕入れ」ができます。

POINT

❶ 生産終了品のなかでも、特にニッチなジャンルはおいしい！
❷ 在庫が多い生産終了品はリスクが大きい。
❸ 再チェックの商品リストを構築していこう。

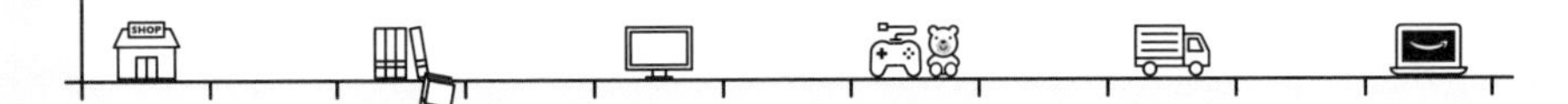

生産終了品＝セール商品と同等の利益率も？

生産終了品こそ、せどり的にはねらっていきたいジャンルです。理由は、**だんだんと入手困難になり希少価値が上がっていく**からです。今までと店頭価格が変わらなくてもネット上でプレ値になっていけば売れるので、仕入れが可能になります。ラッキーな場合は、生産終了品ということで、店舗では値段が下がりはじめていきます。そうなるとセール品と同じくらいの利益率になることもあります。ニッチなジャンルであれば、もともとの在庫数も多くないので、ライバルが気づかないうちにたくさん仕入れることができます。もちろん、価格競争も起きにくいですね。

新しい型番の商品は、あたりまえですが旧モデルよりもいい製品に仕あがっているうえに、普通に定価から少しディスカウントされて安く売っています。なのに、価格が上がってしまった旧モデルを買う人なんているのかと疑問に思うかもしれませんが、自分自身の買い物を振り返ってみてください。家電でも、服でも「前のほうがよかったなぁ」と思ったことがあるはずです。商品の機能や色に強いこだわりがあれば、多少値段が高くても買ったりすることはありませんか？　実際、新しい商品にそこまでメリットがなければ、旧モデルの在庫が多くあれば、新モデルと同じくらい売れ続けます。

生産終了品の見つけ方

生産終了品は、まずは**リサーチ途中に見つけていく**方法で十分です。店頭でアレ？　と思ったときは、次の中からやりやすい方法で調べてみてください。

店舗のPOPで見つける

商品のPOPに「**在庫処分**」「**生産終了品**」「**在庫品限り**」と書かれていることがあります。ほかにも、店頭で隅のほうに置かれているパッケージが古くなってしまっている商品は、廃盤の可能性が高くなります。

有名なシリーズの商品は店舗も基本的にリピート仕入れをするので、「在庫限り」と記載があるということは廃盤の可能性が高い

Google検索で見つける

Googleで、「**型番 生産終了**」「**商品名 廃盤**」といったキーワードで検索してみてください。メーカーのホームページで廃盤の発表をしていたり、人気だった商品はニュース記事になっていたりします。また、とても便利なサイトはヨドバシカメラや価格.comです。「**販売終了**」の表示があったり、商品の情報だけ載っていて出品者がいないような商品は、ほぼ廃盤になっています。

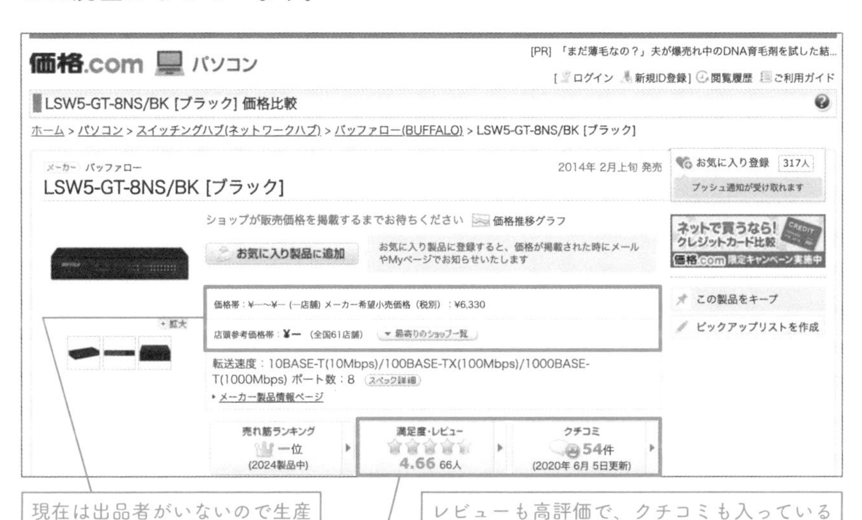

現在は出品者がいないので生産終了しているのがわかる

レビューも高評価で、クチコミも入っているので、過去に販売されていたのは確認できる

Twitterで見つける

Twitterで検索する方法は、Google検索と同じです。その商品の愛用者が「**生産終了かぁ。涙**」のようなつぶやきをしている場合があるので、いろいろな言葉で検索してみましょう。

生産終了品をねらう注意点

生産終了品でも、すべての商品が希少価値になるというわけではありません。マーケットにおける相場（商品価格）の本質は、需要と供給のバランスです。明らかに在庫が大量に残っている場合は、全国規模で考えると半年は在庫が枯渇しないので、値段もすぐには上がらないでしょう。**むしろ、在庫をなくすために直近の相場は下がる可能性すらあります**。店員に全国の在庫量を聞いてみたり、ほかのチェーン店の在庫もチェックしてもらえたりできる関係になれば、なんとなく様子がわかります。

今仕入れができなくても1カ月後に仕入れができるかも

今仕入れができなくても、1カ月後には仕入れができるようになっている可能性があるので、**「再チェック商品リスト」は必ずつくる**ようにしましょう。また、**再チェックした商品が高値になっていたら、その相場でもちゃんと売れているかを確認するのも重要**です。高値で売れていないのに仕入れても不良在庫になるだけなので気をつけてください。相場が高値すぎる場合はその場で商品を仕入れるのではなく、自己発送で、今の高値ではなく、以前、商品がよく売れていたころの相場の3～4割増しくらいの価格設定をして商品登録すれば売れるかもしれません。ただしこれは無在庫なので、Amazonで注文が入ったタイミングで店頭在庫がなくなっていれば、入った注文をキャンセルしなければならないので気をつけてください。

商品が生産終了したか
ネット上で確認ができない場合は、
メーカーに直接電話をしてみよう！

生産終了品の事例

下図はNEC Aterm WG1900HP2という新モデルのランキンググラフです。Amazon在庫も豊富にあり、かなり売れています。

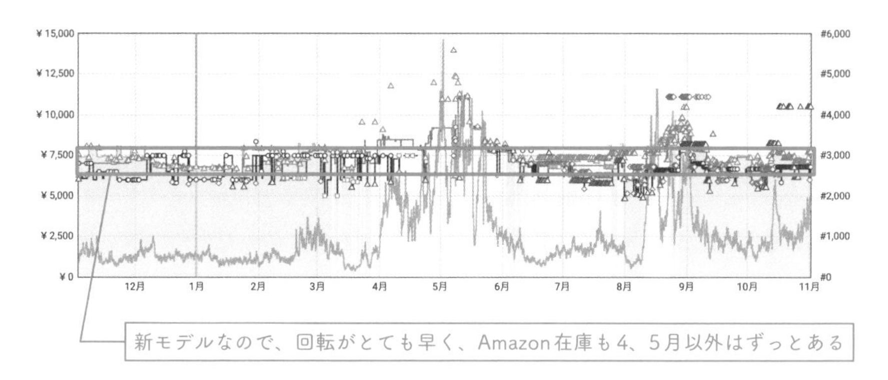

下図はNEC Aterm WG1900HPという、上記商品の旧モデルのランキンググラフです。直近1年間は新しいモデルの1.5倍から2.5倍の相場にもかかわらず、比較的早い回転で売れ続けています。

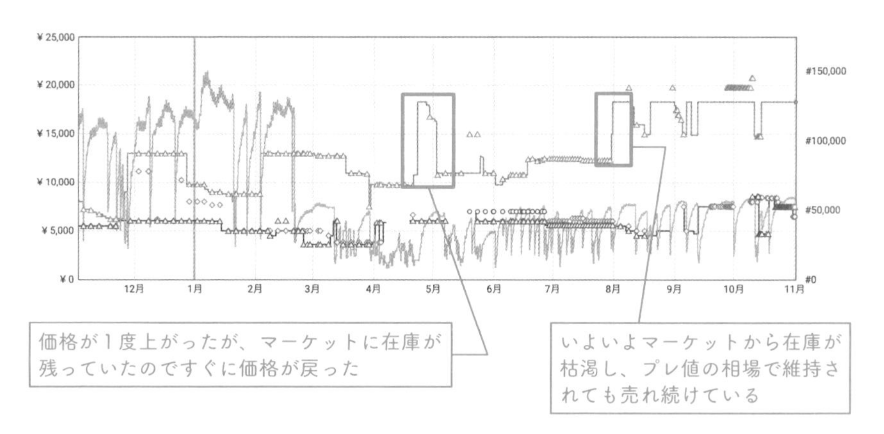

下図はエレコムのWEBカメラのランキンググラフです。こんな風に一時的に値段が上がり、元に戻るケースもあります。

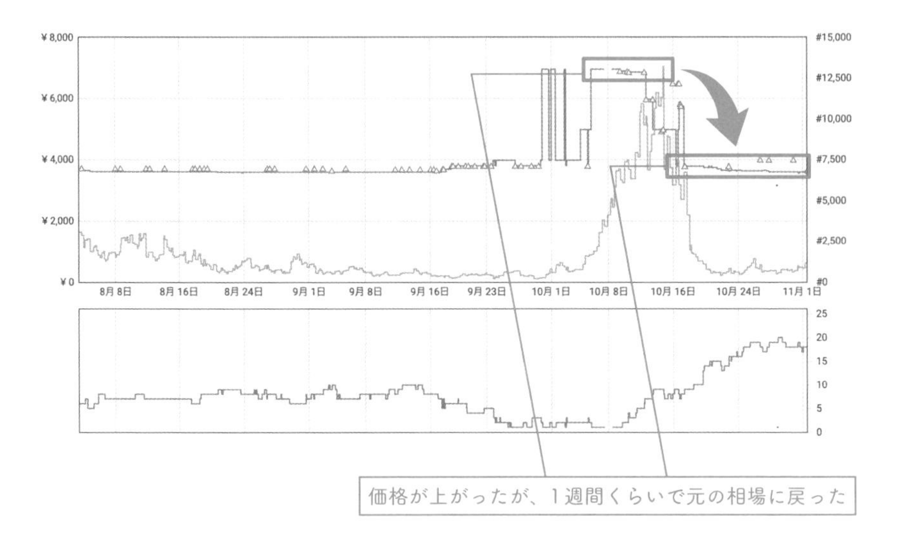

08〔ネット❷〕

生産終了品をねらう 定点観測せどり

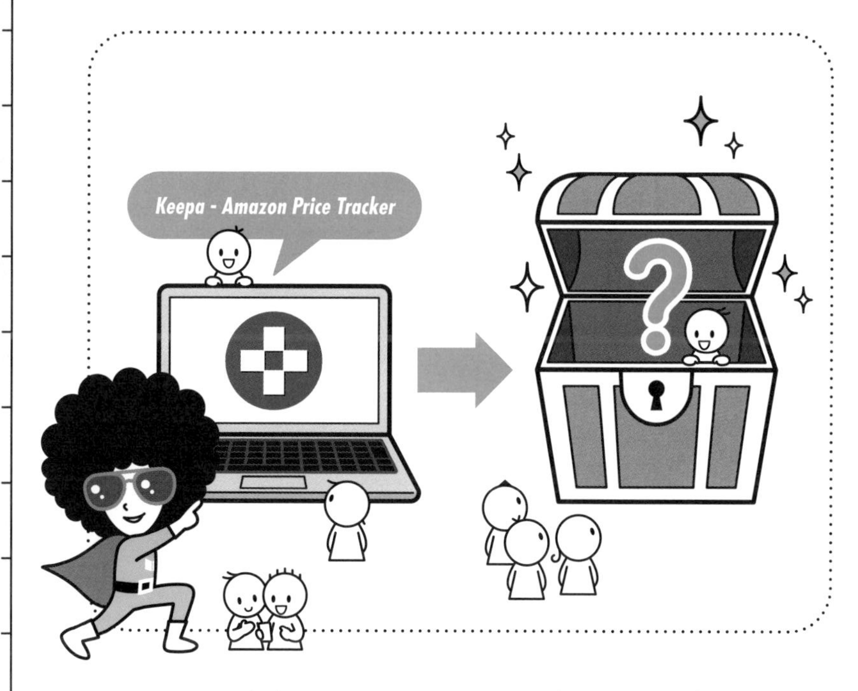

Keepaでお宝商品をリスト化してから店舗を回れば、通常棚の通常値札の商品をゲットすることができます。郊外のほうがプレ値商品が残っている可能性は高くなります。

POINT

❶ ランキンググラフがなくても販売予測ができる練習をしよう。
❷ Amazon在庫が長期間ある商品は復活の可能性あり。
❸ ネットで見つからなくても、店舗にある場合はたくさんある。

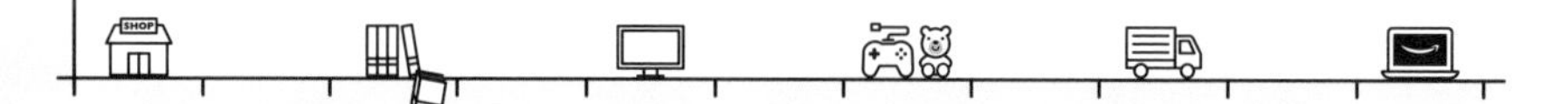

無料ツールを使った生産終了のリサーチ方法

Keepaの「商品」という無料の機能を使えば、かぎられた絞り込みにはなりますが指定した条件の商品を抽出することができます。有料にすれば「Product Finder」というツールがあり、そちらではさらに細かい指定で商品のデータを得ることができます。

今回は「商品」の機能で、Amazon上で在庫が切れてしまっている商品を抽出してみます。「在庫切れ」という条件なので必ずしも生産終了品というわけではありませんが、生産終了品が混ざっているはずです。それでは、早速画面で見ていきましょう。

手順① Keepaの「商品」機能のリサーチ条件を設定する

まず、ページの左サイドバーを上から順番に設定していきます。

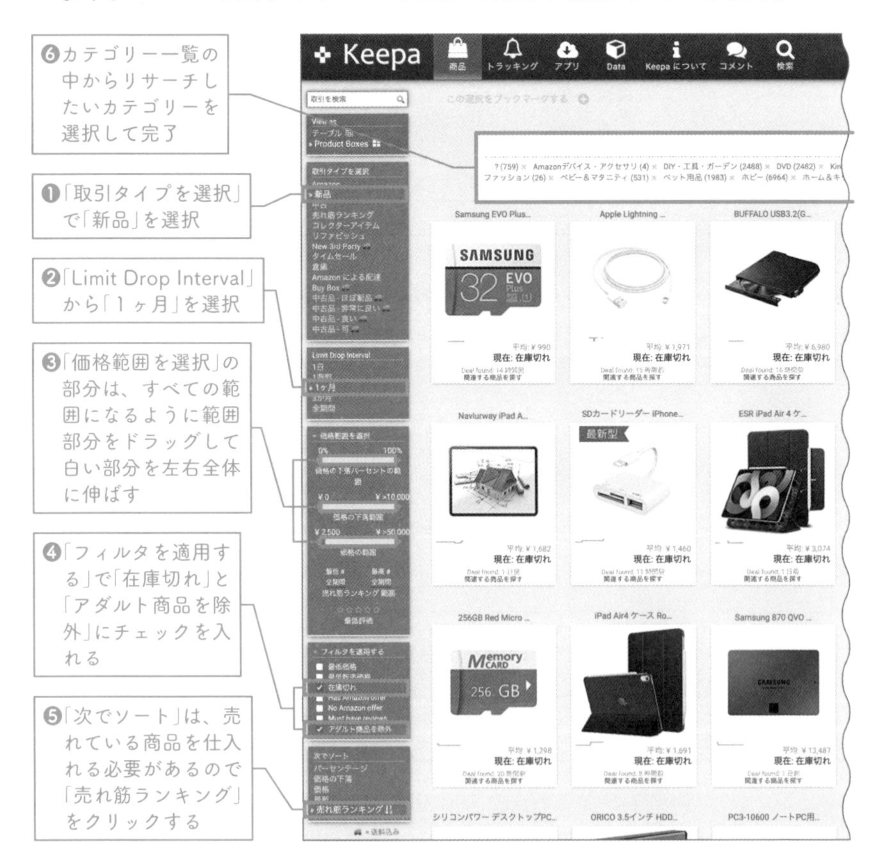

手順② 価格履歴グラフを表示する

手順① の商品画像の上にカーソルをあわせると、価格履歴グラフが表示されます。薄紫線（本書では水色）が新品で、黒線が中古です。

どのようなグラフが生産終了の可能性があるかというと、**線が全体的に右肩上がりに伸びているグラフ**です。そして、**その伸びている線が途切れ途切れになっているとよりいい**です。理由は、セラーが出品したら、すぐに売れたと予測することができるからです。生産終了品でなかったとしても、マーケット上の在庫が枯渇している商品に変わりはありません。

この「**画像の上にカーソルをあわせる作業**」を上から順番にしていってください。ただ、すべての商品をする必要はありません。あなたが知っているメーカーの商品だけでいいです。Amazonには中国のノーブランドのOEM出品も多く出品されていますが、そういった商品はリサーチしても見つかることはほぼほぼありません。

根気よく見ていくと、このような右肩上がりのグラフに出会います。新品も中古も両方とも、以前より相場が上がっているのがわかります。価格が突き抜けて上がったところは売れたかわかりませんが、**過去相場よりちょっと高い価格くらいのところは線がすぐになくなっているので、売れているのがわかります。**このようにランキング変動グラフがなくても、ある程度予測はできます。

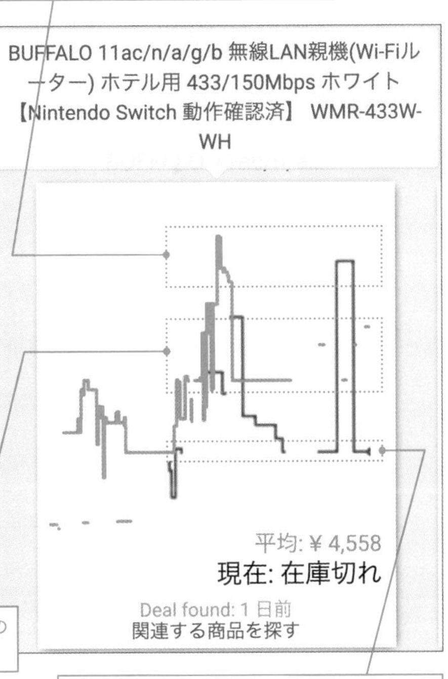

手順③ グラフを拡大する

グラフをクリックすると別ページで拡大して見ることができるので、最後の仕入れ判断をしましょう。ここで**履歴の期間を「1年間」などの長期に変えてみてもいい**です。

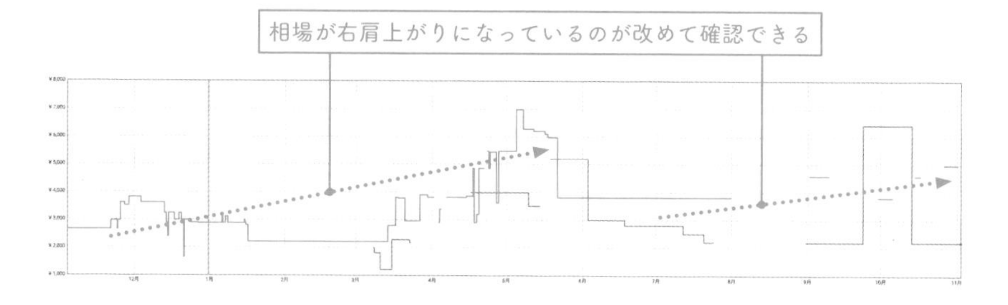

手順④ この商品がネット上にないか、商品キーワードや型番をGoogle検索などでリサーチする

ラクマで新品の状態のルーターを2,300円で見つけることができました。最終的に2,000円まで値下げ交渉することができました。**商品は新品ですがラクマの個人からの仕入れになるので「ほぼ新品」で出す必要があります。**Amazonでは新品の最終相場が4,980円で、現在在庫切れなので、高ければ5,980円、悪くても4,000円で売れると判断できます。

店舗で同じ商品を見かけることもあり得るので、頭の片隅に入れておきましょう。このような商品をたくさんインプットしておけば、ふとしたときに「これKeepaでリサーチした商品だ！」と、出くわすことがあります。郊外にポツンとあるような店舗ほど、商品が残っている可能性があります。

Amazon在庫が長期間に渡って存在している商品は要注意

下記のように、Amazon在庫が長期間に渡って存在していた商品は要注意です。Amazon再入荷になると、以前の相場かまたはさらに安い価格で出品してくることがあるからです。

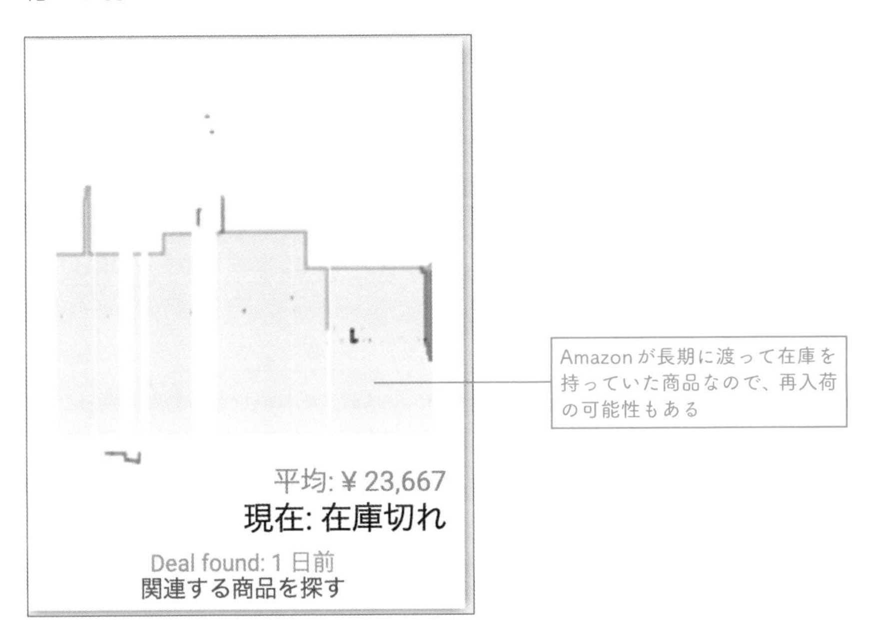

生産終了は多くのカテゴリーで存在するので、ぜひいろいろとリサーチしてみてください。Keepaは、せどりのリサーチにとても役立つツールなので、どんどん慣れていきましょう。

【実践リサーチ】
Keepaで、値上がり＆生産終了品をリサーチ！
https://youtu.be/gQo-wNaeflg

09

仕入れるのが最も簡単なヤフオク!の最も簡単なリサーチ方法

「入札有り＝安値または相場」なので、入札済みの商品をリサーチし尽くせば一定の確率で安値商品に出会えます。

POINT

1. 入札は手動ですると忘れてしまうので、必ず予約ツールを使おう。
2. 1円スタートは、せどり的に落札できない可能性が高い。
3. 勝率が悪い場合は、入札予約数を増やす戦略でいこう。

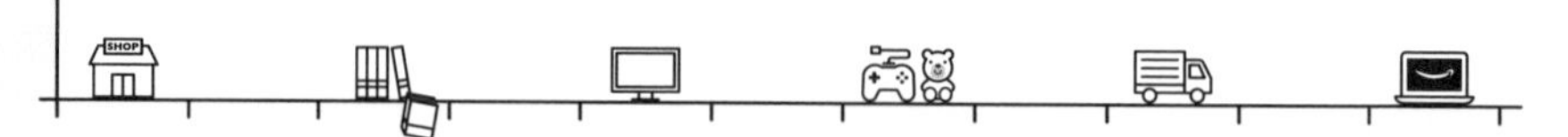

落札ツールを使って、入札忘れをなくす

ヤフオク！で入札をする場合、必ずツールを使うようにしましょう。その理由は、落札日時を忘れてしまうことが多発するからです。また入札を手動でやると、入札延長が長引いて、結局2時間以上パソコンの前に張りついていたのに落札できなかったという悲劇が起きてしまいます。**お勧めは、オークファンのライト会員**です。月額たった330円で、入札を無限に設定でき、管理画面もとてもわかりやすくできています。

無料ではじめたい場合は、ヤマド！やBidMachineという無料のツールもあるので試してみてください。BidMachineはWindowsのみ対応で、ソフトをパソコンにダウンロードして、パソコンの電源をつけてツールを起動しっぱなしにしておく必要があります。

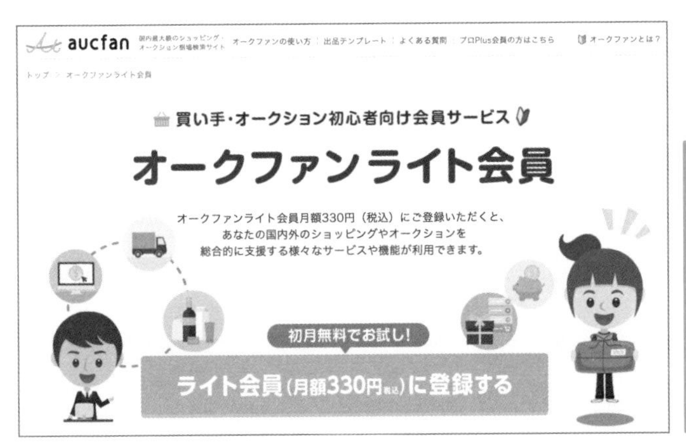

オークファンライト
https://aucfan.com/user/lite/

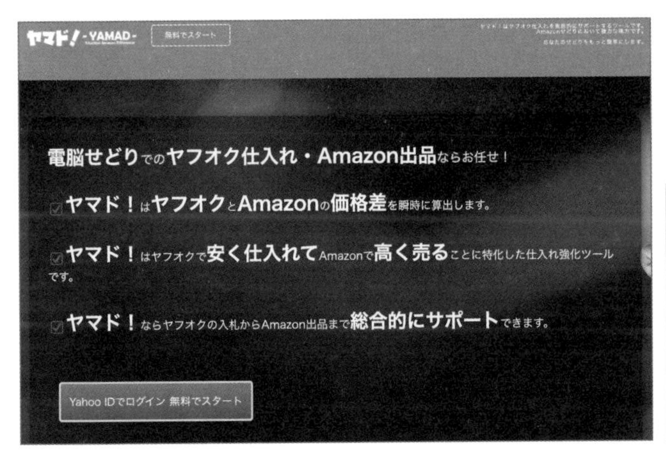

ヤマド！
https://yamad.makad.pw/

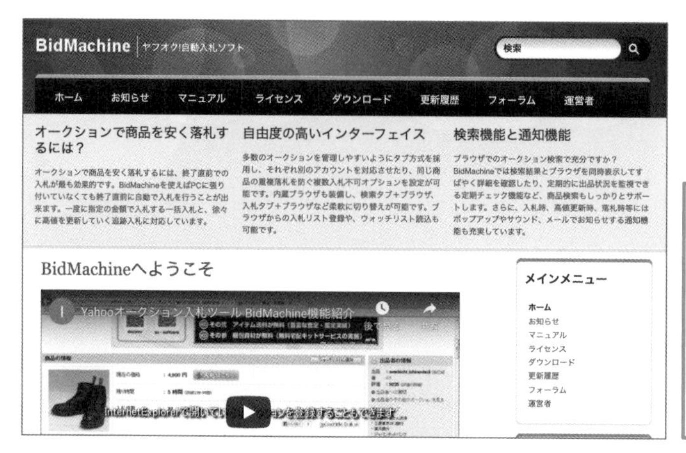

BidMachine
http://lafl.jp/
bidmachine/

 最も簡単なヤフオク!仕入れ

ヤフオク!で、システムを利用した最も簡単な手法を紹介します。同じように操作するだけで結果を出せるので、ぜひ試してみてください。

手順① ヤフオク!の検索設定をする

左サイドバーから「現在の検索条件」の「商品の状態」の項目を設定します。

手順② 商品の並べ替えから「入札件数の多い順」を選択する

「入札」が10以下で、落札終了時間が近いものをリサーチしていきます。1円開始の出品は、最終的にせどりができないほどの高値になることが多いのでリサーチ対象外とします。

手順③ Amazonに商品があるか、Google検索する

ヤフオク!の商品詳細ページを開き、商品名をコピーしてGoogle検索します。下記の商品は「Nintendo Switch Joy-con L・R コントローラのみ」で検索をかけました。

手順④ ランキンググラフを確認する

Amazonの商品ページを開いたら、仕入れようとしている商品と同じコンディションの相場をランキンググラフから確認します。ヤフオク!の出品画像と文章で確認するかぎり、商品の状態は美品ほどではないですが中古感はあまり感じないので、「良い」で販売することができます。最安値がだいたい「良い」のコンディションなら7,000円くらいで売れています。現在のライバルも「良い」でコントローラー本体のみの出品者は7,000円で出品しています。

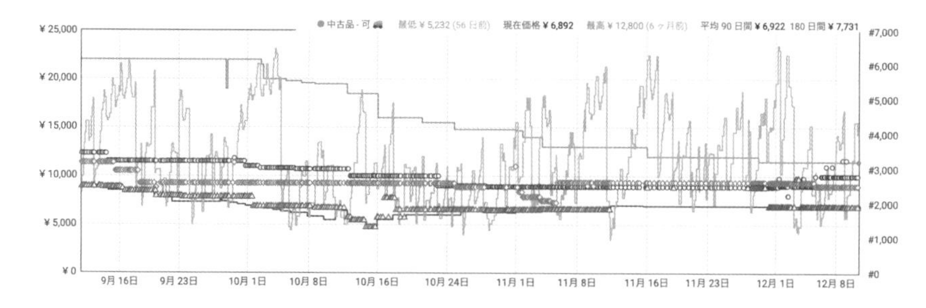

手順⑤ FBA料金シュミレーターでいくらまでなら入札ができるか計算する

ここでほしい情報は純利益額ではなく、1,400円以上の利益を得る場合の入札上限価格です。つまり、2,873円で落札できれば1,400円の利益が出るという意味です。2,873円以上の価格で入札を入れると利益が1,400円以下になり、利益率がどんどん薄利になってしまうということ

Chapter 3

になります。実際のFBA料金シミュレーターの使い方とは違いますが、このようにすれば、逆算で入札予約額を算出できます。この商品の場合、切り上げで2,900円で入札予約をして、あとは待つだけです。

簡単すぎる手法なので落札率は悪いですが、それでも落札できるものも一定の確率であるので、入札予約数で勝負してください。

【実践リサーチ】
もっとも初心者向けのヤフオク！リサーチ
https://youtu.be/1vOSTdw5e6k

最も簡単に
商品を仕入れる方法なので、
このテクニックで
1個ゲットしてみよう！

10〔ヤフオク!〕

キーワード戦略仕入れ

ヤフオク!には、相場の価格が高い商品もたくさん出品されているので、キーワード検索をすれば埋もれている安値商品を掘り起こすことができます。

POINT

1. 「安い」と「付加価値」のキーワードを意識してリサーチ。
2. 落札時間が48時間以内の商品をチェック。
3. 即決価格は、相場に近いので除外。

キーワードで効率よくリサーチする方法

ここでは、出品者が出品文章に書くであろうキーワードを検索することで、戦略的に「差額のある商品」を抽出してリサーチする方法をお話しします。**意識してほしいのは「安い」「付加価値」を連想するキーワード**です。では、どんなキーワードがあるかというと次のようになります。

安い	断捨離、引っ越し、景品、押入れなど
付加価値	付属品、特典、限定、揃って、完備、美品、限定など

ここであげたキーワードは、ほんの一例でしかなく無限にあります。リサーチしながら、複数の出品者が書きそうなせどり的においしいキーワードがないかを意識して見つけていってください。キーワードの宝探しのようで楽しいですよ。

キーワード戦略仕入れを実践してみる

それでは、実際の画面で実践していきましょう。

手順① トップ画面の検索枠の横の「＋条件指定」をクリックする

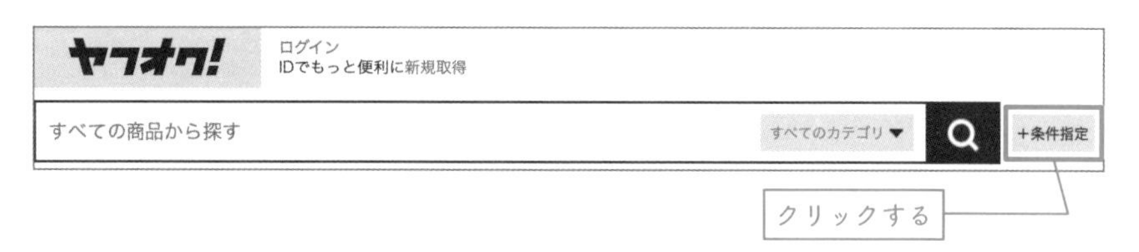

手順② 条件指定の画面で検索条件を詳細に設定する

「キーワード」の2行目の「少なくとも1つを含む」にキーワードを入力していきます。**ここに入力したキーワードのいずれかが入っている商品を抽出してくれます。**ここのキーワードの数が増えるほど検索に引っかかる商品が増えるので、検索結果も多くなります。

1行目の「すべて含む」は、ここに入力したキーワードがすべて含まれている場合だけ、検索結果に出てきます。

除外したいキーワードがある場合は、3行目の「含めない」に入力します。

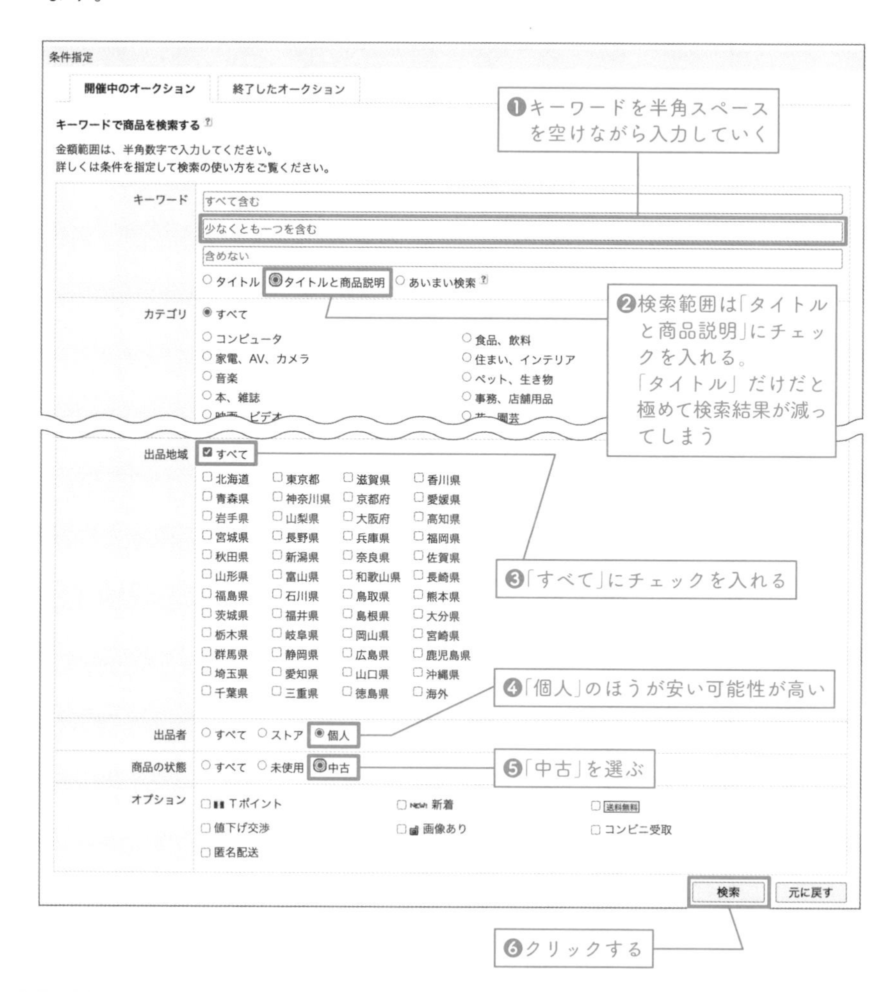

手順③ 商品一覧が表示されたら「残り時間の短い順」に並べ替える

入札終了まで48時間以内のものをリサーチしたいので「残り時間の短い順」に並べ替えます。落札日がそれよりも長い期間の商品をリサーチしても価格が上がっていく可能性があるので、無駄な労力になってしまいます。次にChapter3-09のリサーチと同じく、「商品の状態」にチェックを入れてください。次に左サイドバーから大カテゴリーを選び、小カテゴリーを選んでいきます。するとこのような画像の画面になります。

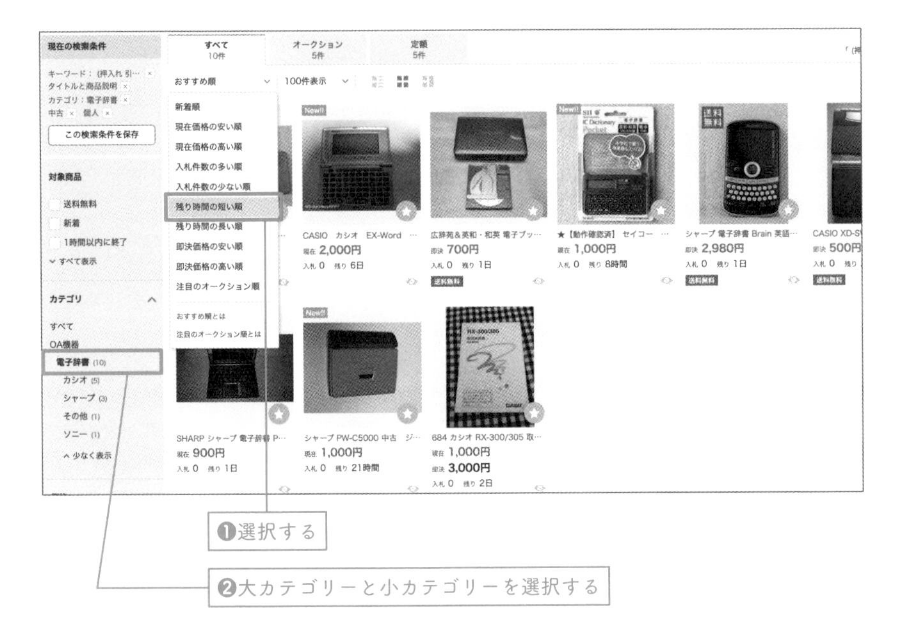

あとは順番に商品詳細ページを個別で開いていって、Amazonの商品ページを検索で探し、相場を比べて仕入れができるか判断していくだけです。Chapter3-09のリサーチと同様ということです。ちなみに「**即決」価格だけの場合は、相場に近い確率が高いのでリサーチしません**。「現在価格」と「即決価格」が両方設定されている商品は、未入札のスタート価格の段階で2,000円は差額があるほうが好ましいです。

これを各カテゴリーで愚直にしていくだけで、仕入れられる商品が見つかりますよ。たまに相場よりも1万円ほど安い商品もあったりして、まさに宝探しで楽しいですよ。

【実践リサーチ】
ヤフオク！効率化キーワードでお宝発見！
https://youtu.be/5Bsx-o-vGZ8

11〔メルカリ〕

早い者勝ちリサーチ

スピード勝負だけど、商品の状態、付属品の有無、出品者評価など、仕入れ判断のポイントをしっかりと確認してから購入しましょう。

POINT

① パソコン、スマホに張りついて状態のいい商品をチェックしていくだけ。
② 早いもの勝ちなので仕入れ判断は１分程度でしよう。
③ ラクマでも実践してみよう。

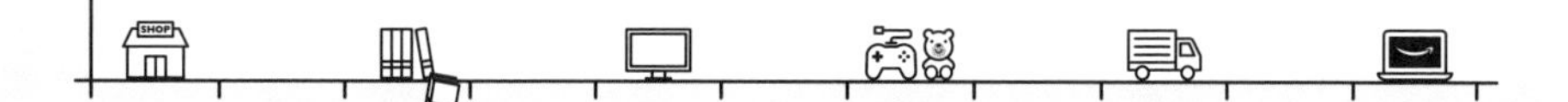

とにかく早いもの勝ちだけど必ず見つかるリサーチ方法

フリマアプリは、とにかく早い者勝ちです。ただ、出品数が多い日は100万点以上あるので、1秒あたりで算出すると10商品は登録されることになります。実際は時間帯で多い少ないがあるので、多いときは1分に1,000商品以上登録されることもあります。要するに、1商品リサーチしている間にも物理的に見切れないくらい新しく商品が登録されているということです。**ライバルはいますが、パソコンやスマホにしっかり張りついてリサーチすれば、必ず利益商品をゲットすることができます。**

手順 詳細検索の設定をする

まずは、メルカリトップページの検索枠に何も記入せずに検索をかけてください。そうすると左サイドバーに詳細設定ができる項目が出てきます。

設定が終わったらURLをお気に入りに登録しておくと、同じ設定でリサーチしたいときにとても便利です。

商品の一覧が画像で出てくるので、**出品者自身が撮影をしていて、そのカテゴリーではある程度有名なメーカーの商品をリサーチしていきましょう**。業者が出品している商品は、だいたい背景が白色でカタログのような画像なので覚えておいてください。業者の出品物は、相場どおりの値段になっていて仕入れができません。あとは、洗濯機や冷蔵庫のような大きすぎるものも見る必要はありません。

メルカリのリサーチはくまなくやる

たとえば商品本体しか写っていないという理由で、リサーチをスキップしないことです。２枚目以降の商品で付属品や外箱などがそろっている場合も結構あります。また、外箱はあったほうがいいのは確かですが、なくても問題ありません。それよりも、**仕入れようとしている商品自体がきれいか、純正の付属品が多くそろっているかというほうが重要**です。このように、新しく登録された商品で状態がいいものだけをねらっていくようにします。

ちなみに、先ほどの 手順 の画像の下から２段目の右端の商品に「【中古】U2SCX（SCS機器がUSB2.0に早変わり！）」という商品が見えています。すぐにAmazonでリサーチしてみましょう。

【中古】U2SCX（SCS機器がUSB2.0に早変わり！）

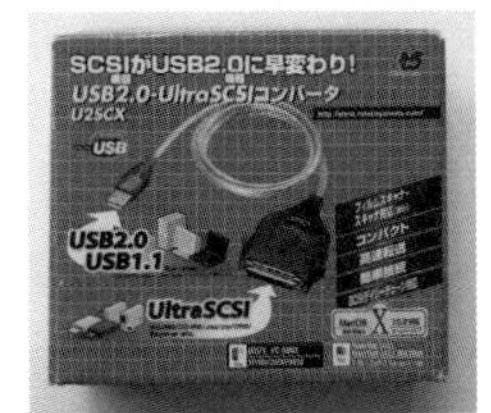

出品者	
カテゴリー	家電・スマホ・カメラ ＞PC/タブレット ＞PC周辺機器
ブランド	
商品の状態	目立った傷や汚れなし
配送料の負担	送料込み(出品者負担)
配送の方法	らくらくメルカリ便
配送元地域	福岡県
発送日の目安	2~3日で発送

¥18,000 (税込) 送料込み

購入画面に進む

正直何に使うものかわかりません。ネットで検索したら7万円だの3.8万円だので高額取引されてました。。。
必要な方は、是非お買い上げお願い致します。何に使うのか・・・

状態：B（使用感あり/箱・マニュアル・インストールＣＤあり）

いいね! 0　不適切な商品の報告　あんしん・あんぜんへの取り組み

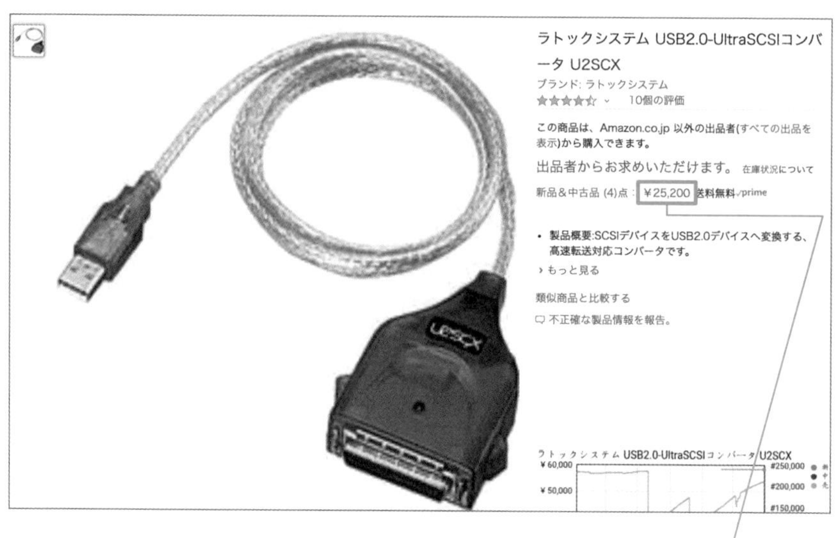

直近3カ月の間に「良い」のコンディション、29,800円で7回は売れていた。
ちなみに最安で25,200円

【中古】U2SCX（SCS機器がUSB2.0に早変わり！）

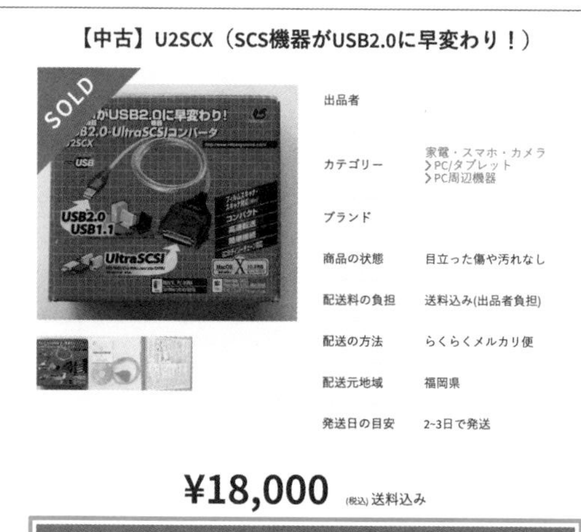

出品者	
カテゴリー	家電・スマホ・カメラ ＞PC/タブレット ＞PC周辺機器
ブランド	
商品の状態	目立った傷や汚れなし
配送料の負担	送料込み(出品者負担)
配送の方法	らくらくメルカリ便
配送元地域	福岡県
発送日の目安	2~3日で発送

¥18,000 (税込) 送料込み

売り切れました

ちなみに高額なのにも関わらず、数分でSOLD OUTになった。
メルカリは早い者勝ち！

リサーチはページの更新ボタンをどんどん押して、新規登録された商品を見ていくようにしてくださいね。ちなみに、ラクマでも同じ方法で仕入れることができます。

【実践リサーチ】
メルカリ早いもの勝ちリサーチ
https://youtu.be/y7PmSJKoCnU

12〔ネット〕

意外な穴場！メーカー直営サイト仕入れ

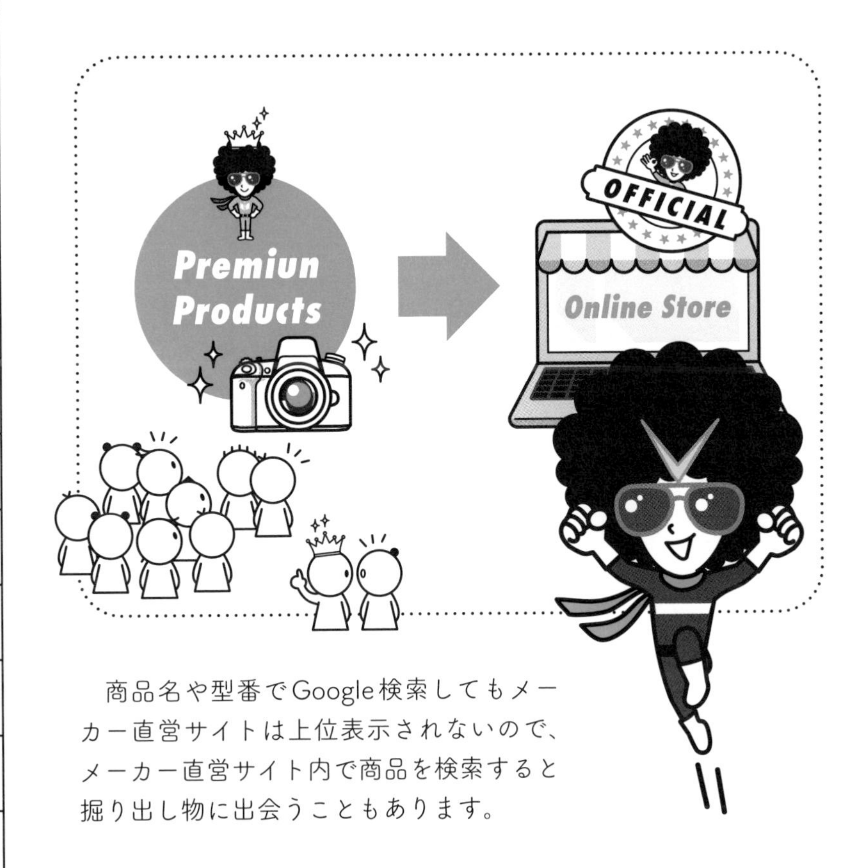

商品名や型番でGoogle検索してもメーカー直営サイトは上位表示されないので、メーカー直営サイト内で商品を検索すると掘り出し物に出会うこともあります。

Chapter 3

POINT

1. メーカー直営サイトの存在は、忘れがちなので常に意識しよう。
2. 普段のリサーチの延長で商品をチェックするのが効率的。
3. 会員セールは、大量在庫の値崩れに要注意。

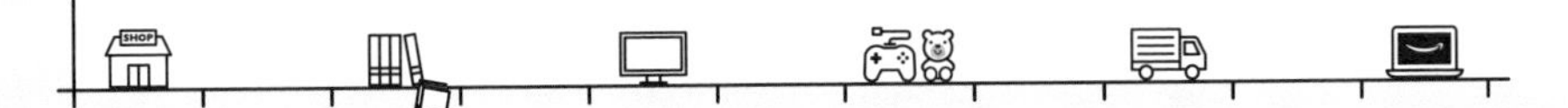

メーカー直営サイトが穴場なワケ

ネットで商品を買うときにどこで探しますか？

きっとAmazon、楽天、ヤフー！ショッピングや家電量販店、カメラ量販店のサイトではないでしょうか。よく考えてみると本来は商品をつくっているメーカーから直接買うほうがアフターケアも含めていいはずです。ところが、メーカー直営サイトから買うことなんて、ほとんどありません。その理由は、メーカー直営サイトのSEOは案外弱く、商品名では検索に引っかからないからです。検索しても上位表示されないので、メーカーから直接買うという発想自体が生まれないのです。拡張機能を使っていても検索上位に出てこないので、実は仕入れのプロのせどらーですらメーカー直営のオンラインショップの存在は、ついつい忘れがちです。まさに灯台下暗しで穴場なのです。

テレビなどで紹介されて、急激に需要が増えたものはさすがにメーカー直営のネットショップでも品切れますが、そういったものではなく、日常的に人気のある商品は、メーカー直営のオンラインショップに普通に残っていたりします。メーカー直営サイトをよく見て、がっつり稼いでくださいね。

リサーチは、メーカー公式オンラインショップで探すだけ

リサーチは、メーカー直営サイトにある商品を順番にリサーチしていったのでは効率が悪すぎます。なぜなら、価格がほかのネット相場よりも安いことはまずないからです。**普段のリサーチの流れで、相場より高そうだと感じたり、プレ値商品であったり、在庫切れ商品を見つけたら、メーカー直営サイトで商品を探すようにします。**

先ほどもお伝えしたように、Google検索ではAmazon、楽天、ヤフー！ショッピングなどのメインのショッピングサイトが出てくることが多いので、メーカー名で検索して公式サイトへ行き、オンラインショップがないか確認してみてください。オンラインショップがないメーカーも、もちろんあります。

下記の事例では、2,090円のピンク色の日誌の商品ページを見ているときに、「この商品に関連する商品」として同じ商品の茶色のものが出てきて、値段があまりにも違ったのでクリックしました。

定価の3倍もする5,870円で、普通に売れているのがわかります。

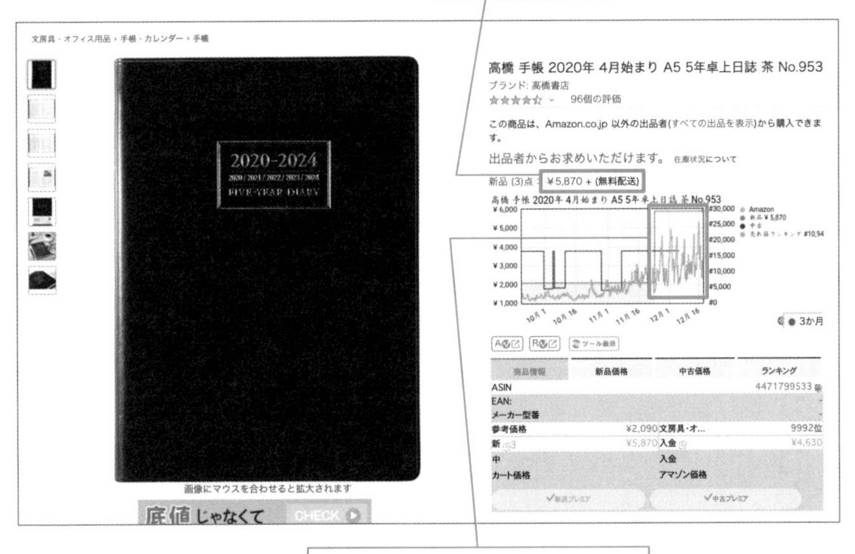

高橋書店のサイトへ行き探したところ、普通に残っていました。なかなかせどらーが目をつけないジャンルなので、書店でも普通に見つけることができました。

この手法で仕入れができるのは、メーカー直営サイトだけではありません。**キャラクターの公式サイトからも仕入れる**ことができます。ポケモンやキティーちゃんのような熱狂的なファンがいるキャラクターグッズはプレ値になっている商品が多いので、違和感を意識して価格を見るようにしてください。意外な商品を見つけることができるとリピート仕入れも可能になるので、とてもおいしいですよ。普段のリサーチにちょっとひと手間加えるだけでできることなので、レバレッジを活かしてくださいね。

ネットショップ仕入れは、商品によって
リピート仕入れできることもある！

サイト会員限定セール

単純にセールせどりができる方法として、**メルマガやLINEなどの会員になっておく**ことです。特に、決算月や半期決算、年末は会員限定セールをする確率が高くなるので、その時期は要チェックです。ただし在庫が大量にありそうな場合は、値崩れリスクが高くなるので、多くても同じ商品は2点までの仕入れにしておきましょう。

1万個の知識よりも、
1個の行動が重要です。
ここまで読んだら、
Chapter3で紹介した
リサーチ方法で
1個仕入れてみよう！

商品別リサーチポイント

ここでは、各ジャンルごとにリサーチするべきポイントを見ていきます。ピンポイントなスキルも多く紹介しているので、そのまま真似してリサーチしてみてください。また、ライバルが知らないような知識が少しあるだけで、リサーチ漏れした商品を発見することができます。仕入れやすいスキルを軸にしつつ、自分だけのニッチな手法を確立していくことで、スムーズにせどりのレベルアップをしていきましょう。

01〔古本せどり〕

あまり資金がない人は、ここからスタートしよう

雑誌コーナーには、専門的な雑誌や本がたくさんあるので、まさにせどりの宝庫です。ファッション誌や新刊本はたくさん出回っていて利益を出しにくいので、リサーチから外します。

POINT

❶ せどりで販売経験を積む練習として1番最適なジャンル。
❷ ライバルが少ないのは付録がついている雑誌。
❸ 高利益は専門書をねらう。

本せどりのメリットとデメリット

せどりをスタートするとき、資金が少ししかなくても気軽に取り組めるのが、本せどりの最もいいところです。古書店はクレジットカードが使えない店も多いですが、大手のチェーン店であれば使えます。また、本は圧倒的に商品量が多いカテゴリーでもあります。ほかのジャンルであれば、ランキングが数万位までの商品しか仕入れられませんが、本の場合は30万位台までであれば問題なく仕入れることができます。仕入れができるジャンルも幅広いので、得意なジャンルや強みを持てばやりやすくなります。本は使用感の問題や故障がないので、返品が極めて少ないのもうれしいところです。私もせどりのスタートは、古本からでした。

デメリットは、「リサーチ量の勝負」になるので、バーコードリーダーが必須ということです。ねらったジャンルは、全頭リサーチする必要があります。あと、本はとにかく重いので、車で仕入れに行かないと、たくさん仕入れたら帰り道がトレーニングのようになります。出品作業は大変だと思うかもしれませんが、フォーマット文をコンディションごとにつくっておけば、あまり時間はかかりません。

古本でねらうべきジャンルは、まずは雑誌から

ここでは、特に某古本チェーン店でねらえるリサーチのしかたをお話しします。某古本チェーン店でなくても「高値になりやすい本」という概念では一緒なので、活用してみてください。

初心者が古本せどりで最も仕入れ商品を見つけやすいジャンルは、「雑誌」です。理由は、雑誌は2回以上増刷されることはほぼないからです。つまり、ほとんどが最初につくられた限定販売のようなものです。新品の在庫がなく、中古で定価よりも高値になっている商品もたくさんあるのでねらいやすいです。古本屋では、新品価格の半額だったりそれ以下の価格で売られていることも多いので、利ざやが発生します。雑誌といっても、コンビニに並んでいるような定期刊行誌以外の種類もたくさんあり、それらもリサーチ対象となります。

自分が好きなジャンルがあれば、そこからリサーチしていこう！

月刊誌は専門雑誌をねらう

雑誌と聞いて、まずイメージするのが月刊誌です。まずチェックするのは、車、バイク、スポーツ、音楽、旅行、映画、アニメ系、ビジネス業界誌といった専門誌としての月刊誌です。

ほかにも、陶芸、園芸、ミリタリー雑誌や、もっとマニアックなのを見かけたらチェックしてみてください。**増刊号、特別号などはプレミアムになる可能性があります。出版年月が、新しいもののほうが売れやすい**です。

まずは専門雑誌をリサーチしてみよう

付録がついている雑誌をねらう

このジャンルはライバルが見逃している可能性があるので、要チェックです。**付録がついていれば、付録のない最安値よりもはるかに高い価格で売ることができる**からです。リサーチ中に高値比較をするライバルは多くないので、付属物がある本を意識的にねらうだけで仕入れることができます。

たとえば、CD、DVD、型紙などがついているような場合です。ジャンルとしては、ストレッチなどの健康系やダンスなどの趣味系です。服飾系などのジャンルも型紙があるだけで価値が出ます。ゲームジャンルでは、プロダクトコードという特定のゲームで使えるオマケがあるので未使用の場合はチェックしましょう。ちなみにファッション誌などのポーチやバッグのような豪華付録がついている雑誌は、古本屋で付録つきで在庫がある場合は極めて少ないので、見かけたらチェックする程度で大丈夫です。

コンピューター関連は雑誌売場の専門書をねらう

コンピューターは専門書になりますが、某古本チェーン店では多くの専門書が雑誌コーナーに置かれています。専門書はせどり的にどのジャンルも利益が出やすいので、覚えておきましょう。コンピューター業界はテクノロジーの進歩が早いので、同じような内容でも次から次にバージョンアップされた本が出版されます。なので古い情報の本はすぐに増刷されなくなり、希少価値が出はじめます。

古本屋の雑誌コーナーには、定期刊行物ではない専門書もたくさん置かれている

医学書や看護系は割引率が高いものをねらう

専門書の中で、最もうまみのある仕入れ商品があるのがこのジャンルです。医学の研究書は必要な人が少ないので、発行部数が少なくプレ値になりやすいです。また元値が高いものが多いので、半額より少し安い値段で売られていれば仕入れられる可能性が高く、利ザヤも大きく取りやすいジャンルです。高値で売れるか不安に感じるかもしれませんが、病院や大学の経費で買われたりするので普通に売れていきます。また、一般向けの健康本も「○○○の病気が治る方法」のようなコンセプトであれば、困っている人にとっては必要な本なので、コンスタントに売れていきます。

医学書は発行部数が少ないので貴重になる。
健康系は一般向けにニーズがある

映画パンフレット

映画パンフレットは100～300円くらいで安めに売られていることが多いのですが、人気のある映画パンフレットは3,000円以上するものもあります。

ただし映画パンフレットはバーコードがないので、リサーチ方法がタイトルの文字打ち検索になります。ライバルは面倒な作業なのでスルーしてしまいますが、そこにこそチャンスが眠っています。パンフレットは商品名が映画のタイトルなので覚えやすく、知識がつくほど仕入れられるようになります。

バンドスコア・楽譜は昔人気があったバンドの古いやつをねらう

昔人気があったバンドのバンドスコアも重版されることはないので、高値になるものが多いです。古ければ古いほど相場が高い可能性があります。某古本チェーン店では、相場ではなく本の状態で値づけされることもあり、ヨレが多めで使いこまれている本になると100円で売られている場合もあるので、大きく利ザヤを取れる仕入れに出会うこともあります。

ここでは紹介しきれませんが、古本せどりは、ほかにも絵本や児童書、ゲーム攻略本、原画、大型本などもねらえるので、徐々に範囲を広げていってください。

同じお店に
何度か通うと、
リサーチ済みの本を
覚えてしまうので、
新しく入荷した本か
値下がった本だけを
リサーチすれば
効率化できます！

02

本のついでに CD・DVDせどり

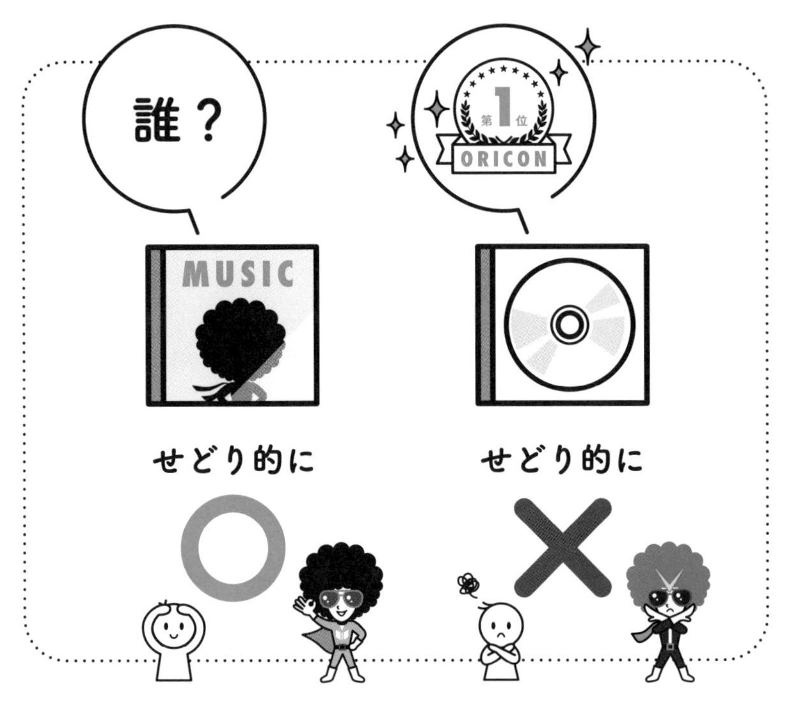

売れていないアーティストのCDは再生産されることがないので、希少価値になっているものが意外とあるので、要チェック！

POINT

① 中古ショップで未開封だけをねらえば効率的。
② パッケージの素材、形、大きさだけを意識して見るだけでもせどれる。
③ オンラインの「在庫切れ」は、店頭で見つけられる場合もある。

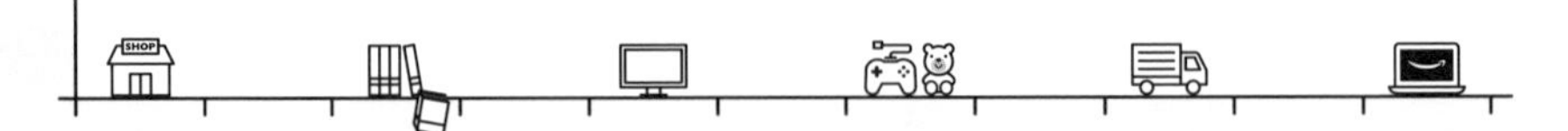

意外に多い未開封CD

某古本チェーン店に行くとCDコーナーもかなり広く取られているので、ここをリサーチしない手はありません。まず、最も簡単な手法として、未開封メディアのリサーチ方法をお伝えします。意外に思うかもしれませんがCDやDVDコーナーには意外と多くの未開封商品が混ざっています。新品のまま商品をリサイクルショップに売りに行く人がいるからです。**見つけ方はCDケースの上辺部分の角が「X」のようにシュリンクされているかどうか**です。そのようなCDを見つけたら棚から引き抜いて、CDケースの下の角も「X」シュリンクになっているか、また開封するためのピアテープが残っているかも確認しましょう。このような包装はCDの製造工場でしかできないので安心して新品として仕入れができます。ただし正規ルートではないので、「ほぼ新品」で出品する必要があります。また、運がよければワゴンセールに混ざっていることもあるのでササッとチェックしてみましょう。DVD、ゲームソフトも同様に未開封ソフトが混ざっている場合があります。

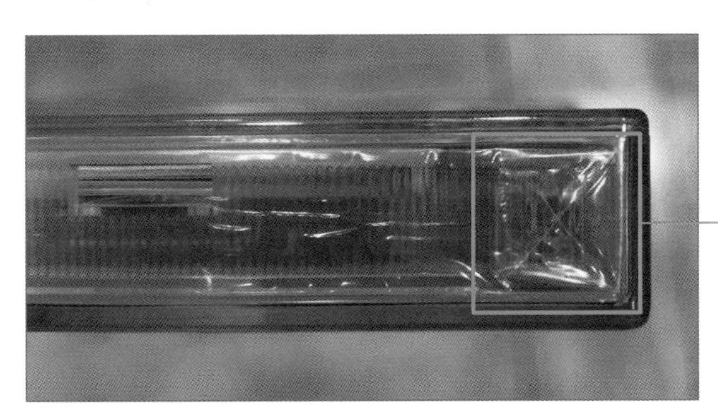

端がバツになっているのが見える

ピアテープも確認してみる

Chapter 4

無名アーティストこそプレ値になる

CDせどりで利ザヤが大きく出るのは有名アーティストではなく、実は誰もが知らないようなミュージシャンです。有名なアーティストのCDは、店側からすると回転も利益もいいので、だいたい相場どおりに値づけをしていれば売れていきます。しかし無名のアーティストのCDを置いていたところで、ファンがわざわざ店に探しに来て買う確率はかなり低くなるので、ネット相場が高くても安い価格になっていることが多いです。CDコーナーに行くと、有名アーティストは「安室奈美恵」といった札がつけられていてそこに集約されていますが、**アーティスト名が出ない「あ行」「い行」「う行」の札のところにはいろいろと知らないアーティストのCDが並んでいます。そこだけをリサーチしていきます**。幸いにも、全体のメディア数に比べてかなりかぎられた数になるので、リサーチしやすいです。

アーティスト名が出ないところには、一般的に知られていない「誰？」と思うようなアーティストがたくさんいる。これが宝の山になる

時間がかぎられているときは、その中から**紙ケースや透明でない色つきのケース、分厚いケースだけをリサーチ**してみてください。こういった商品は限定生産の可能性が高いので、相場も予想以上に高い場合があります。

それと、通常のCDやDVDの棚に収まりきらない特殊な大型パッケージのメディアコーナーが、売り場の隅にあるはずです。わざわざコストをかけてパッケージをつくっているので、プレミアム価格になっているかもしれません。

また、**CDの盤面の傷は、2cm以上の長くて深く目立つ感じでなければ問題はありません**。小傷が多少あっても大丈夫ですし、通常動作する場合がほとんどです。ライバル出品者も小傷のある場合が多いです。

また、レンタル落ちのCD、DVDはライバルとしてカウントする必要はなく、少なくとも500円以上、場合によっては数千円高値で売ることができます。Amazonなどの商品説明文に「レンタルアップ」と記載があるのは、レンタル落ちのものとまったく一緒の状態です。CDケースに割れや汚れがある場合もあります。仕入れた商品のケースが割れてい

たりしたら、新しいCDケースをAmazonで1枚30～50円くらいで購入できるので、メディアせどりに力を入れたい場合は用意しておいてもいいでしょう。ちなみに会計時に1つひとつ開封して状態確認をさせてもらえるので必ずチェックしましょう。万が一メディアが再生されなかったときは、店舗にもよりますが、1カ月以上経っていても理由次第で返品してもらえます。Amazonで販売後にトラブルがあったときは、レシートを持って購入店に行き、返品交渉してみましょう。

CDショップはコラボ限定品が熱い！

CDショップは、初回生産を予約するせどりが主流ですが、意外と見落とされているのがコラボの限定商品などです。店舗でリサーチする場合は、○○限定品といったシールがついている商品をチェックします。

限定発売！のシールがついていたらくまなくチェック！

ネットでリサーチする場合はAmazonで「○○限定」（○○：ショップ名など）と検索してみてください。ショップがAmazonに出品していなければ、せどらーが登録した商品が出てきます。

コラボ品といってもCDだけではありません。アーティストグッズやキャラクターグッズ、ヘッドホンなどいろいろとあるので幅広く見てみましょう。Amazon上で見つけたコラボ商品を、同じ商品がないかショップのオンラインショップで検索します。すべての商品が載っているわけではないのと、古い商品は削除されていたりもするので、必ずしも見つかるとはかぎりません。また店頭在庫があっても、オンラインでは完売表示されている場合もあります。

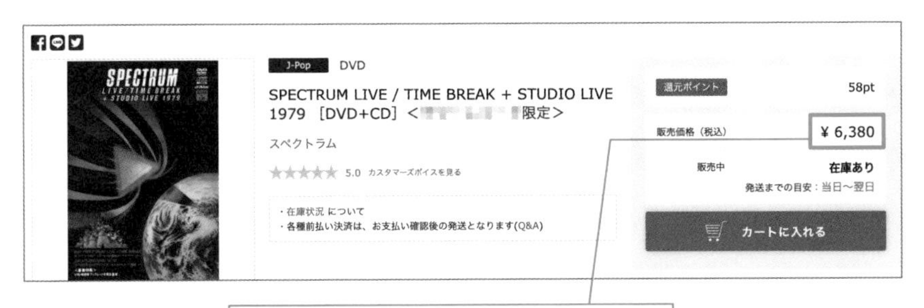

6,380円で仕入れて約9,000円で販売できる

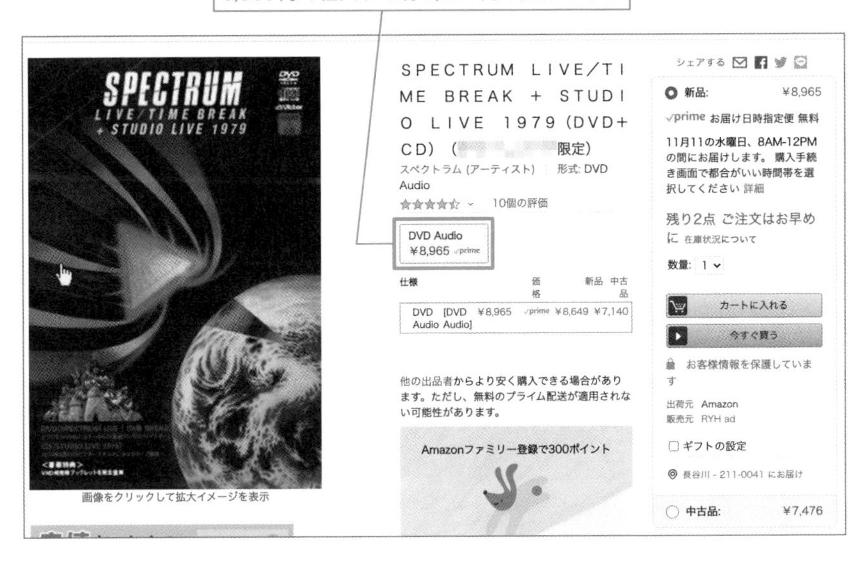

店舗に行った場合、CDのセールだけでなくヘッドホンやキャラクターグッズ、1番くじなどがあれば、セールをしていなくてもリサーチしてみてください。意外に利ザヤの取れる商品に出会うこともありますよ。

03〔家電せどり〕

毎年決まった時期にねらえる！

家電だけがリサーチ対象というわけではなく、通常棚に安くなっている小物がたくさん眠っていることもあります。

POINT

❶ 小物系の棚セールを見つけよう。
❷ 季節商品でも年中売れる。
❸ 決算月は前月から注意深くリサーチしはじめよう。

家電せどりにおけるリサーチ方法の基本は、まさにChapter3で紹介したさまざまな手法がそのまま使えます。まずは基本テクニックで徹底的にリサーチしてみてください。パソコン周辺、カメラ、スピーカー、電話など、王道商品を見てみましょう。ここの項目ではスポット的に効率化できるリサーチテクニックをお伝えします。

初心者は小物系をリサーチ

家電量販店といえば、エアコンに冷蔵庫や掃除機、カメラ、プリンターなどをイメージしますが、初心者にとって見つけやすいのは家電製品や電子機器ではない小物系です。たとえば、**カメラのストラップ、スマホや電子辞書のケース、タブレットのフィルム、キーボードカバー、さまざまなコード**といった商品です。このあたりの商品は仕入れ値が安いので、利益額が200～300円と少ない商品もありますが、その分、上級者のライバルはチェックしないですし、何よりも見つけやすいので、くまなくリサーチしましょう。在庫が5個以上あったりする商品もあるので、意外と儲かります。

セールのワゴンに入っている場合もありますが、棚の陳列で普通にセール状態になっています。小さい値札シールや電子札が突如安くなっているので、見逃さないようにしてください。スマホフィルムやスマホ

ディスカウントストアのように安くなっている場合も！
特に決算期だとこのような商品に出会いやすい

Chapter 4

ケースは、100～300円、タブレットフィルムなどは500～1,000円くらいになっていれば要チェックです。スマホケースはキャラクターものであれば5,000円くらいのものもあるので2,500円くらいまでであればチェックしてみましょう。タブレットケースも、革製のものは5,000円を超えるものが多数あるので、3,000円以下程度に値下げされていればチェックしてみる価値があります。

カメラコーナーに行けば、さまざまな周辺グッズがポツンと値下げされているので、チェックしてみましょう。

価格変動のタイミングを覚えておく

家電せどりは、商品の価格が変動しやすい時期を意識してリサーチするのが重要です。私たちのライフスタイルをちょっと考えてみれば予測することができます。たとえば、電子辞書の新製品が発売されるのはいつだと思いますか？　入学前にプレゼントとして買われることが多いので、年末から年始にかけてとなります。それでは、カメラはいつだと思いますか？　やはり、運動会や文化祭前の秋ごろだったり、卒業、入学シーズンに向けて売るために１～２月だったりします。カメラのような高額商品は動機や理由がないと買わないので、カメラメーカーもその時期をねらって発売するのです。

このように需要が急増するような商品は、価格も上がりやすくなります。１週間のうちに何度も数千円単位で相場が変わることもあります。特に旧モデルは希少価値となり、価格が上がり続けます。地方の店舗だと売れずに在庫が複数残っていることもあります。ただし電子辞書は5月をすぎると、それまでに比べて回転がだいぶ鈍くなるので注意してください。

季節商品をねらう

シーズンが終わるときの季節商品は安くなりはじめるので、そこがねらいめです。理由は、その店舗では売れなくなっていくけれど、夏なら南の地域で、冬なら北の地域ではまだまだ需要があるからです。たとえば、ストーブなどは２月あたりから値下げがはじまりますが、雪国では寒い時期はもう数カ月続きます。ストーブが壊れたら、普通に買い直す必要が出てきます。

小さめの季節商品のほうが、送料や手数料を気にしなくてもいいので利益が取りやすいです。夏は、携帯扇風機、手持ちファン、冬は電気毛布や電気ひざかけなどをチェックしましょう。

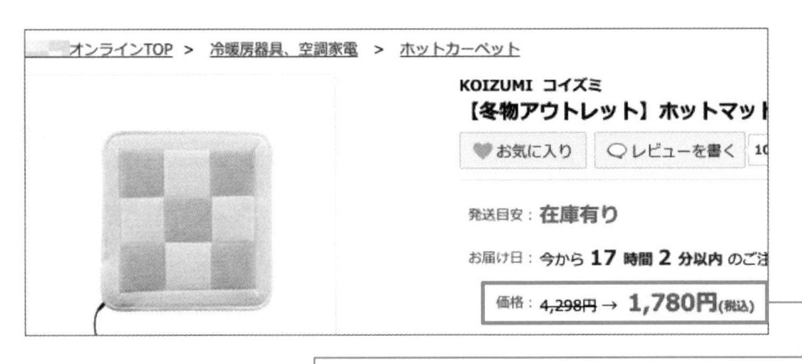

季節商品は、ネットショップでも店舗と連動して安くなる。冬商品も4月中であれば回転は十分早い

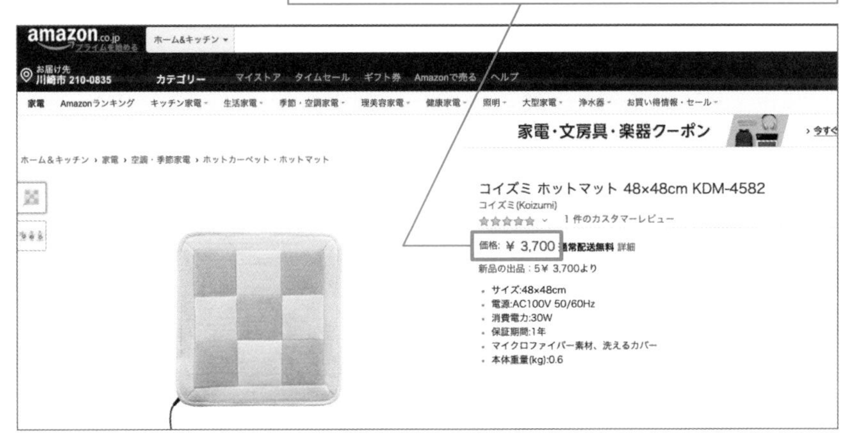

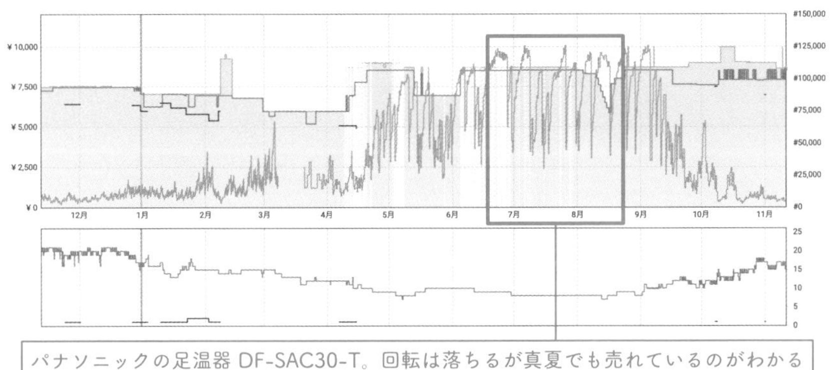

パナソニックの足温器 DF-SAC30-T。回転は落ちるが真夏でも売れているのがわかる

決算月は、おいしい！

決算時期になると、大量の商品が半額以上値下げされる場合もあるので、１店舗の仕入れで利益５万円以上がサクッと稼げるなんてこともあります。家電だけでなく、おもちゃ、CD、DVDいろいろなジャンルをチェックしましょう。また決算月だけでなく、中間決算（半年後）、年末も仕入れやすいときがあります。企業が決算目標に到達していないときは、売上を上げるために安売りをする傾向があるので、覚えておきましょう。決算の値下げは、決算月の前月から徐々にはじまります。下表を参考に、決算月の前月から追いかけはじめましょう。

３月総決算 （９月半期決算）	・ヤマダ電機 ・ケーズデンキ ・ヨドバシカメラ ・エディオン ・ジョーシン電機 ・ノジマ電気
８月総決算 （２月半期決算）	・ビックカメラ ・コジマ

決算月が
終わってからも、
決算セール価格で
引き続き売られている
商品もあります。
翌月上旬も、
店舗に行って
ねらってみよう！

おもちゃ屋以外でねらう醍醐味！

おもちゃ屋じゃないのにおもちゃを扱っている店では、売れ残りや珍しい商品も多く、ネット相場と価格差があることがあります。

POINT

1. 店舗がメインに扱っていないジャンルをねらおう。
2. バーコードの情報で古いおもちゃを見極めよう。
3. キーワード検索は、主要なワードだけで大丈夫。

おもちゃ屋以外でおもちゃが売られている店舗とは？

その店が主に取り扱っているジャンルではない商品をねらうのも、ひとつのテクニックです。なぜなら、店からするとサブ的に取り扱っているので、購入される可能性が低く、どんどん値下げをして売り切る場合が多いからです。また、メインの流通から仕入れるわけではないので、通常の店舗では手に入らないような商品を仕入れていたりします。

具体的には、こども服の店やホームセンターのおもちゃコーナーなどをねらうということです。ワゴンセール以外にも、棚陳列で安くなっていたり、プレ値の商品が残っていたりします。

人気キャラクターやシリーズについて覚えておこう

人気キャラクターを覚えておくと仕入れがしやすくなります。わかりやすいのはアンパンマンです。どの店に行っても、必ずといっていいほどアンパンマンのおもちゃは置いてあります。最近売り出されたアンパンマンのおもちゃはねらえませんが、古めのおもちゃであればものすごく値引きされた価格がついている可能性があります。

そこで、**古めのおもちゃを見分けるための方法**を紹介します。おもちゃの箱のバーコードの部分を見てみてください。実は、ここに重要な情報が詰まっています。

この情報がすべてのおもちゃに載っているわけではありませんが、アンパンマンのおもちゃにはだいたい載っています。

次ページの図は2年半前に製造された「アンパンマン すくすく知育パッド」のランキンググラフです。7月でAmazonの在庫切れが起こり、再入荷もされず9,500円くらいの相場が2020年11月では1万7,000円くらいにまでなっています。店舗ではもとの相場よりも安く売っていたりして、8,000円くらいで見かけることもあります。

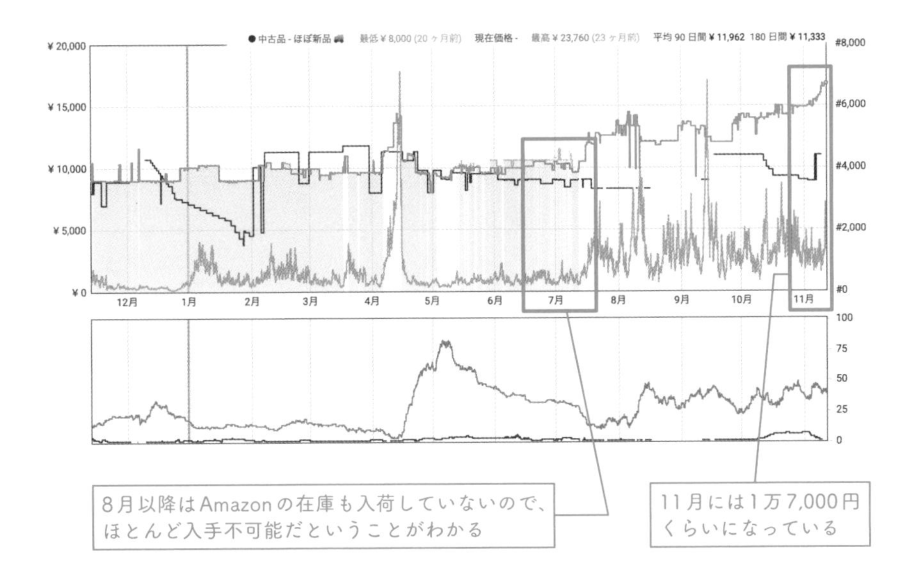

また、**人気のおもちゃのシリーズを覚えておくことも重要**です。たとえば、文具メーカーのサンスターが出している「ラブリーボックス」という商品があります。女の子の大切なものを入れておく鍵付きの宝箱なのですが、高い確率でプレ値になっています。定価は3,000円くらいですが、5,000円以上になっているものが多いです。ディズニーとコラボしていることが多く、特にプリンセスシリーズは人気が高いです。

バーコードがないおもちゃをねらおう

全国に流通しているのに、バーコードがないおもちゃがあるのを知っていますか。コンビニによく置いてある「一番くじ」や「UFOキャッチャー専用のフィギュア」がそれです。普通に店でお金を出して買えるものではないので、オークションやフリマアプリで流通していたり、Amazonでもせどらーがたくさん商品登録しているのでリサーチしてみましょう。

町ではどこで仕入れることができるのかというと、リサイクルショップやオタク系の店です。しかも、未開封、未使用のものが多く、新品として出品できるので、とても楽しい仕入れができます。リサーチは、ひたすら手打ち検索となります。面倒なことはライバルも嫌がるので、だからこそリサーチしてみる価値があります。ただ、すべてのキーワードをそのまま入れる必要はありません。「一番くじ ドラゴンボール VSオムニバス F賞 魔人ブウ フィギュア」の場合、セラーセントラルアプリで「F賞　魔人ブウ」でも大丈夫です。出てこなければ、「F賞　ドラゴンボール　フィギュア」のように、違うキーワードにしたりキーワード数を足してみましょう。

バーコードがついている場合もありますが、それで検索をしても違う商品が登録されている場合が多いので無視しましょう。フィギュアが豪華景品として目立っていますが、タオルやぬいぐるみ、コップなども人気なので、万遍なくリサーチしましょう。**フィギュアが未開封かを見わける方法は、外箱のセロハンテープ**が剥がされていないかどうかです。2度貼りは開封済みですが、テープが2枚貼られているのは未開封の場合があるので覚えておきましょう。一般的に売られているフィギュアは丸い形の透明シールで封をされている場合が多いですが、一番くじのパッケージは通常の長方形のセロハンテープが貼られていることが多いです。さらにフィギュア本体がビニールにくるまれていれば、未開封と最終判断することができます。タオルとコップは、使用済みのものをリサイクルショップは買い取らないので、基本的に新品と考えて大丈夫です。以前、某リサイクルショップチェーン店の隅っこのほうに100円コーナーがあり、とある一番くじのコップをリサーチしたところ相場が4,900円でした。キャラクターのコップではなく、アニメに出てくる暗号のようなものが印刷されただけのコップですが、実際に、その相場でAmazonで売れました。お宝が眠っているので、見逃さないようにしましょう。

05〔ホビーせどり〕

少しの知識で差がつく

フィギュアは商品を覚えやすいジャンルです。収益性が最も高いジャンルのひとつなので、実践する価値があります。

POINT

1. 二重貼りシールのフィギュアをねらおう。
2. 繊細、豪華、大きいフィギュアは高額。
3. ミニ四駆やプラモデルは限定の特徴を覚えよう。

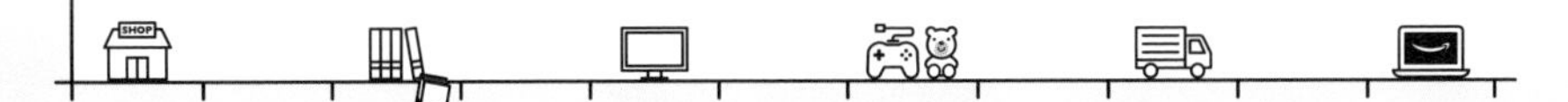

ライバルがねらわないフィギュアの特徴を知る

ホビーせどりで主流といったら、まずは「**フィギュアせどり**」です。せどりの中でもオタク系は最も稼げるジャンルなので、スキルのひとつとして身につけておくことをお勧めします。フィギュアせどりのメリットは、ジャンルの特性上商品が覚えやすく見ているだけで楽しいことです。商品の供給に関しては再販されるものもありますが、**「限定版」でなくても生産量が少ないので、実質的にはほとんどが限定品**と同じような扱いになるのが大きなメリットです。数万円単位の高額フィギュアでなければ、回転が早いのもうれしいです。

何より組み立てタイプではないフィギュアは、オタクの人が箱のまま部屋に飾っていて、不要になればそのまま売りに出すので未開封のまま出回ります。未開封というのが、せどらーにとってはありがたいかぎりです。マーケットに大量に同じ商品が流れ込むことはないので、価格競争もあまり起きません。ただ逆をいえば、仕入れるときも大量には確保できないということになります。

仕入れる場所は、基本的にオタク向けの店やリサイクルショップです。家電量販店やおもちゃ屋に流通しているフィギュアをリサーチしたところで、相場どおりの値段なのでせどれないことが多いです。Chapter4-04でお話ししたとおり、外箱に剥がし跡がない状態で封印シールが貼られていて、人形本体がビニールでくるまれているフィギュアをねらってみましょう。シールは、丸の形のもありますが、長方形のセロハンテープの形の場合もあります。

そして多くのライバルが知らないのが「**二重シール**」です。近年、メーカー出荷時からフィギュアの箱に二重テープで封がされているケースが普通にあります。中古を売っていないおもちゃ屋でも、お客様に「中古品ですか？」と聞かれることがあり、中古と疑われて困ることもあるそうです。せどらーもテープが２枚貼られている商品は避けるので、ねらいやすくなります。

フィギュアのテープは、１カ所だけではない場合もあるので、必ず上蓋の３カ所をチェック！

このように二重テープになっていても新品未開封の場合がある

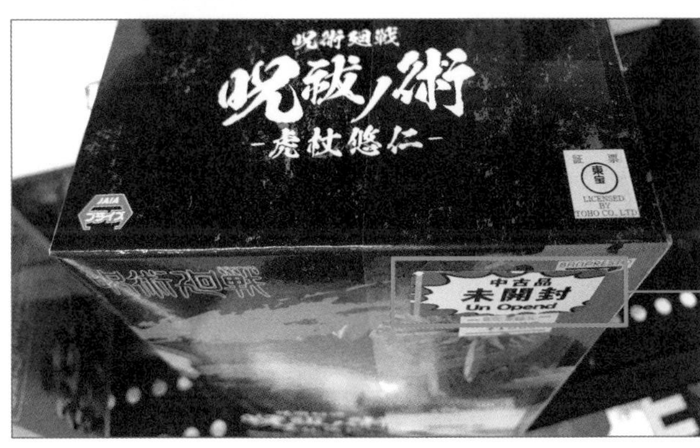

店舗も未開封と判断している

リサーチのポイントは、剥がし跡がなく人形本体がビニールでくるまれていれば、実は新品状態と判断しても大丈夫です。ただし、リサイクルショップで一般流通しているフィギュアを仕入れる場合は、「ほぼ新品」で出品するようにします。

【剥がし跡がない】一般的なセロハンテープで止められているが、3枚とも開封されていないのがわかる

Chapter 4

【人形本体が全身ビニールにくるまれている】
新品と判断できる

開封されていても仕入れ対象になるケース

Amazonで中古しか売られていない場合や、外箱の状態はよくないけれど中身のフィギュア自体がとてもきれいであれば仕入れ対象になります。

「良い」や「非常に良い」のコンディションの相場あたりで売ることができます。同じコンディションのライバルがいない場合、「良い」は「新品」相場の5〜6割くらい、「非常に良い」は7〜8割くらいの値段で売ることができます。商品の状態を気にする購入者が多いにも関わらず、商品説明に画像がない出品者がたくさんいるので、**商品の状態を撮影して出品するだけでも差別化ができます。**

Amazonでフィギュアが1,000商品以上登録されているのは、バンダイ、タカラトミー、海洋堂、KOTOBUKIYA、GOOD SMILE COMPANYにかぎられているので覚えておきましょう。マニアックなメーカーのフィギュアだとリサーチしても商品登録されていないことが少なくありませんが、上記のメーカーのフィギュアであれば、ほぼ確実にAmazonに商品登録されています。

必ずといっていいほど店舗で見る人気シリーズは、「フィギュアーツ」「ねんどろいど」「figma」の3つです。この3つのシリーズは1万円以下の相場が多いので、5,000円以下で値づけがされていればリサーチしてみましょう。

ねんどろいどとfigmaは、箱に大きく番号が書かれています。これは商品を企画した番号順になっています。ということは番号が少ないほど昔につくられたことになるので、相場が高いかどうかはわかりませんが、希少価値が高いことに間違いはありません。figmaは、「figma SP」「figma EX」というコラボや限定のシリーズ型番もプレ値になることがあるので、外箱に番号とともに記載されているか確認しましょう。

またフィギュアは、全体的に繊細で大きくて豪華なつくりになっていれば単純にコストがかかっているので、やはり高値になりやすいです。フィギュアをたくさん見れば、だんだんとつくりのいい商品と雑な商品がわかってきます。パッと見た感じに対して安い値づけがされている違和感に気がつくときが来るので、その視点でリサーチするのもひとつの方法です。

人形の番号の頭に「SP」と書かれているので限定版と判断ができる

「ミニ四駆」や「プラモデル」をフィギュアせどりをしたついでにねらう！

フィギュアせどりをしたついでに、「ミニ四駆」や「プラモデル」の箱が置いてあったらチェックしてみてください。理由は、プラモデルを組み立てたら、フィギュアと違って元箱はだいたい捨ててしまうのが普通ですが、**ミニ四駆やプラモデルを元箱のある状態で売りに来るということは、未使用・未開封の可能性が高い**からです。

ミニ四駆やプラモデルの外箱には封印シールがなく、箱に蓋が被さっているだけなので、未開封、開封の概念がありません。購入者は組み立てるために買うので、外箱に少しダメージがあっても大丈夫です。ただ、中のパーツが包まれているビニール袋は、未開封の状態が好ましいです。中に説明書が入っているので、各パーツすべてがそろっているか確認してください。

中古扱いだが、説明書もきれいで、パーツの袋もすべて未開封なので、新品と同じ状態

ミニ四駆は定価が1,000円くらいのものが主流なので、通常の商品は100円くらいじゃないと仕入れても利益が出ません。限定商品や年代物のミニ四駆は数千円から10,000円近くするものまであるので、そこをねらってみましょう。ちなみに、1番有名なメーカーの**TAMIYAの製品は型番が「94～」か「95～」のように9からはじまる場合が限定商品**なので覚えておきましょう。ついでにミニ四駆のパーツにも限定商品があるので、忘れずにチェックしましょう。

さらに、TAMIYAの軍隊プラモデルは型番が25～か89～からはじまれば、それも限定生産品です。プラモデルであれば、ガンプラ（ガンダムのプラモデル）が有名ですが、これもイベント限定やコラボの商品は外箱に特徴があります。外箱がカラーではなく、青色や茶色といった単色のものが実は限定品です。素人目には安っぽく見えますが、それこそ企画商品になるので希少価値があります。

06〔ドラッグストアせどり〕

創意工夫することで ライバルが少なくなる

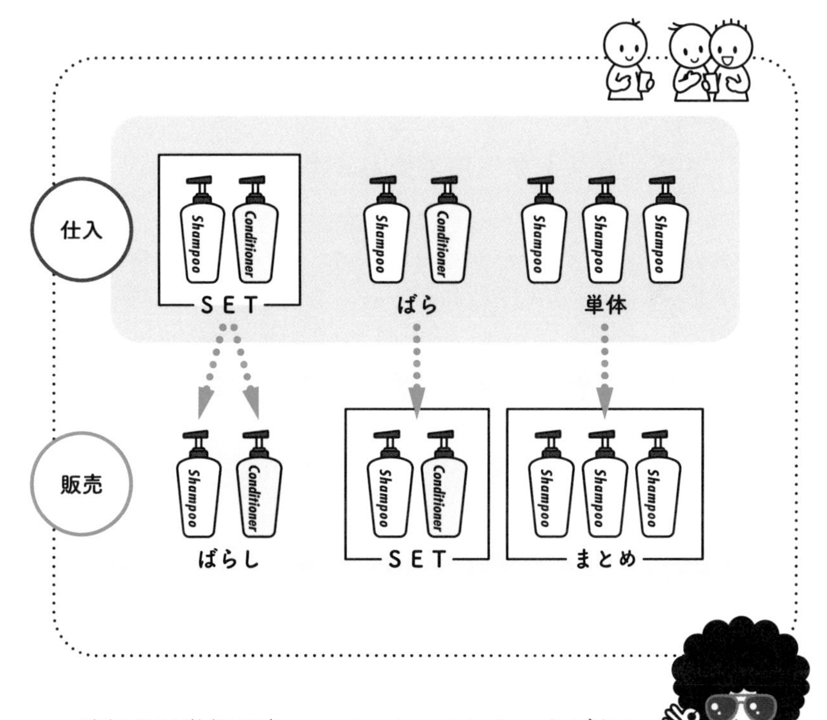

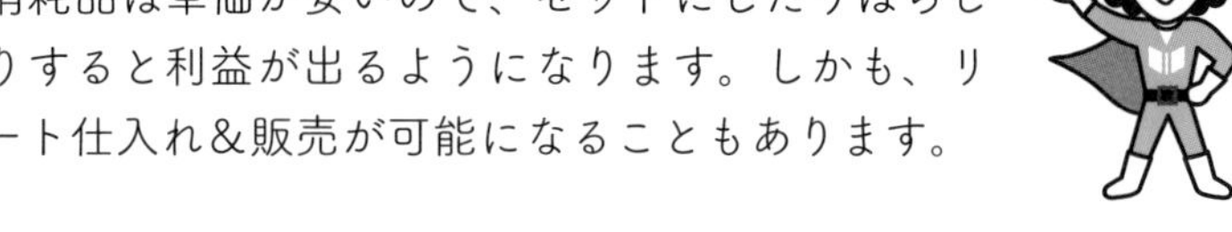

消耗品は単価が安いので、セットにしたりばらしたりすると利益が出るようになります。しかも、リピート仕入れ&販売が可能になることもあります。

POINT

① 家電のように廃盤商品をねらおう。
② ドラッグストアで家電をねらってみよう。
③ ライバルに差をつけるには3つの「セット」テクニック。

ドラッグストアせどりの魅力

ドラッグストアは全国に19,000店舗以上あるので、精通しておけばどこへ旅しても利益を出すことができるようになります。営業時間が長いので、会社からの帰りがちょっと遅くなっても寄れるのがうれしいところです。実はドラッグストアは、せどり的に微妙だと思っている人が多いので、ライバルが少なく、価格競争が起きにくく、回転も早いという特徴もあります。単価が安めのものが多いので、新品せどりでは仕入れ金が最も少なく取り組めるジャンルです。

ドラッグストアも廃盤商品が多い！

家電製品などと同じく、化粧品、洗剤、歯磨き粉などの消耗品にも廃盤商品は多数あります。店舗では売り切りたいので値段が下がり、ネット上では希少価値となって高値で売れるのがせどり的に利ザヤが取りやすい構図は家電と同様です。「この化粧水のつけ心地がさっぱりとしていていい」「このバラの香りが素敵」というように、感覚的に好きな商

人気シリーズでも、定番以外はどんどん商品が廃盤になり入れ替わる

品には、多少高くても人はお金を出してくれます。新商品の安いものを買って使えばいいと思うかもしれませんが、もうすぐ使えなくなるからこそできるだけ長く最後まで使いたいというのが人間の心理です。

廃盤商品の見つけ方はとてもシンプルです。**「現品限り」「数量限定」「売り切り」「店頭在庫限り」「旧品」「入れ替え商品」といった文言が、POPに大きく書かれている**ので見つけてみてください。また手書き値札も、何か理由がある商品なのでチェックしてみましょう。このような廃盤商品が置いてある場所は、通常の棚の場合もありますが、隅に追いやられている場合もあります。廃盤商品は、ほかの店舗で定価で売られていてもせどれるので、どんどん覚えていきましょう。

やっぱり、ワゴンセールは見逃せない！

ドラッグストアに行くと、ほぼ間違いなくやっているのがワゴンセールです。ネットの相場も安そうな商品が多いのでついつい見逃しそうになりますが、先ほどお話しした廃盤商品が混ざっている可能性もあり、予想以上に大きな価格差で利ザヤが取れることもあります。化粧品類だけでなく、食品、ペットフードなどいろいろな商品が置かれているので、基本的には全頭検索する価値はありますが、時間がかぎられているときには値下げ幅が大きい商品だけリサーチしてみましょう。

ドラッグストアでせどれる意外なジャンルとは？

大きめのドラッグストアだと、わずかですが家電が売られていたりします。ドラッグストアに家電をわざわざ買いに来るお客さんは少ないので、店側としてはどうしても売れ残り気味になります。つまり廃盤ではなく、現行の家電が安くなっている場合もあるので、家電の値札が安くなっていればチェックしてみる価値があります。シェイバー、ドライヤー、電気ポット、コーヒーメーカー、加湿器、電球などが置いてあります。

家電製品と同じく消耗品も種類が多いので、
毎月廃盤商品がある！

コーナーは大きくないが、少し大きめのドラッグストアには家電が並べられることもある

「セット」で利益を出す3パターン

応用の手法となりますが、まずライバルはやらないテクニックなので、ぜひ実践してみてください。

セットで仕入れてバラして売る

シャンプーやリンス、またはボディーソープ、フェイシャルソープなどがひとつのパッケージに入っているセット商品を見たことがあると思います。購入者からすれば個数的にまとめ買いになっているので、1個1個買うよりはお得価格で入手できるようになっています。このパッケージを外して、**シャンプーやリンスなどを別々で売ることで利益を出す**ことができます。

仕入れ目安としては、パッケージの状態で手数料計算をしてみて少しでも利益が出たら、バラして1個1個の単品で利益が出ないか確認してみましょう。また、パッケージのままで十分利益が出るのであれば、そのときはバラ売りとパッケージ売りの両方で出品すれば利益倍増です。

バラで仕入れてセットで売る

今度は、先ほどとは逆の考え方です。バラで売られているものを自分でセットにして売る方法です。Amazonは商品登録ができるので、シャンプーやリンスなどもセット商品がたくさん商品登録されています。利益が出るしくみとしては、シャンプー、リンス、ボディーソープをセットで売るのと1個1個で売ったのとでは、Amazonが徴収する配送手数料が3分の1ですむということです。配送手数料を圧縮することで利益が出しやすくなります。リサーチは、**店頭でパッケージになっていない商品の同じシリーズを検索する**ことになります。たとえば「Lux シャンプー リンス」のように検索します。FBA倉庫に送る際は、セットにするためにOPP袋などでまとめるだけで大丈夫です。

同じ商品をまとめて売る

シンプルに同一商品をまとめて売ることで利益を出す方法です。消耗品などは、まとめてネットで買う人が多いので、Amazonで1商品1,000円の商品が4個セットで少し安めの3,900円に設定すれば売れるということです。ちなみに「セット販売」と「まとめ売り」はJANコード検索で出てこないこともあるので、面倒でもセラーセントラルアプリかGoogleで商品名を手打ち検索してAmazonに商品ががないか確認するようにしましょう。

パッケージになっているコーナーもあるので、いろいろな角度からリサーチしてみる

07〔食品せどり〕

ライバルの真似で リピート仕入れ可能なジャンル

食品せどりはリピート仕入れができるメリットがありますが、賞味期限のルールに注意しておかないと廃棄処分されるので、慎重に管理します。

POINT

❶ 粗利益率は10％以上、利益額は300円以上でオッケー！
❷ ライバルのセット商品の真似からはじめよう。
❸「要期限管理商品」のルールは厳守しよう。

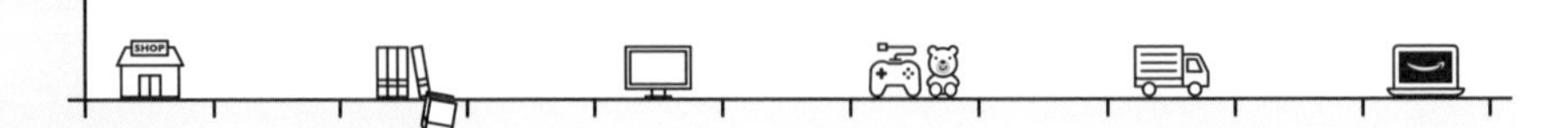

食品せどりの特徴

食品せどりの1番のメリットは、リピート仕入れができるところです。利益が出る商品リストが増えれば増えるほど安定した売上が確保できるのは、精神的にも楽になるのでうれしいかぎりです。生鮮食品ではないパッケージされた食品は基本的に仕入れ価格が安定しているので、Amazonでの販売価格が下がらないかぎりは一定の利益を出すことができます。**デメリットとして、利益率、利益額は低めで10％ちょっとになる場合も多いですが、返品、不良品が極めて少ないことを考慮すると大きな問題ではありません。**

食品せどりのリサーチ方法

食品せどりは、ライバルの真似をするだけで簡単に仕入れができちゃいます。Amazonで食品を多く取り扱っている出品セラーの商品リストを見てリサーチしていくだけです。リサーチのポイントは、「**Amazonが出品していない商品をリサーチすること**」「**最安値は自己発送の場合があり送料が結構高いこともあるので、それを確認すること**」を意識しましょう。では実際の例でリサーチ手順を見ていきます。

手順① Amazonで「カップ麺　セット」で検索する

食品は単価が低いので、セットにしてまとめ売りすることで利益を出すようにします。いろいろなセット商品が出てきますが、5種類くらいまでのセットがリサーチしやすいです。

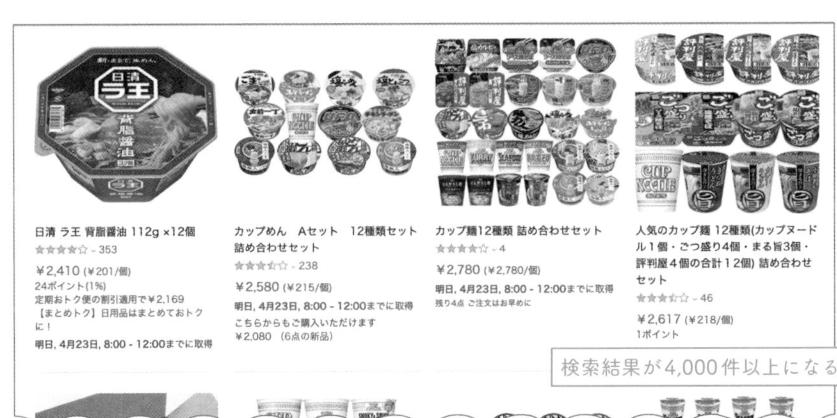

検索結果が4,000件以上になる

手順② ライバルセラーを見てみる

たとえば、下図のような「日清　カップヌードル　5種　各4個セット（計20個）」という商品がありました。価格は4,000円なので、近所のホームセンターやドラッグストア、食品が破格に安い店で100円で20個仕入れられたら利益が出ます。また、該当する商品をネットショップから仕入れてセットしても利益が出ることもあります。多くの人が使っているネットスーパーでも仕入れが可能です。このようなセット商品を出品しているライバルは、一般店舗で仕入れているせどらーの可能性が高いです。

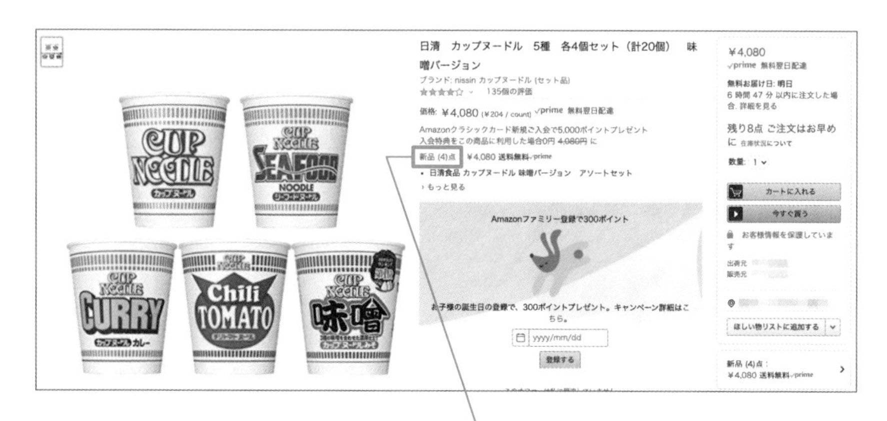

「新品●点」の部分をクリックするとライバルセラーの一覧が出てくる

手順③ ライバルセラーの商品一覧を見てみる

ちなみにこの商品は、平均ランキング5,000位台にも関わらずFBA出品者がいませんでした。自己発送最安値は4,000円ほどだったので、FBAなら4,300円くらいで売れていきます。

評価数が数千、数万あるセラーは業者かもしれないので、仕入先が業者専用だとするとリサーチしても意味がない場合があります。この商品の出品者の中でリサーチすべきは、評価数30のセラーです。明らかにせどらーだと予測することができるからです。

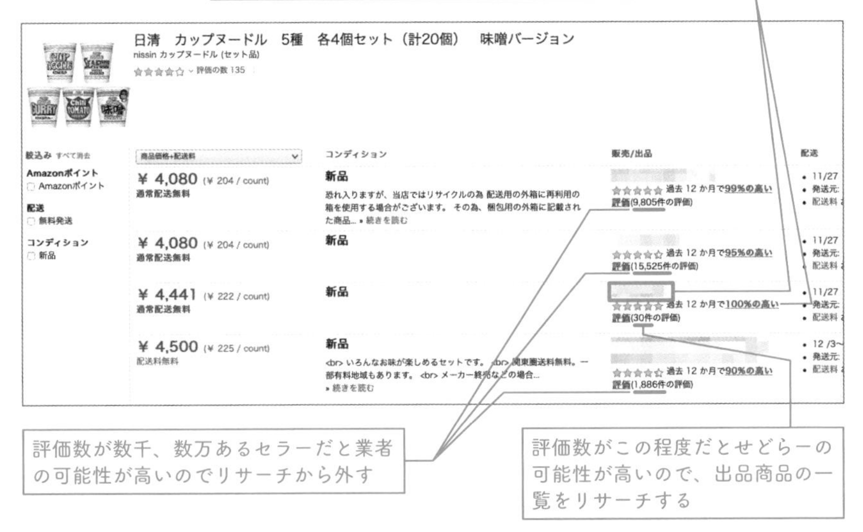

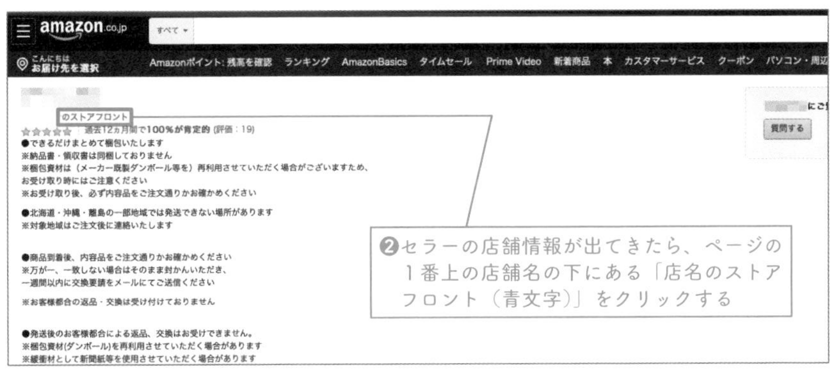

手順④　セラーの商品一覧からセット商品をリサーチする

このセラーの商品一覧を見てみると、ほかにも食品のセット商品をたくさん出品しているので、このセラーは、近所の店舗かネットで仕入れていると想像できます。まずは、商品をキーワード検索でネットリサーチしてみましょう。そのまま仕入れができることもあるかもしれません。仕入れは送料無料になる金額分で、できるだけ買うようにします。ネット相場では、仕入れることができなかったときは、店舗だとさらに安い場合があるので、買い物に行った際はチェックしてみましょう。

このライバルリサーチは食品だけでなく、ほかのジャンルでも使えるテクニックなので覚えておいてくださいね。

「要期限管理商品」のルール

食品には賞味期限があります。Amazonでは、要期限管理商品のルールというものが定められていて、「消費期限が60日以上あるものしか納品できない」「賞味期限が年の記載しかないものは納品できません」などと決まっています。またFBA倉庫への納品時のルールもほかの商品と異なるので、下記から必ずチェックしておいてください。納品不備が重なると要期限管理商品が扱えなくなるので、気をつけましょう。

要期限管理商品FBA実践マニュアル

https://s3.amazonaws.com/JP_AM/doc/FBA/DatelotManual.pdf

【実践リサーチ】
ライバルの真似がしやすい食品リピートせどり
https://youtu.be/cSM2JZmT4Zc

08〔類似商品登録販売〕

Amazonに既存の商品の型番違いを登録する

独自で商品登録をして、ライバルが気づかないうちに出回っている在庫を仕入れてしまえば利益を独占できます。

POINT

1. 意外と、登録されていない商品はたくさんある。
2. すでに売れている商品ページに登録するので在庫リスクが低い。
3. 登録でつまずいたらテクニカルサポートを活用する。

Chapter 4

Amazonに登録されていない商品はライバル不在！

Amazonには、有名メーカーであれば全商品100％商品登録されているイメージがありますが、そんなことはありません。色違いやほぼ同一の型番違いや類似商品で商品が登録されていないことはよくあります。リサーチをしていると、そういった商品に出会うことが少なくありません。

「黒色が3,000円で仕入れられるけれど、黒色はAmazonになくて、白色なら登録されていて8,000円で売れている」「ポケモンの限定マグカップが高値で売れているけれど、同時にセットでリリースされたまったく同じ仕様のマグカップは商品登録されていない」こんなときは、多くのライバルは仕入れ対象外としてスルーします。実は、こんなときこそビッグチャンスです！　**仕入れようとしている登録されていない商品が、登録されている類似商品の相場で販売して利益が出るような場合は、商品登録をして仕入れてみましょう**。

すでにアクセスがあり、売れているAmazonの商品ページに「ヴァージョン違い」「色違い」として商品登録をするので、売れる確率は高いです。まったくの新規で商品カタログを作成するわけではないので、手間もそれほどかかりません。

商品登録して出品した商品が売れ出したら、
販売スピードを予測して、すぐに追加納品をしよう。
マーケットの在庫総量が明らかに希少になっていれば、
全部仕入れてしまうのもひとつの戦略！

「通常版」とあれば、別のバージョンが存在する!?

たとえば次ページのように、商品名に「通常版」と書いてる商品があります。メーカーの公式サイトを調べてみると、チャームのついた「特別版」がありました。付加価値があるので、通常版の販売相場より高値で売ることができます。この「特別版」のAmazonカタログを探してみたら、まだ登録されていませんでした。

それでは、この商品の販売ページで並列して売れるように商品登録をしていきましょう。

Chapter 4

手順① 登録済みの商品の販売ページで並列して売れるように商品登録をする

手順② 商品登録をする前に、ぶら下がる商品のカテゴリーをチェックする

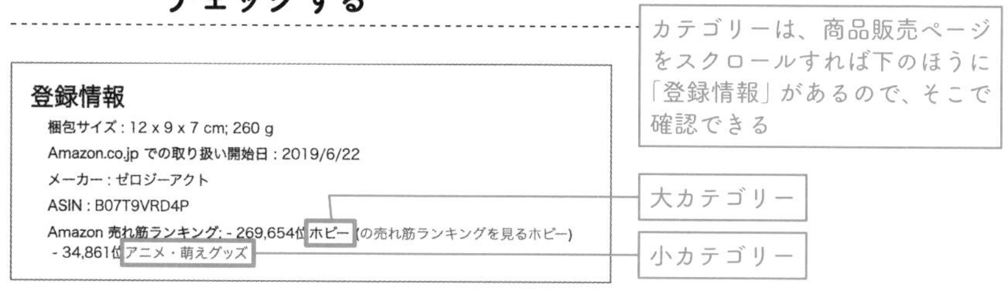

手順③ 該当する「大カテゴリー」「小カテゴリー」を選択する

販売する予定のページと同じカテゴリーを選ぶ必要があります。

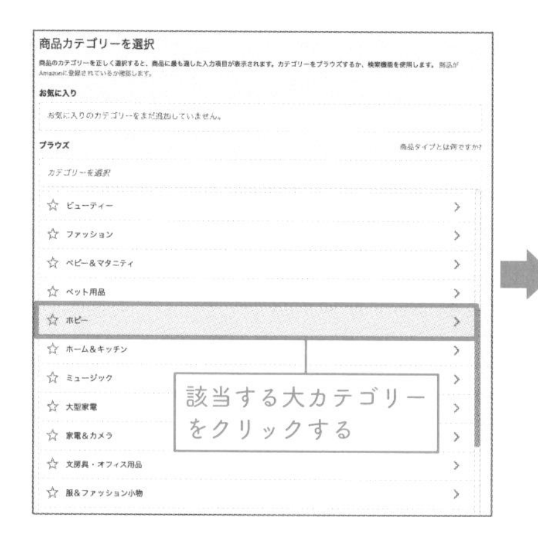

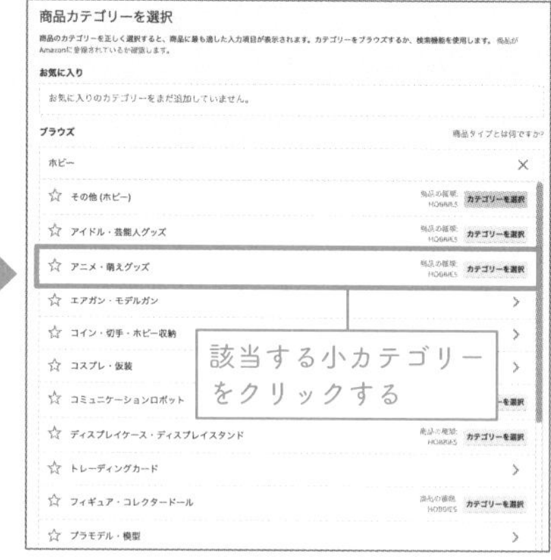

手順④ バリエーション情報を入力する

そして、次に「バリエーション」をクリックします。

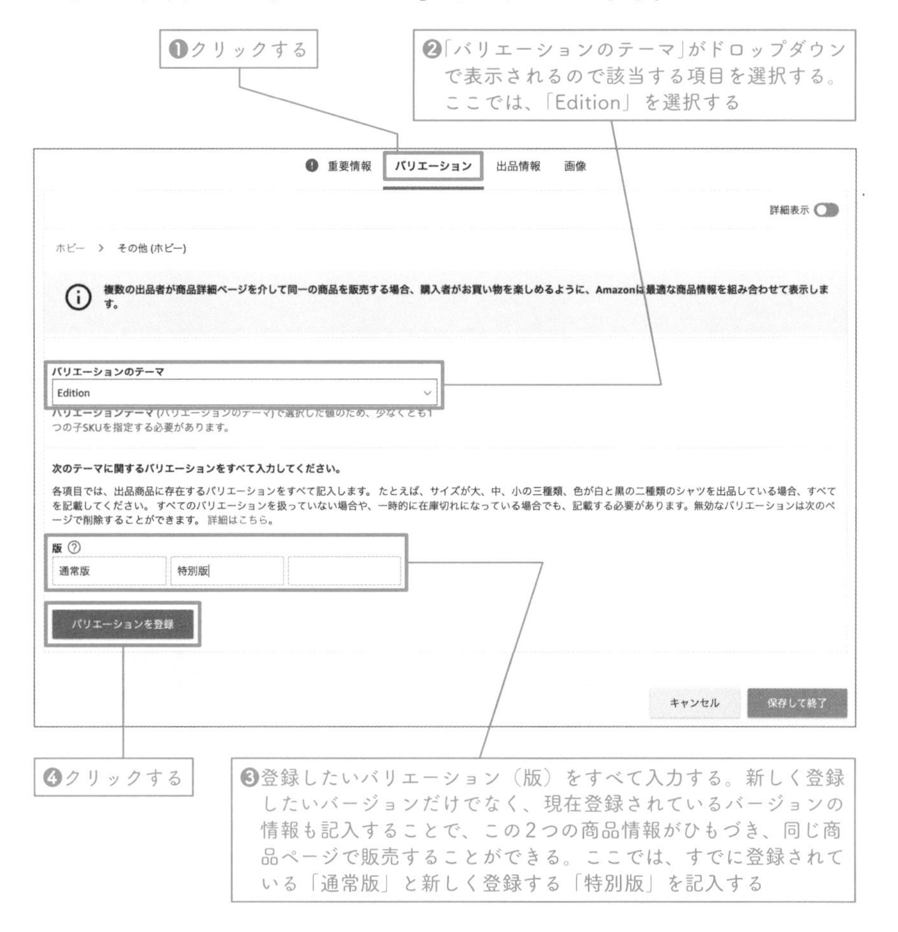

登録したバージョンが行単位で表示されるので、情報を記入していきます。ここでは「特別版」のカタログ新規作成を進めることを優先するので、「商品コード」と「商品コードのタイプ」だけ正しい情報を入力するようにして、「コンディション」「販売価格」「在庫」などは仮の数字を入力しておきます。カタログ作成後に、再び新規として商品登録すればここの項目は自由に変えることができます。

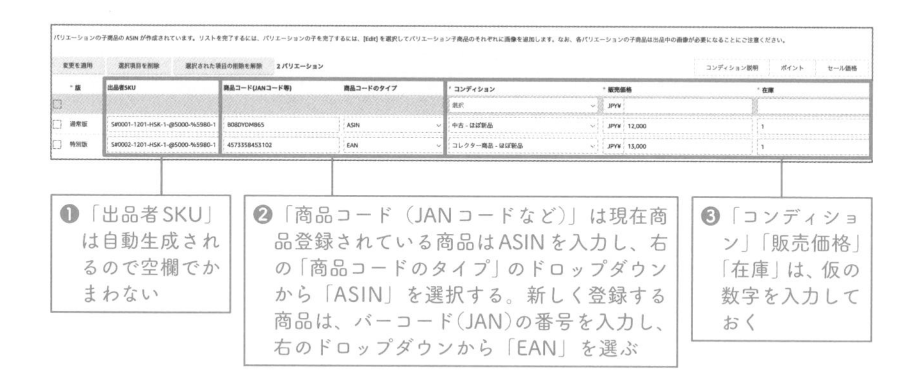

手順⑤ 重要情報を記入する

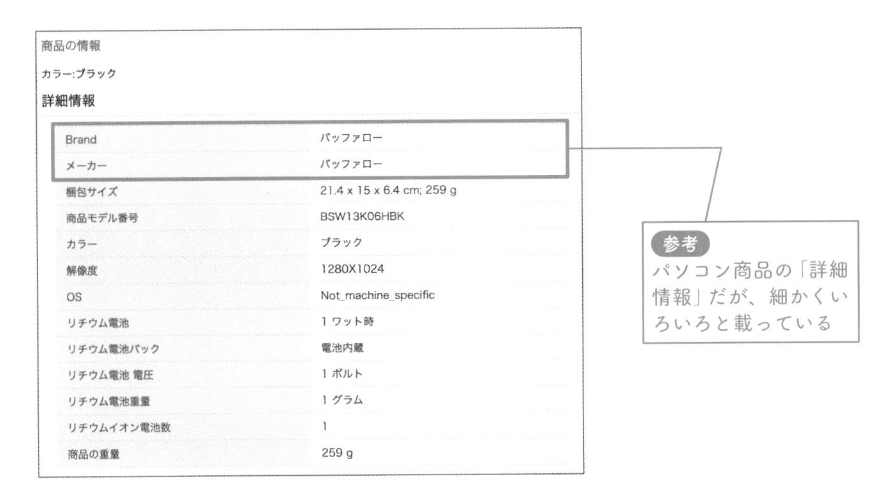
商品の情報

カラー:ブラック

詳細情報

Brand	バッファロー
メーカー	バッファロー
梱包サイズ	21.4 x 15 x 6.4 cm; 259 g
商品モデル番号	BSW13K06HBK
カラー	ブラック
解像度	1280X1024
OS	Not_machine_specific
リチウム電池	1 ワット時
リチウム電池パック	電池内蔵
リチウム電池 電圧	1 ボルト
リチウム電池重量	1 グラム
リチウムイオン電池数	1
商品の重量	259 g

下図のような画像が表示されるので、しばらく待ちます。

手順⑥ 画像と商品説明を登録する準備

セラーセントラルのトップページにある「在庫」から「在庫管理」の画面にいくと、「>バリエーション（2)」といったタブが反映されています。

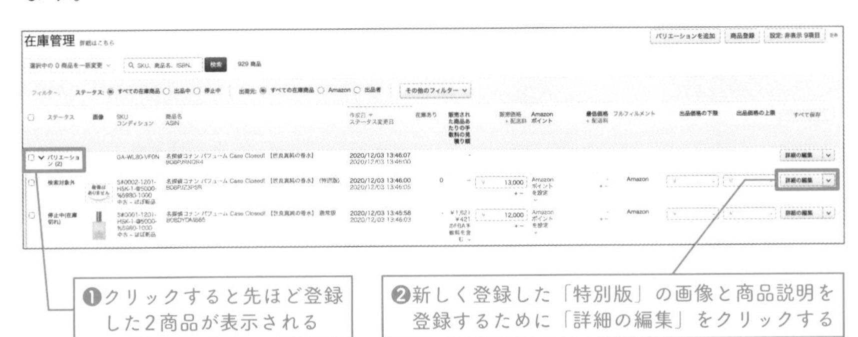

手順⑦ 商品画像をアップロードする

アップロードされた画像は、上の行の左から右、次に下の行の左から右へ、登録された順番で商品ページに表示されます。

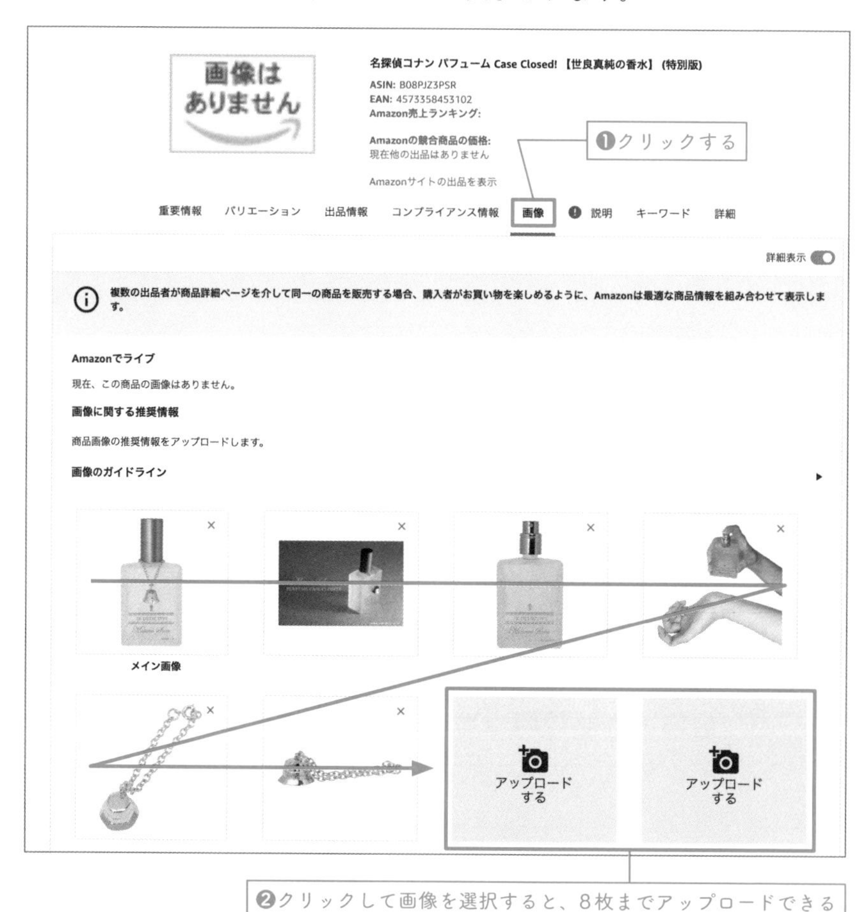

手順⑧ 商品の説明を書く

「説明」の項目は、元の商品（この場合は「通常版」）の説明内容を参考に編集したり、公式サイトの情報を入れ込んで、間違いのないようにしましょう。シンプルに、お客様に伝えたい商品情報を正確に最大限盛り込んでいくだけです。

新規登録した類似商品の商品ページを確認する

新しく登録した商品画像と説明文が正しく反映されるには、数時間から最大で24時間かかります。反映が完了したら、「在庫管理画面」は下図のようになります。

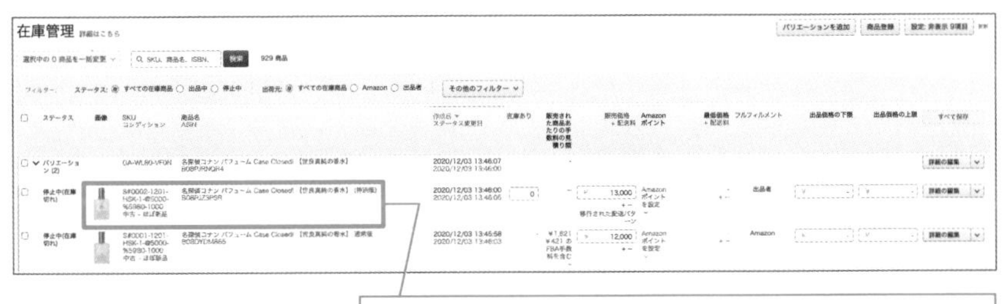

「特別版」の画像も表示されたら商品ページができている

在庫管理画面に情報が反映されるまでの時間がもったいないので、自己発送で商品登録をすれば、商品ページで確認することができます。

ただしお客様から注文が入らないように、販売価格は「50,000円」くらいにしておきます。

そうすると下図のように「特別版」と「通常版」が同じページで売られるようになります。

これができれば、ライバルが気づくまで独占で販売できます。工夫して販売している分、たくさんいい思いをしてくださいね。

困ったときにはテクニカルサポートに聞いてみる

基本的な新規の登録方法は上記のとおりですが、「例外がある場合」や「はじめての登録」はきっとわからないことも多々出てくるはずです。つまずいたときは、すぐにテクニカルサポートに聞いてみてください(Chapter1-01)。予想以上にすぐに解決できます。1度やってしまえば、2度目からはとても簡単になりますよ。

Chapter 5

出品してみよう

FBA倉庫へ送る商品が10個そろったら、経験のために1度納品してみましょう。そして、1日も早く商品が売れて自分の力で稼ぐ感動を経験してみましょう。この経験こそがせどらーとしての成長スピードを加速してくれます。梱包やクリーニングのグッズは、著者の9年間のせどり経験から、厳選した選りすぐりの商品なので、この章で紹介しているものから試してみてください。

01

「せどり出品必勝グッズ」8点をそろえよう

リサーチ時間を確保するために、出品作業は早くすませる必要があります。できるだけ早く、便利な道具は先にそろえておきましょう。

POINT

1. パソコンもプリンターも意外と安いので、そろえてしまう。
2. ダンボール探しは予想以上に手間なので、買うようにする。
3. 中古商品を梱包するグッズは、100均でそろえられる。

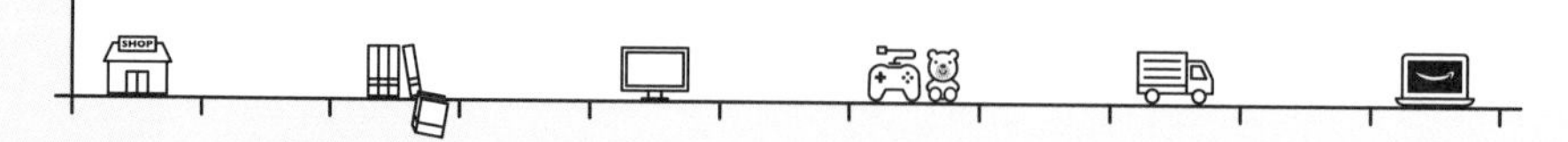

せどり出品必勝グッズ8点

せどりで確実に稼いでいきたいなら、これから紹介する8つの「せどり出品必勝グッズ」をそろえておきましょう。そろえてしまえば、仕入れにも力が入るので、結果的に効率よく稼げるようになります。

① パソコン

スマホだけでせどりができないことはありませんが、**効率面から考えると、どうしたってパソコンは必須**となります。新品でも2万円代でそんなに性能の悪くないパソコンを買うことができるので、Amazonで検索してみてください。ぜひ、早めに導入してくださいね。

パソコンで何をするのかというと、Amazonの販売用アカウント（セラーセントラル）を使って、出品作業、価格改定、お客様とのやり取りなどをします。また、Amazonから売れた商品のビジネスレポートなどがExcelで発行されるので、Windowsのほうが使い勝手がいいでしょう。私はMacにExcelを入れて使っていますが、問題なく運営ができています。ただし、Macだと値段が高くなってしまいます。

このくらいのスペックのマシーンであれば十分。これにExcelとWordがあれば問題ない。GoogleのGmailアカウントを持っていれば、Excelの代わりにGoogleスプレッドシートを使って無料でExcelファイルを開くことができる

② インターネット回線

パソコンにつなぐ回線は、有線のほうが早いです。ネットリサーチをメインでしていく場合は、**有線接続がお勧め**です。ネットリサーチでは、

小さな作業を1つひとつたくさんこなすので、1作業あたりパソコンやネットの早さを0.5秒でも縮めることができれば、結果が大きく変わってきます。まさに塵も積もれば山となるです。

③ プリンター

納品ラベルや商品に貼るラベルシールを印刷するために使います。コロナウイルスの影響でプリンターの値段が少し上がってしまいましたが、とはいっても、有名メーカーの商品で6,000円くらいからあるので、まずはそれで十分です。**私は純正インクのコスパがいいという点で、少し本体の値段は高くなりますがBrotherのプリンターを使っています。**

④ ラベルシール

Amazonが商品を紐づけるために発行する独自のバーコードを、ラベルシールに印刷して商品に貼り、Amazonの倉庫に商品を送ります。ラベルはサイズが決まっているので、特定のラベルを買います。

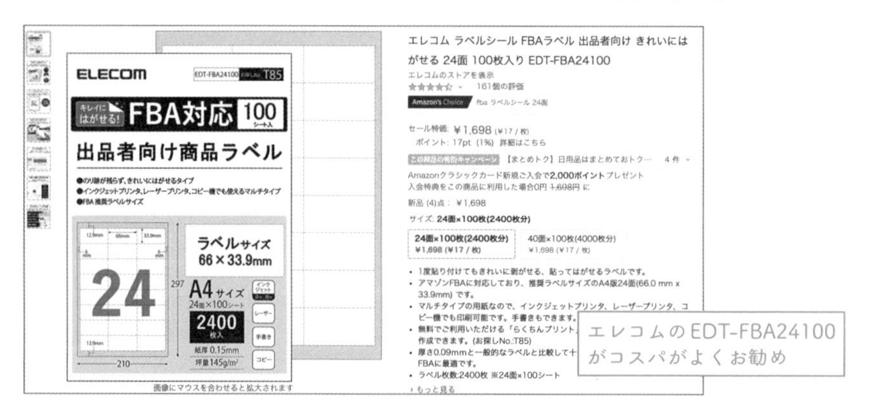

⑤ バーコードリーダー

商品登録をするときに、バーコードリーダーを使えばスーパーのレジのように商品の外箱のバーコードをピッと読み取れば、**出品作業の時間を大幅に短縮できます。**

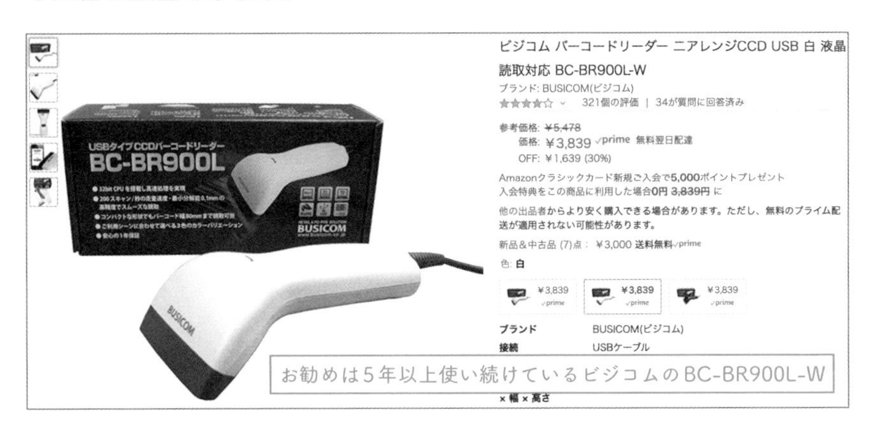

お勧めは5年以上使い続けているビジコムのBC-BR900L-W

⑥ ダンボール

仕入れた商品を、自宅からAmazonの倉庫に送るときに必要になります。定期的にスーパーやドラッグストア、ホームセンターなどに行く場合は、大きめのダンボールを無料でもらうようにしましょう。コンビニは小さいサイズのダンボールが多いので、あまり適していません。ただダンボールだけを店へもらいに行くのは時間がもったいないので、Amazonで出品されている「ダンボールキング」というメーカーでまとめ買いするのがお勧めです。

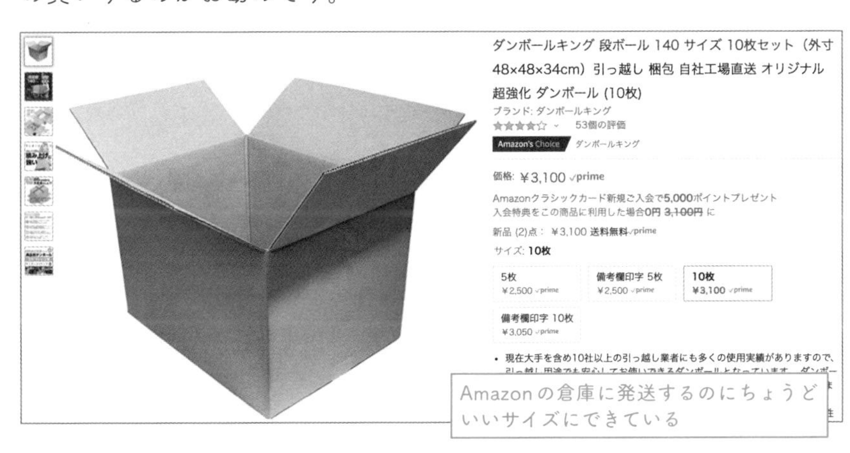

Amazonの倉庫に発送するのにちょうどいいサイズにできている

⑦ハンディラップ

大型商品を1商品だけで出荷するときなどに使います。パッケージの周りをハンディラップでぐるぐる巻いて、伝票をそのうえから貼りつけます。100均で購入できます。

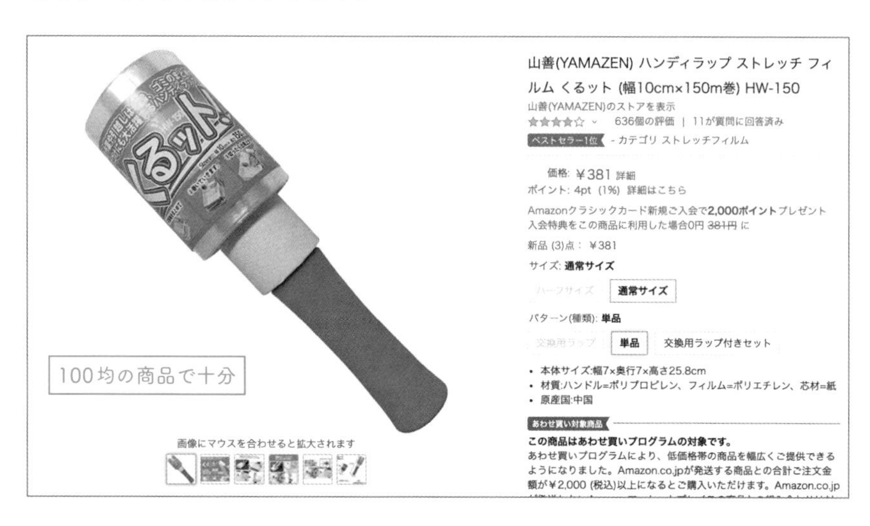

100均の商品で十分

大型商品は、箱がない場合にこの方法でAmazonの倉庫に送る。ラップした上から宅急便の伝票を貼ってOK

中古商品出品の必須グッズ

中古商品を仕入れる場合、パッケージがない商品もあるので下記をそろえておきましょう。ちなみにすべて100均でも購入できます。

① プチプチ封筒

大きさによって3枚入りと2枚入りのものが何種類かありますが、1番大きいA4サイズのものを必ず買っておきましょう。

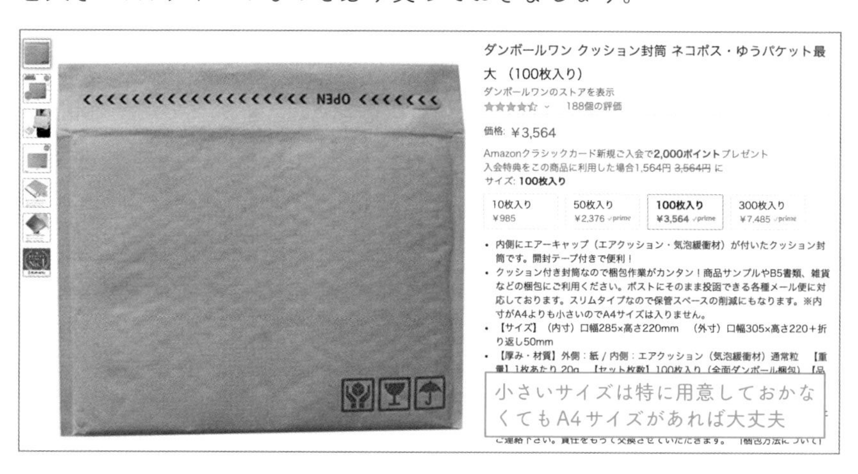

② ミニボックスダンボール

プチプチ封筒に入りきらない場合や衝撃保護をもっと強くしたい場合は、ダンボールで梱包します。A4サイズの大きさのフタつきのダンボールがあります。

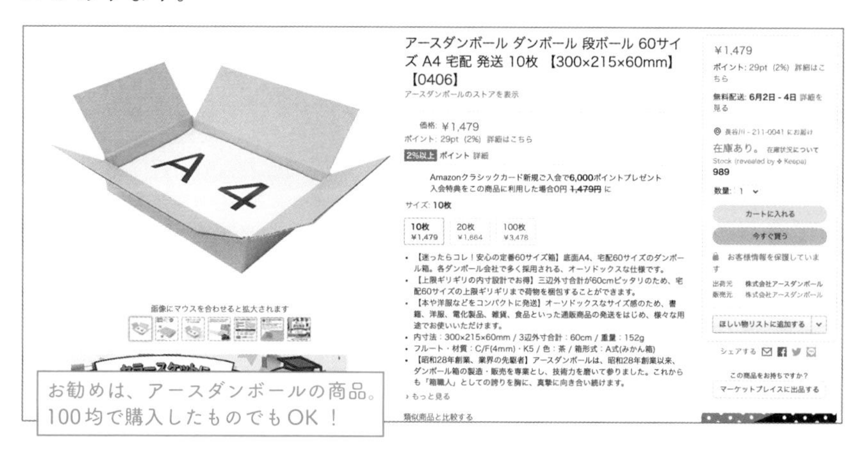

③ OPP袋

B4サイズまでのものがあります。それ以上大きい場合は、OPP袋としてではありませんが、ラッピングコーナーで透明な袋がA3サイズくらいまでなら置いてあります。

④ プチプチ

OPP袋に入れる前の商品をプチプチにくるみたいときに使います。

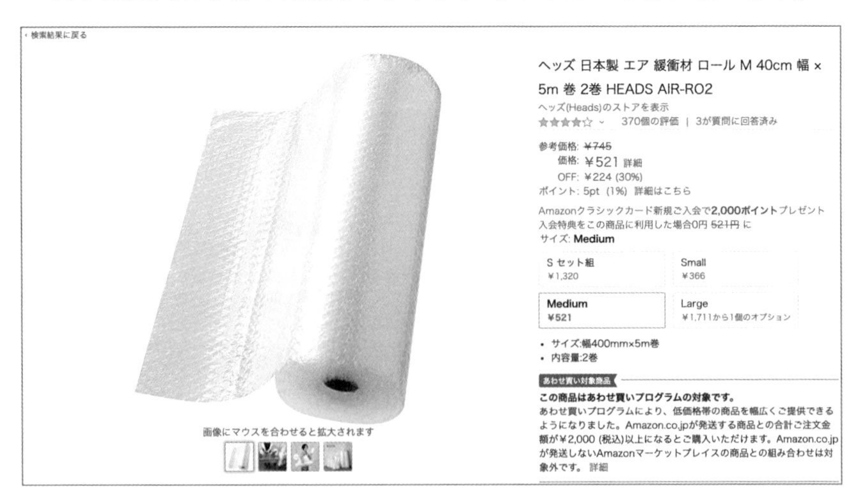

このほかに、はさみ、ガムテープ、セロハンテープが必要になります。それでは、いよいよ出品をしていきましょう！

02〔中古〕

仕入れた商品をきれいにする方法

中古商品は、クリーニンググッズやちょっとしたコツでクリーニング時間が半分以下になります。必ず使うものはそろえておきましょう。

POINT

1. プラスチック素材は、オイルを使うと色がはげる可能性がある。
2. ダメージなどが気になる場所は、防犯タグが大活躍。
3. クリーニンググッズは、ほとんど100均でそろえられる。

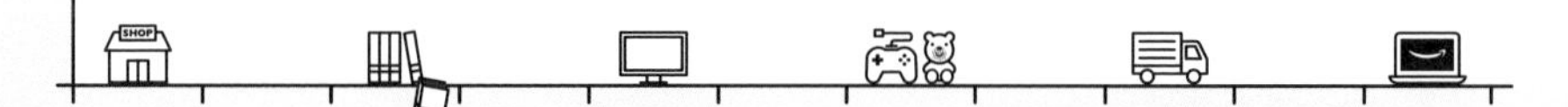

お店で買ったら必ず値札がついているか、汚れていないか確認する

店舗で仕入れた商品で、値札が貼ってあるものはすべてはがさなくてはなりません。Amazonで自分のお店から発送した商品に「〇〇電気」の値札で売値が書いてあったら、その売値に利幅を乗せて出品しているわけですから、購入したお客様は驚いてしまいます。お客様からクレームが来たり、悪い評価をつけられてもおかしくありません。そんなことにならないように、値札はしっかり剥がしましょう。

それだけでなく、ちょっとがんばれば見違えるほどきれいにできるグッズがたくさんあるので、ここで紹介する9つの道具を用意しておきましょう。

① 値札はがし

店舗仕入れの商品は値札はがしがかなりの手間になってくるので、値札はがし専用の器具を使いましょう。値札に値札はがし液を染み込ませて、2、3分くらい経ってからヘラで剥がすと、とてもスムーズに剥がせます。

レイメイ藤井の値札はがしMH-5がお勧め

② ヘラ

値札をはがすときに使います。鉄製ではなくプラスチック製のものが、傷がつきにくいのでお勧めです。値札をはがすときは、いろいろな角度からヘラをシールの下に入れ込むことで、早くきれいにはがすことができます。

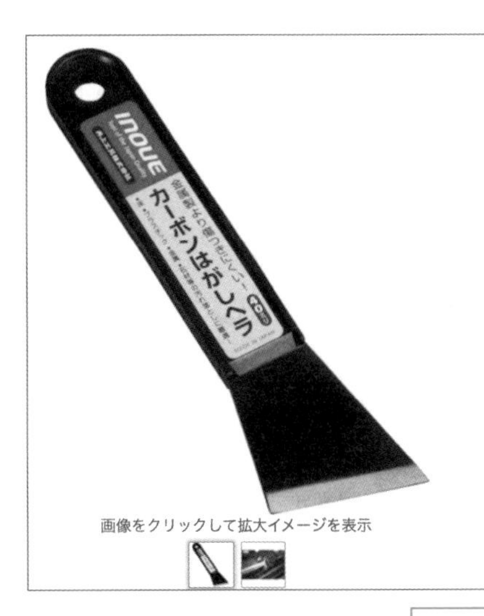

画像をクリックして拡大イメージを表示

INOUE カーボンはがしヘラ 40mm 17041

ブランド: 井上商会

☆☆☆☆☆ 553個の評価

ベストセラー1位 - カテゴリ 左官用ヘラ

価格: ￥173

ポイント: 2pt (1%) 詳細はこちら

Amazonクラシックカード新規ご入会で**5,000**ポイントプレゼント

入会特典をこの商品に利用した場合**0円** ~~173円~~ に

他の出品者からより安く購入できる場合があります。ただし、無料のプライム配送が適用されない可能性があります。

新品＆中古品 (28)点： ￥173 + (無料配送)

- サイズ:幅/40mm、高さ/140mm
- 材質:ポリアミド炭素入り
- スタイル:ヘラ
- パターン:単品

› もっと見る

あわせ買い対象商品

INOUE カーボンはがしヘラ 40mm 17041がお勧め

③ ライターオイル

ライターオイルは値札はがし液としても使えます。またティッシュに染み込ませて、書籍などをサッと拭いたりクリーニング液としても使えます。紙にオイルを垂らすと染みが目立ちますが、必ず蒸発して乾くので安心してください。その代わり、プラスチック素材のものに使うと色がはげてしまう場合があるので注意しましょう。

ライターオイルは100均で売っているものでも大丈夫

画像にマウスを合わせると拡大されます

ZIPPO(ジッポー) ZIPPOオイル 小缶

ブランド: ZIPPO(ジッポー)

☆☆☆☆☆ 3,773個の評価

参考価格: ~~￥440~~

価格: ￥355 ✓prime お届け日時指定便 無料

OFF: ￥85 (19%)

ポイント: 4pt (1%) 詳細はこちら

他の出品者からより安く購入できる場合があります。ただし、無料のプライム配送が適用されない可能性があります。

新品 (16)点： ￥355 送料無料✓prime

スタイル: **a.単品**

ブランド	ZIPPO(ジッポー)
商品の寸法 奥行き×幅×高さ	23 x 74 x 23 mm
商品の重量	0.2 ポンド

この商品について

- 原産国:アメリカ
- 本体サイズ:高さ14.0cm×幅5.3cm×厚さ3.0cm
- 本体重量:130g
- 内容量:133ml

Chapter 5

④ 重曹

どんな汚れもだいたいライターオイルで取れますが、それでも落ちない場合は、水に重曹を溶かした重曹水で汚れを落とします。使い方はライターオイルと一緒で、ティッシュや布に染み込ませて拭くだけです。

画像にマウスを合わせると拡大されます

ピクス マルチ重曹クリーナー(食器 鍋 浴槽 換気扇 レンジ キッチン)天然素材 2kg 大容量

ブランド: ライオンケミカル

91個の評価

参考価格: ~~¥658~~
価格: ¥564 (¥0 / g)
OFF: ¥94 (14%)
ポイント: 6pt (1%) 詳細はこちら

この商品の特別キャンペーン 【まとめトク】日… 2件

Amazonクラシックカード新規ご入会で**5,000**ポイントプレゼント
入会特典をこの商品に利用した場合**0円** ~~564円~~ に

新品 (2)点： ¥564 + (無料配送)

原材料・成分	炭酸水素ナトリウム
ブランド	ライオンケミカル
推奨表面	浴槽, 調理器具, 食器

この商品について

- 商品サイズ (幅×奥行×高さ) :170×90×275
- 原産国:日本
- 内容量:2kg

ドラッグストアでも100均で売っているものでも大丈夫

⑤ 雷神

とにかく早く値札をはがしたい場合や、シールの粘着やはがし跡が強い場合は、「超強力ラベルはがし 雷神」がお勧めです。

AZ(エーゼット) 超強力ラベルはがし 雷神 [シールはがし/ラベルリムーバー/ラベル除去/シール除去] (液状ハケ缶100ml)

AZ(エーゼット)のストアを表示

276個の評価 | 5が質問に回答済み

価格: ¥777 ✓prime お届け日時指定便 無料
ポイント: 8pt (1%) 詳細はこちら

Amazonクラシックカード新規ご入会で**5,000**ポイントプレゼント
入会特典をこの商品に利用した場合**0円** ~~777円~~ に

他の出品者からより安く購入できる場合があります。ただし、無料のプライム配送が適用されない可能性があります。

新品 (10)点： ¥777 送料無料✓prime

- 寸法(mm):95×68×84
- 内容量:1本(100mL)
- 成分:有機溶剤(キシレン含む)

画像をクリックして拡大イメージを表示

この商品の仕様

100ml、1L、4Lサイズがあるが、100mmサイズは、フタがハケになっていて使いやすい

⑥ マイクロファイバークロス

モニターやディスプレイなどについた指紋や汚れを取るときに使います。もちろん、ほかにもカメラのレンズや輝きを出したいもののツヤ出しなど、いろいろと役立ちます。

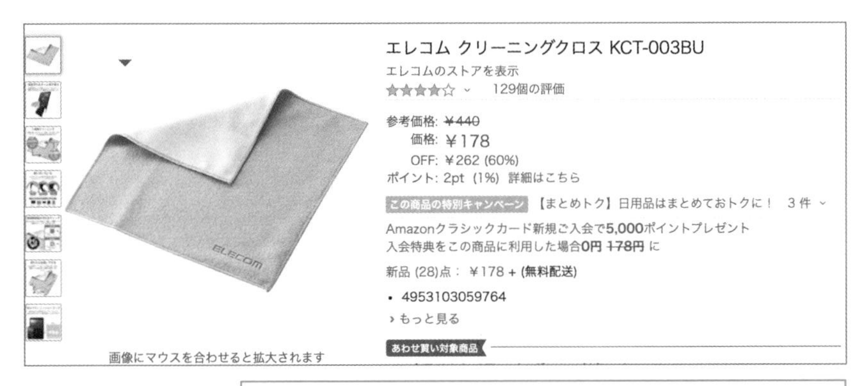

マイクロファイバークロスは100均で売っているものでも大丈夫

⑦ メラミンスポンジ

これもクリーニング道具としていろいろな用途で使えます。ただし光沢のあるものや凹凸のある素材に使うと、色などが取れてしまう場合もあるので気をつけましょう。

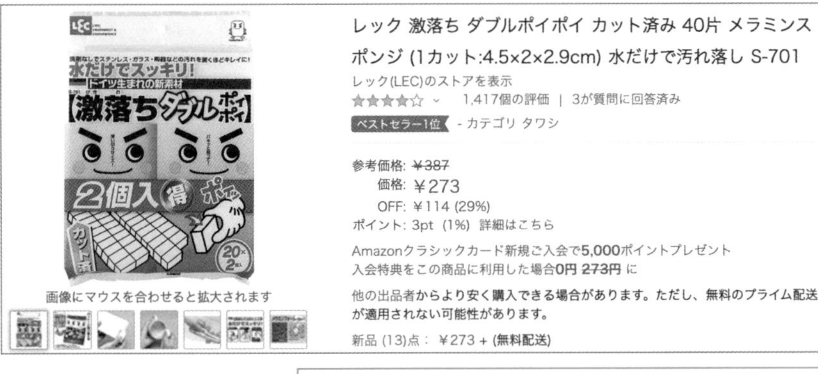

メラミンスポンジは100均で売っているものでも大丈夫

⑧ エアダスター

パソコンのキーボードのキーの隙間のように、細かい部分にホコリがあるときは、エアダスターで一気に吹き飛ばしてしまいましょう。

画像にマウスを合わせると拡大されます

エレコム エアダスター ECO 逆さ使用OK ノンフロンタイプ 3本セット AD-ECOMT
エレコムのストアを表示
2,909個の評価 | 18が質問に回答済み
ベストセラー1位 - カテゴリ OA機器用エアダスター
価格: ￥991 prime お届け日時指定便 無料
ポイント: 10pt (1%) 詳細はこちら
この商品の特別キャンペーン 【まとめトク】日用品はまとめておトクに！ 2 件
Amazonクラシックカード新規ご入会で5,000ポイントプレゼント
入会特典をこの商品に利用した場合0円 991円 に
新品 (50)点： ￥991 送料無料 prime
- 詳しくは「商品の仕様」「商品の説明」をご確認ください。
- ノンフロンタイプ
- フロンガスを一切使用しておりません。地球温暖化係数(温暖化に与える影響の

水分は一切入っていないので、機器などに近づけて吹きつけても大丈夫

⑨ ホコリ取りぶらし

ホコリがたくさんついてしまっている場合、拭く前にぶらしでホコリを軽く取っておけば、クリーニングがスムーズにできます。

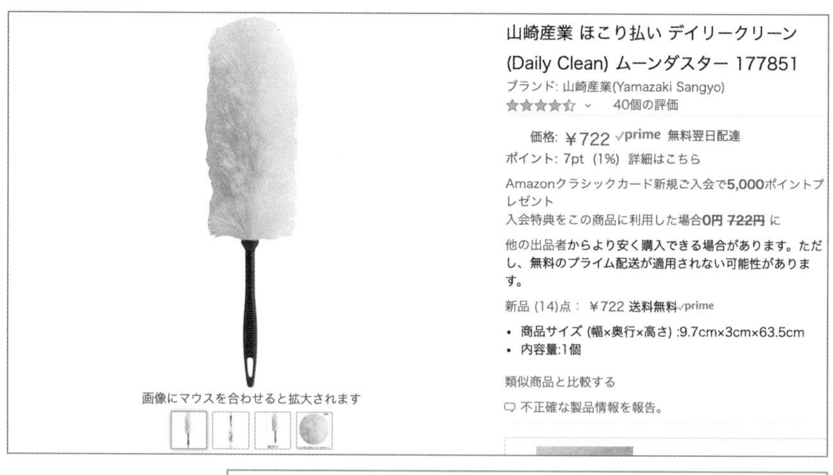

山崎産業 ほこり払い デイリークリーン ムーンダスターがお勧め

⑩ 防犯タグ

Chapter1-03でも紹介しましたが、商品の外箱のダメージやシールのはがし跡などが強く残ってしまった場合、上からこの防犯タグのシールを貼りつけます。ちゃんと管理されて流通した商品のイメージが強くなることで、お客様から防犯タグに関するクレームは一切ないので安心してください。貼りすぎはダメですが、1商品につき4、5枚であればまっ

たく問題ありません。

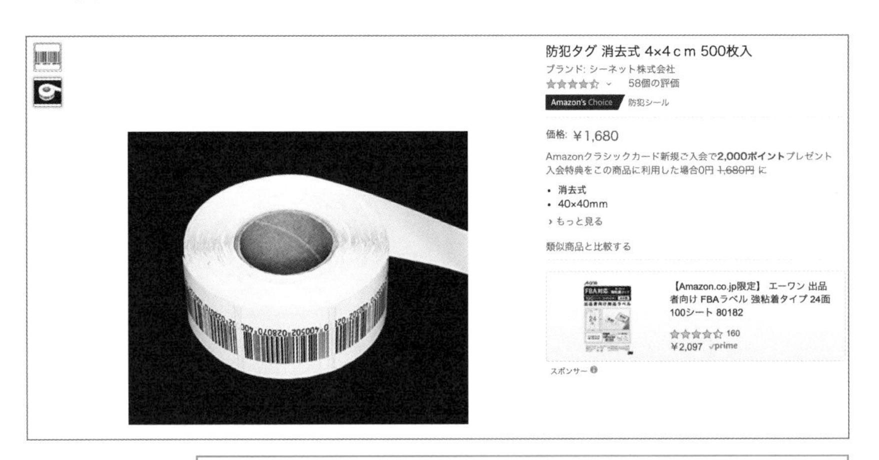

ブランド・シーネットの防犯タグ 消去式4×4cm 500枚入りがお勧め

グッズはわかりやすいようにAmazonで買えるものを紹介しましたが、値札はがしMH-5、へら、雷神、防犯タグ以外は100均でそろえることができます。

Chapter 5

03

簡易スタジオで商品の画像を撮影しよう

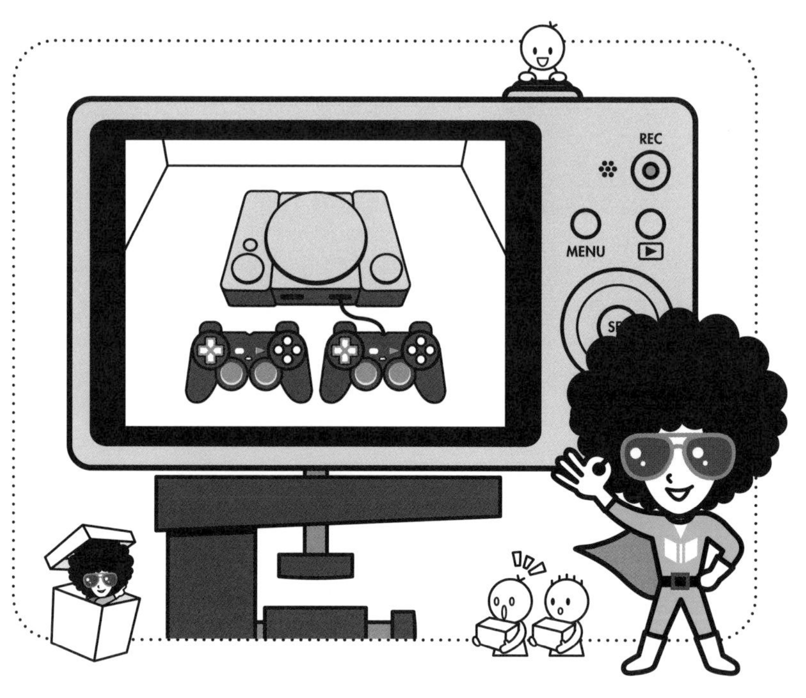

少しだけ工夫して撮影すると、一気にプロっぽい商品写真になります。プロっぽい商品写真のほうが商品の価値が高まり、販売スピードも早くなるので健全経営につながります。

POINT

1. 出品物のすべてを撮ることで、お客様の安心感を高める。
2. きれいに重ねてそろえて撮影しない。
3. 簡易スタジオで省エネ撮影する。

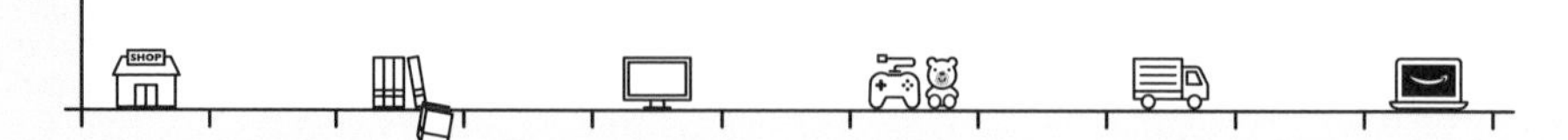

Amazonで中古商品を出品する際、画像をアップロードすることができます。当然のことながら、画像つきで出品するほうが確実に早期販売に繋がるので、ひと手間かける価値があります。画像をアップロードするというのは、出品する現物の写真を1つひとつ撮るということです。ちょっとした工夫をすることでライバルと差別化できるので、ぜひひと手間かけてみてください。

撮影すべきカットは、この5種類！

撮影の順番をルーチン化しておくとスピードアップにつながります。流れとしては、箱から商品を出して、お客様へ発送する内容物をすべて並べて撮影し、それ以降は寄り気味で、本体、付属品、取説などをアップでそれぞれ撮影していきます。

商品撮影の順番

1. 提供物すべてを並べた写真
2. 本体のアップ
3. 付属品のアップ
4. 資料類（説明書、保証書類、歌詞カード、リーフレット、ハガキ）
5. ダメージ個所がある場合には、そのアップ

撮影を丁寧にしすぎると時間ばかりかかってしまうので、付属品、説明書など、そろっているものをわかりやすくすることを最優先事項にしよう！

① 提供物すべてを並べた写真

お客様へお届けする文字どおりすべてのものを撮影してください。すべてですから外箱や梱包材も含みます。梱包材を一緒に撮影する理由は、配送時の商品へのダメージが少ないと思ってもらえるからです。梱包材がある場合には忘れずに撮影しましょう。

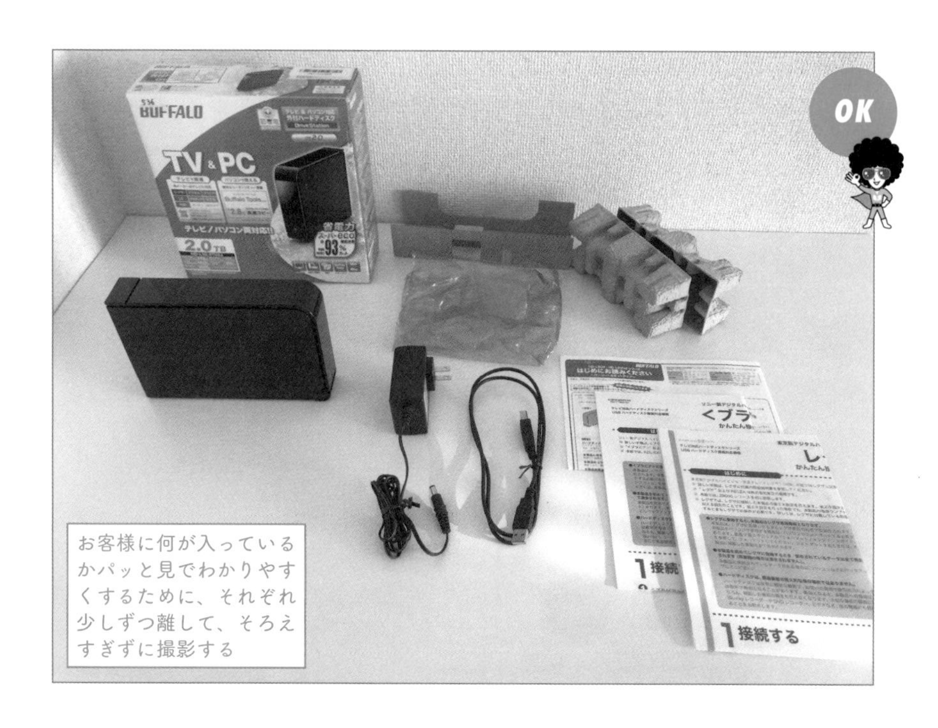

お客様に何が入っているかパッと見でわかりやすくするために、それぞれ少しずつ離して、そろえすぎずに撮影する

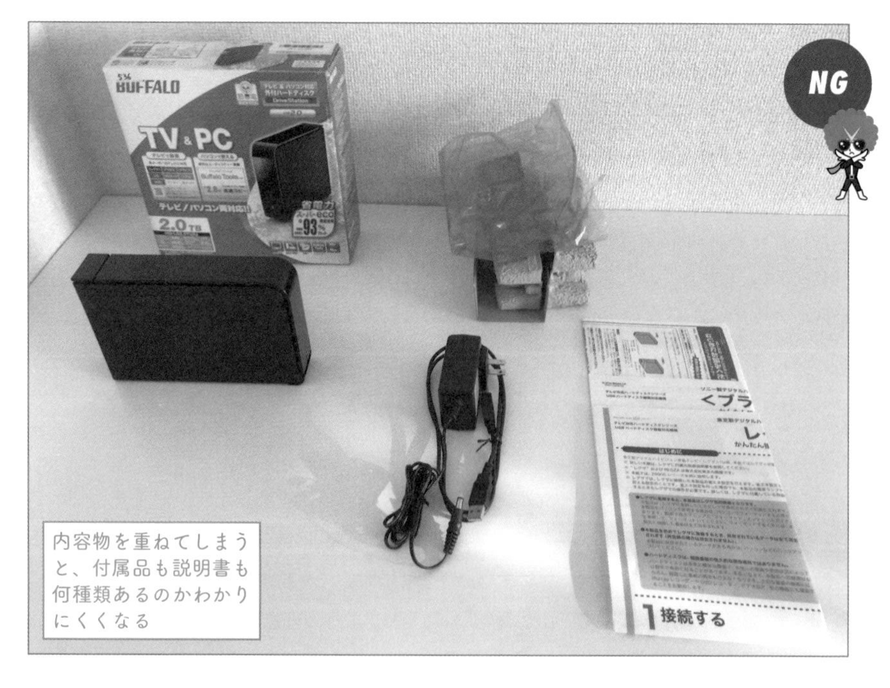

内容物を重ねてしまうと、付属品も説明書も何種類あるのかわかりにくくなる

② 本体のアップ

③ 付属品のアップ

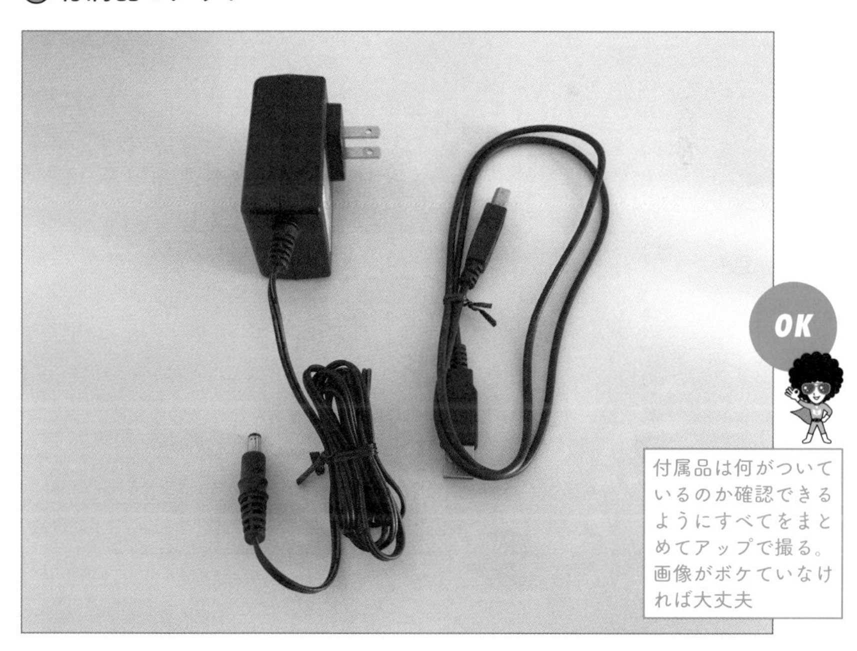

④ 資料類（説明書、保証書類、歌詞カード、リーフレット、ハガキ）

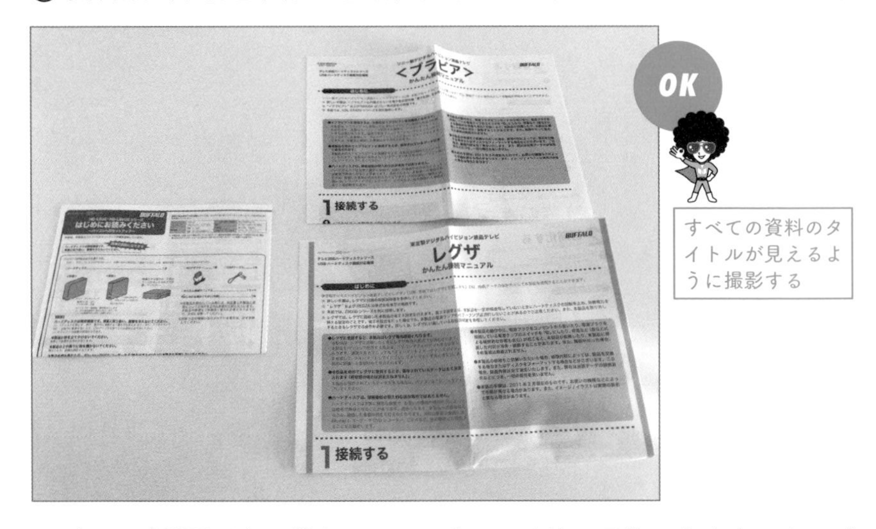

すべての資料のタイトルが見えるように撮影する

ダメージ個所がない場合は、ここまでの4枚の画像で大丈夫です。ダメージがある場合には、もう1、2枚写真を追加してください。

⑤ ダメージ個所がある場合にはそのアップ

ダメージとは凹みや破損だけではなく、拭いても取れない皮脂や商品ロゴなどのシールがはがれかかっているなど、お客様が手に取ったときに、不快に感じる部分をすべて含みます。

OK

材質によっては、Chapter5-02で紹介した方法でクリーニングしても拭き取れない汚れがあるので、それがわかりやすいように撮影する

簡易スタジオなら、撮影時間を大幅に短縮できる

中古品をよく扱うなら、簡易スタジオをつくってしまいましょう。簡易スタジオがあれば、いつも同じように撮影できるので時間短縮にもなるし、背景が整っていると個人ではなく企業が出品しているように見えるので、お客様の印象も格段に違ってきます。

どうやって撮ろうかなとか、いい感じに撮れないといったストレスからも開放されます。

簡易スタジオといっても、とても簡単につくれます。一般的に部屋の壁は白かアイボリーが多いので、壁の色にあわせて100均で白もしくはアイボリーの壁紙シール（幅は60cnから1m、長さも同じくらいあれば十分）を買ってきて、部屋の四隅のどこでもいいので床に貼れば完成です。

壁が白やアイボリーでない場合は、白い壁紙シールを部屋の四隅のどこでもいいので床に貼って、そこから立ちあがる壁にも貼ればできあがります。

私の場合、IKEAで白いテーブルを買ってきて、それを壁に寄せるだけで、壁紙は用意していません。ここまでの❶～❺の画像は、IKEAのテーブルの上で撮影したものです。

また、Amazonで「撮影ボックス」を検索して購入するのもお勧めです。照明がついているものにすれば、夜でも明るく写ります。

簡易スタジオを用意して、撮影時間とエネルギーを大幅省略してください。

壁が白色で、白いテーブルがあればテーブルを寄せるだけで簡易スタジオになる

04〔商品登録〕

最初からしっかり管理しよう

出品商品が多くなってくると、商品登録時にしっかり管理しておかないと煩雑になってしまい、いざというとき何がなんだかわからなくなってしまいます。最初から、すべての商品を管理できるように手順をつくっておきましょう。

POINT

❶ 仕入れ情報を唯一管理できるSKUを独自作成する。
❷ SKUは、半角英数字で入力する。
❸「代金引換」「コンビニ決済」のチェックを忘れないように。

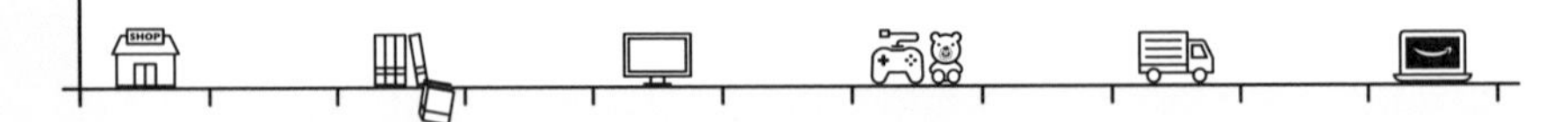

商品を管理しやすい出品手順をマスターする

Amazonに商品登録をする方法自体は、とても簡単です。その分、出品する商品が増えていけばいくほどだんだんと訳がわからなくなり、管理できなくなってしまいます。そこで、ほんのひと手間かけるだけで管理が効率化されるので、ここで紹介する手順でやってみましょう。

手順① Amazonのカタログから商品を検索する

まず、すでに登録されている商品を探します。商品合致が最も正確なのはバーコードの番号です。日本の製品は、「49」からはじまることを覚えておきましょう。海外製品の場合、バーコード番号で検索しても出てこなければ数字の1番頭に「0」を付け足すと出てくることがあります。

セラーセントラルの「在庫」→「商品登録」から下記のページが表示されたら、検索枠にJANコード（バーコードの番号）や商品名、型番などを入力して検索をかけます。

手順② 該当商品を絞り込む

通常は、ひとつのJANコードもしくは商品名に対してひとつのASIN（Amazon内の書籍以外の商品の識別用コード）が割りあてられているので、コンディションを選択して、「この商品を出品する」をクリックします。

まれに、商品登録をした人が間違えたりして、同じ商品なのに複数のASINが登録されていることがあります。この場合は、どれかひとつがすごく売れていることが多いので、最も売れているASINで登録します。

下図のようにEANとしてバーコードが表記されていたり、ランキングが載っているものが人気があるASINのはずです。該当するASINからコンディションを選択して、「この商品を出品する」をクリックします。

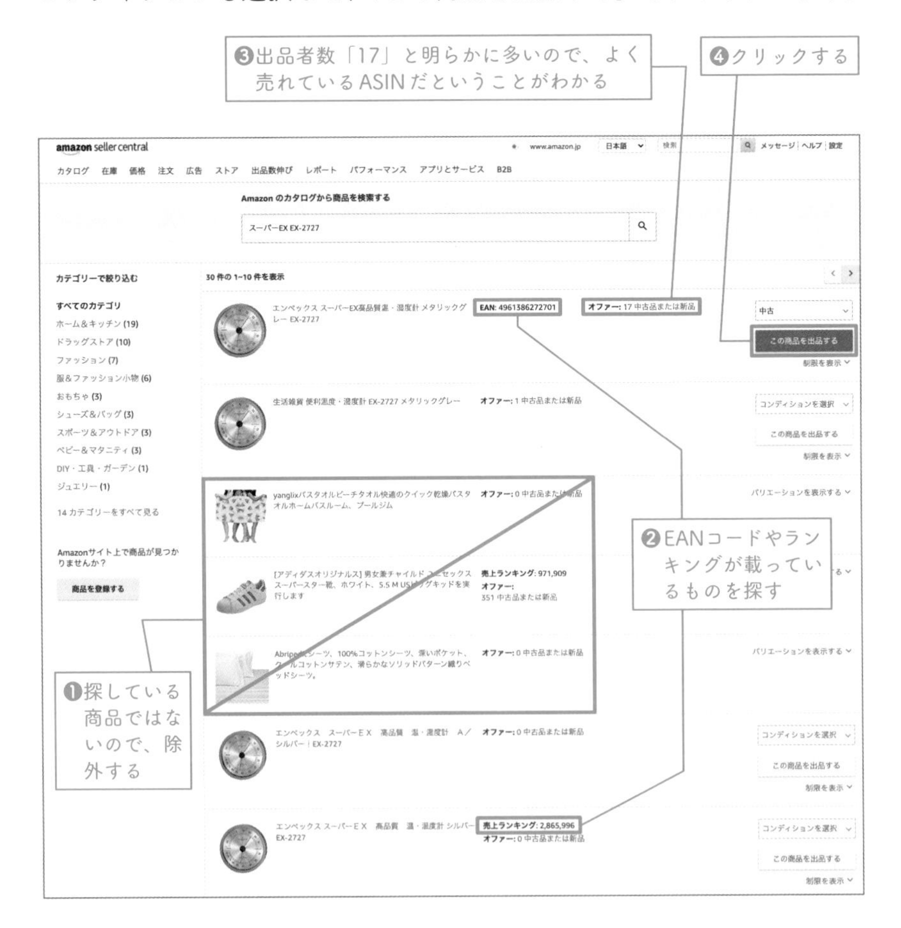

手順③ 「出品情報」を入力する❶ 「出品情報」と「販売価格」

「詳細表示」をオンにすると「出品情報」が表示されます。「出品者SKU」は、出品者が各商品を識別するための情報を入力できます。この出品者SKUは、入力しなくても自動生成されますが、ひと手間かけることで管理を格段に楽にすることができます。お勧めのSKUは下図を参照してください。

特にSKUの絶対的なルールはありませんが、このように仕入れ情報を入れ込んでおくと、値段を下げていくときや売れたときに役立ちます。ちなみに、半角英数字で入力しておかないと、中古の場合は画像がアップロードできないエラーが発生してしまうので注意してください。

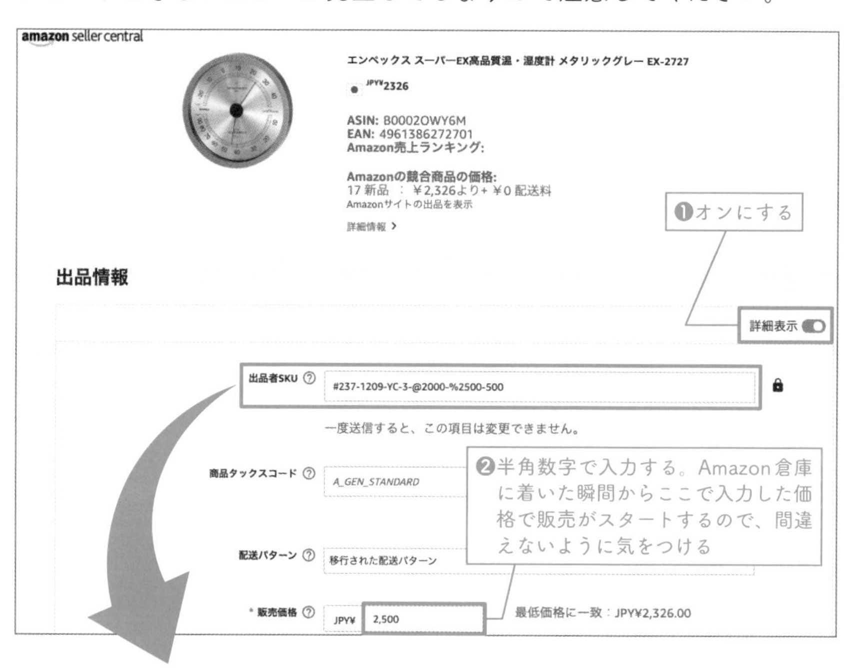

#237	登録した順に番号を振っていく。こうしておくと、出荷作業時に登録した順に商品が表示される。また商品にこの番号のシールを貼っておけば、出荷作業が効率化される	YC	仕入先の頭文字 （YC：ヨドバシカメラ）
		3	仕入れた商品の個数
		@2000	この商品の相場
		%2500	販売スタート価格の数字
1209	仕入れをした日付	500	仕入れ値

手順④ 「出品情報」を入力する② 「コンディション」関連

「コンディション説明」は、自分で定型文を用意しておくと便利です。新品の場合は、どのカテゴリーでも使える定型文を用意しておきましょう（Chapter1-05参照）。

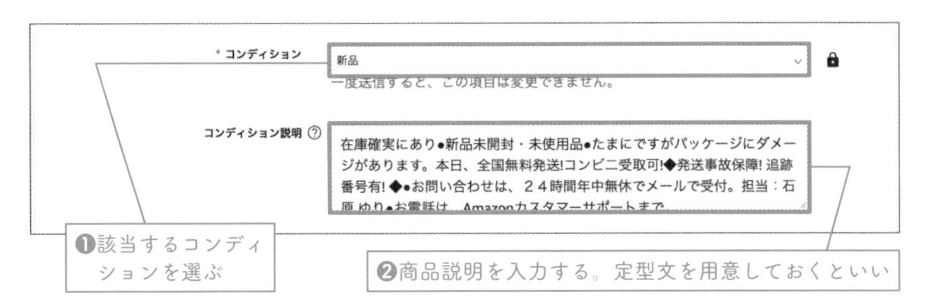

手順⑤ 「出品情報」を入力する③ そのほかの項目

FBA出品の場合は、「代金引換」「コンビニ決済」にチェックを入れたほうが売れやすくなります。「Amazonが発送し、カスターマーサービスを提供します」にチェックを入れて「保存して終了」をクリック。

ギフト包装 選択

開始日を提案する YYYY/MM/DD

商品の入荷予定日 YYYY/MM/DD

代金引換 ✓

コンビニ決済 ✓

❶代引きやコンビニのお客様も意外といるのでチェックしておく

フルフィルメントチャネル

私はこの商品を自分で発送します (出品者から出荷)

Amazonが発送し、カスタマーサービスを提供します (Amazonから出荷)

❷チェックを入れる

この商品の注文は、Amazon から出荷するよう指定されていおり、Amazon が出品者から商品を受領すると販売可能となります。ご利用にはフルフィルメント by Amazon の手数料がかかります。 詳細はこちら

❸クリックする

キャンセル　保存して終了

手順⑥ バーコードのタイプを選択する

下図のようなページになるはずです。このページが表示されれば商品登録は完了です。

最後に「バーコードタイプ」を選択します。デフォルトで「Amazonの商品ラベル」となっているので、それが確認できれば問題ありません。「メーカーのバーコード」は、ほかの出品者の同じ商品と混ぜられてしまうので選択しないようにしましょう。

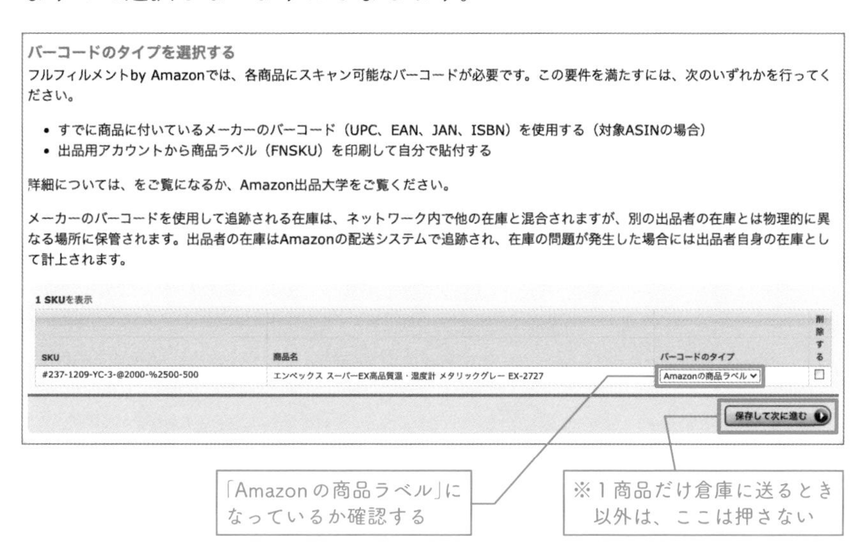

次の商品を登録する場合には、上記 手順① から繰り返します。

今回出品する商品を登録し終えたら、次のChapter5-05「【出荷】Amazon倉庫へ商品を納品する手順」の作業に移ります。

管理しやすい商品登録の方法
https://youtu.be/c56FXMVRsXc

05〔出荷〕

Amazon倉庫へ商品を納品する手順

納品段階で不備があると、商品が倉庫の棚に配置されるまでに日数がかかり、販売スタートが遅れてしまい、その間に売値が変わっていってしまうこともあります。出荷作業は、できるだけ正確にしましょう。

POINT

1. 出荷作業を大幅に間違えると着払いで戻ってくるので注意。
2. 危険物情報はすべて「いいえ」でも大丈夫!?
3. 送料が1番お得なのはエコムー。

Amazon倉庫に納品する

Chapter5-04でFBA倉庫へ納品したい商品の登録がすべて完了したら、Amazon倉庫へ納品するために出荷作業をします。**今から送る商品をAmazon倉庫へ正しく事前通知しておくことで、Amazon倉庫側の荷受作業時に商品がスムーズに納品されます。**

事前通知と実際に送った納品箱の中に入っている商品に差異があると、商品の受け取りが遅れます。最悪の場合、着払いで戻ってくることもあるので、慎重に作業しましょう。

手順① 「Amazonから出荷」を選択する

セラーセントラルの「在庫」の「在庫管理」ページで、Amazon倉庫に送りたい商品を選んで、お客様への出荷方法を指定します。

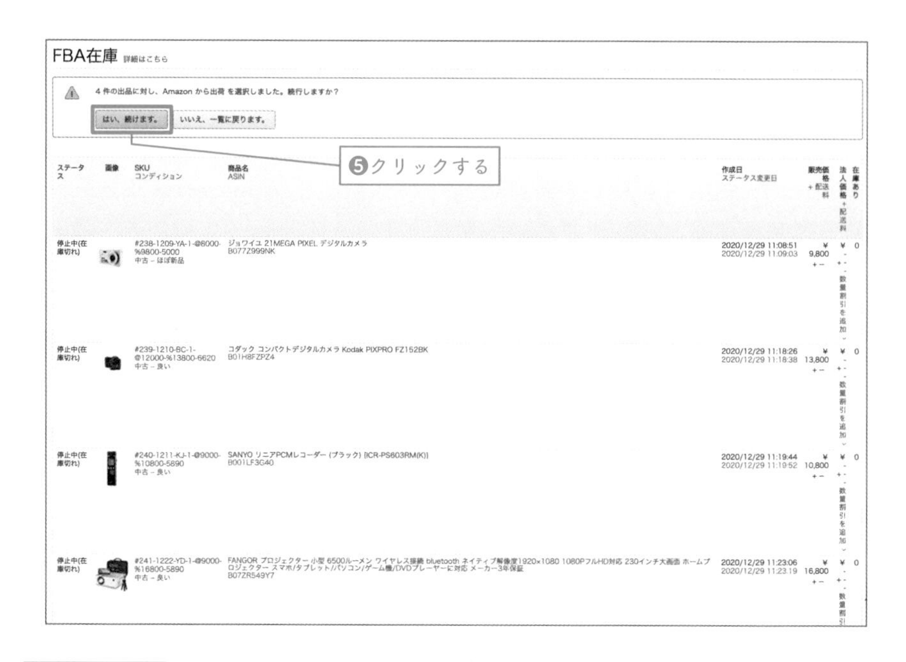

手順② 「危険物情報を追加」する

危険物情報を入力します。ここで注意したいのが「電池情報」「製品規制情報」です。

この2つは「いいえ」を選択します。ここで「はい」を選んで情報を記入していくとキリがないくらい手間が増えてしまいます。そもそも商品カタログが作成された段階でわかりきっている場合がほとんどです。

またツールなどで出品すれば、このステップはスキップすることができます。そういう点からも、この項目はすべて「いいえ」で記入していますが、現段階でアカウントがトラブルになったことはありません（**自己責任でお願いします**）。

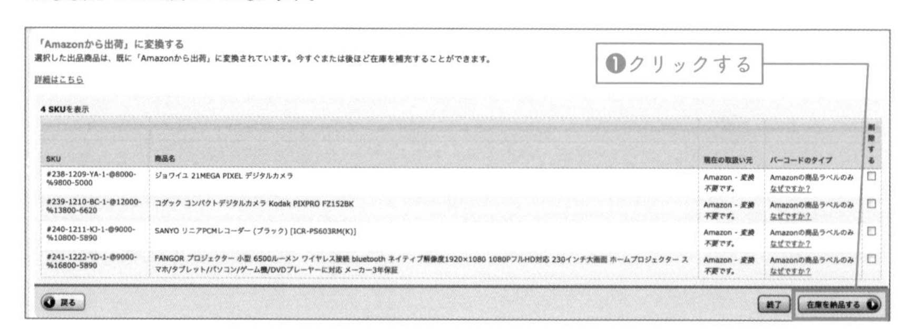

ここで「危険物情報を追加」という項目があるページになった場合、文字の個所をクリックします。

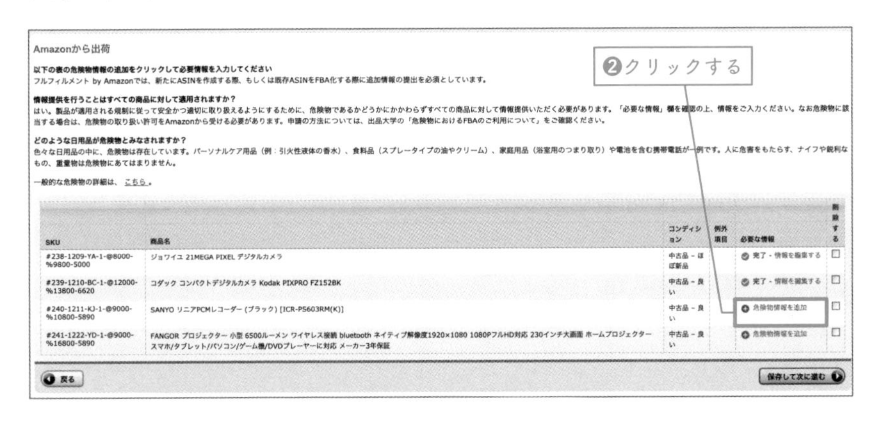

「電池情報」「製品規制情報」の２つについての質問が出てきます。私は商品に電池が入っていても、すべて「いいえ」を選んで「送信」ボタンを押します。そうすると「✔ **完了**」に変換されます。

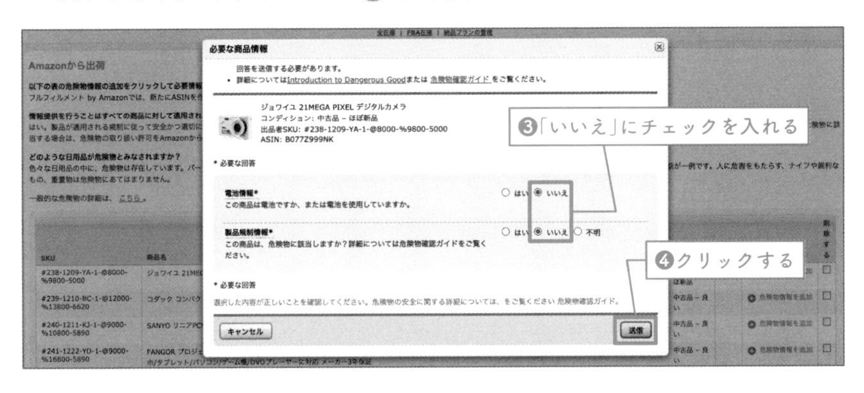

すべての商品が「✔ **完了**」に変換できたら、「保存して次に進む」をクリックします。

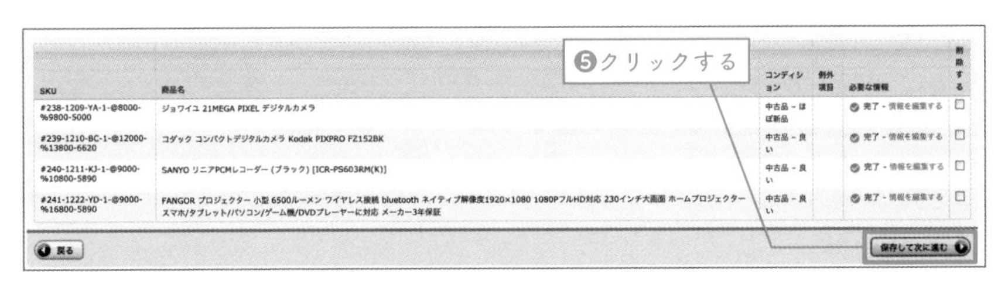

手順③ 「新規の納品プランを作成」する

初めて出品をする場合、混合在庫を取り扱うかどうかを質問されることがあります。**必ず、「混合在庫は取り扱わない」を選択**してください。「混合在庫」を選ぶと、自分の商品とほかの出品者の商品が混ぜられてしまい、あなたの店に注文が入っても、ほかの出品者の商品が出荷されることがあります。その商品の状態がたまたま悪かったりしたら、クレームや返金の可能性が高まってしまうので、ここは気をつけてください。

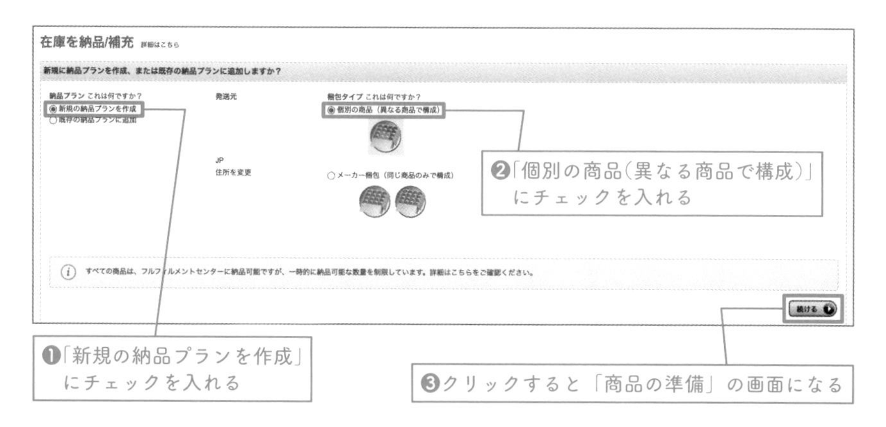

手順④ 「数量を入力」する

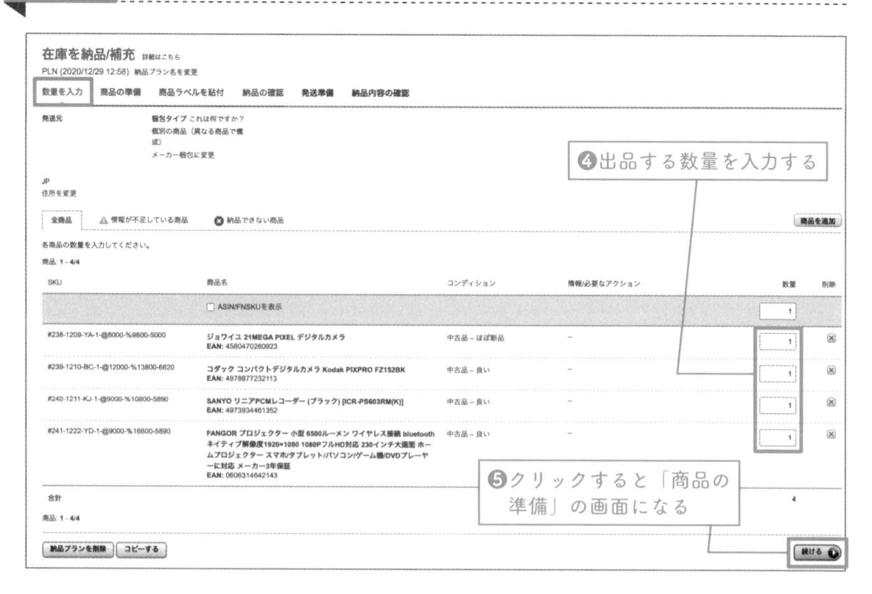

手順⑤「梱包要件」を入力する

梱包に関する情報を入力します。「梱包要件」の列の **「商品グループを選択」に、カテゴリー別の項目があるので該当する梱包を選択します。**「ベビー用品」「液体・粒・粉を含む商品」「アパレル」「穴開きパッケージ」「5cm以内の小型商品」「液体」、これらは袋で中身が出ないように梱包します。また割れ物やガラスは、エアパッキンで梱包するようにルールで決められています。梱包についての詳細は、セラーセントラル内の「梱包要件」のページを確認してください。

セラーセントラル内にあるヘルプの梱包要件

https://sellercentral.amazon.co.jp/gp/help/external/200141500?language=ja-JP&ref=mpbc_200315150_cont_200141500

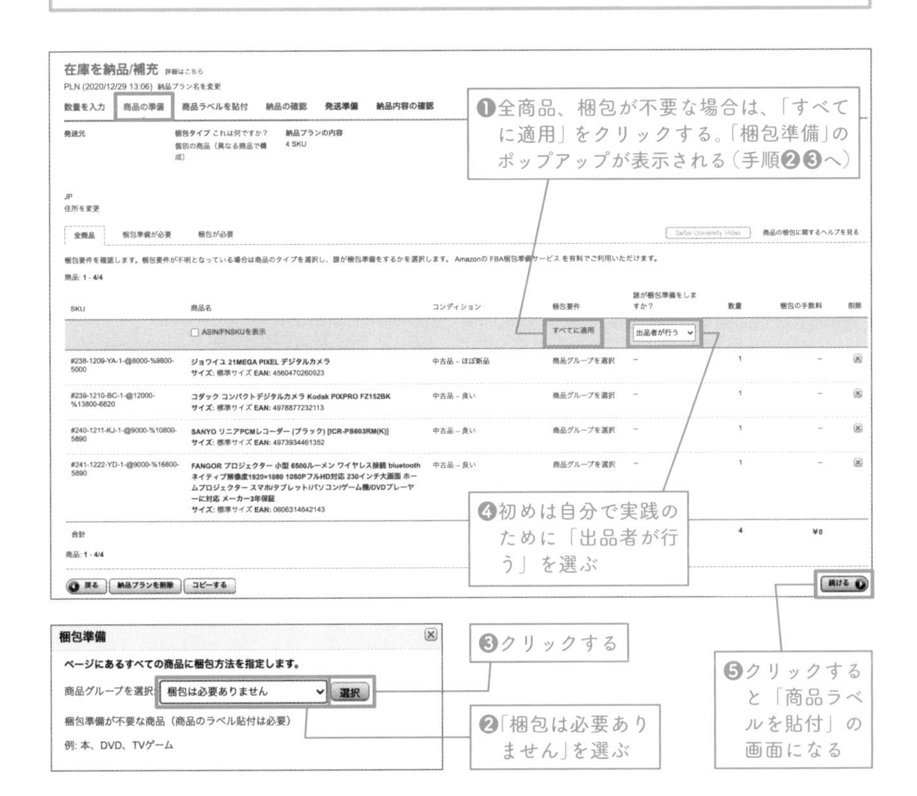

手順⑥ 「ラベルを印刷」する

このページで「ラベルを印刷」をクリックすると、自動でPDFがダウンロードされるので印刷します。ちなみにバーコードがある商品は、Amazonにラベル貼りを有料で依頼することもできます。初めのうちはしくみに慣れるためにも、自分で作業するようにしましょう。

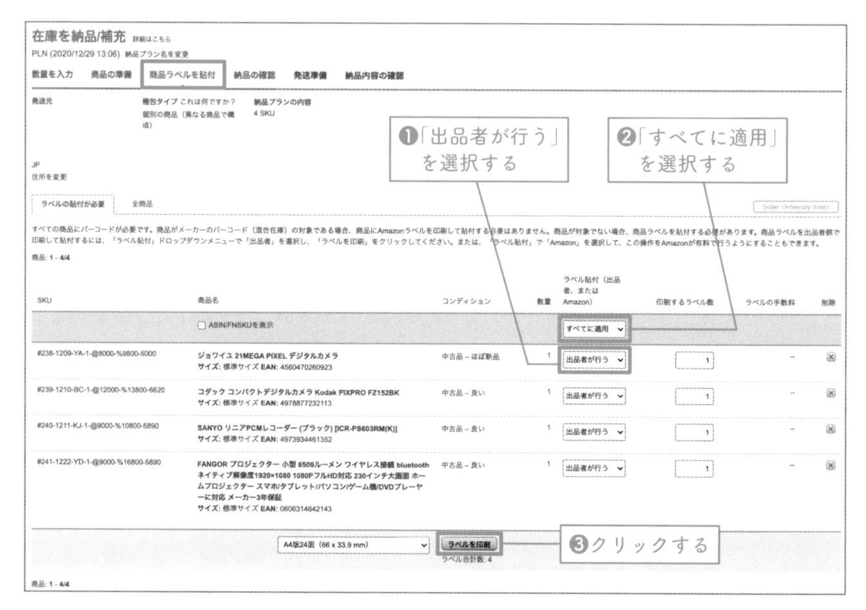

手順⑦ 印刷したラベルを貼る

右図のように、番号順に並べておくと、ラベル貼りも順番に貼っていくだけでスムーズにできます。

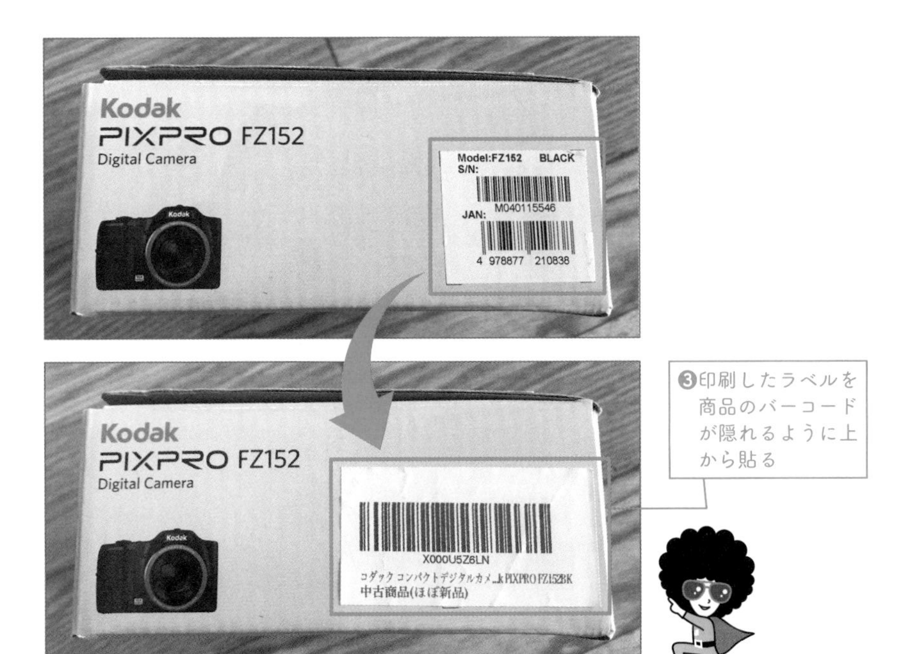

手順⑧ 「納品の確認」をする

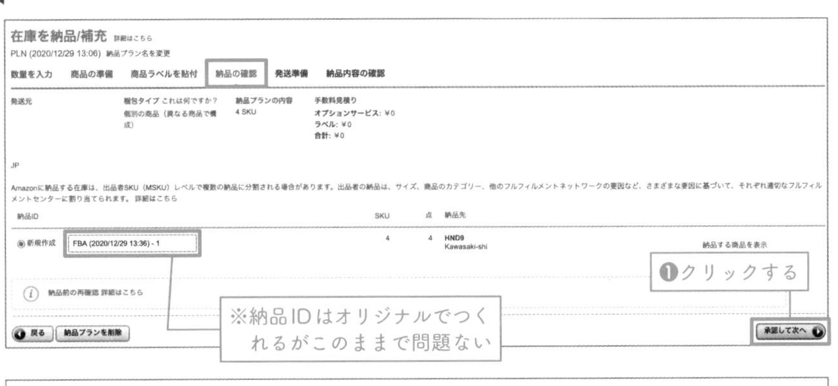

手順⑨ 「最終確認」をする

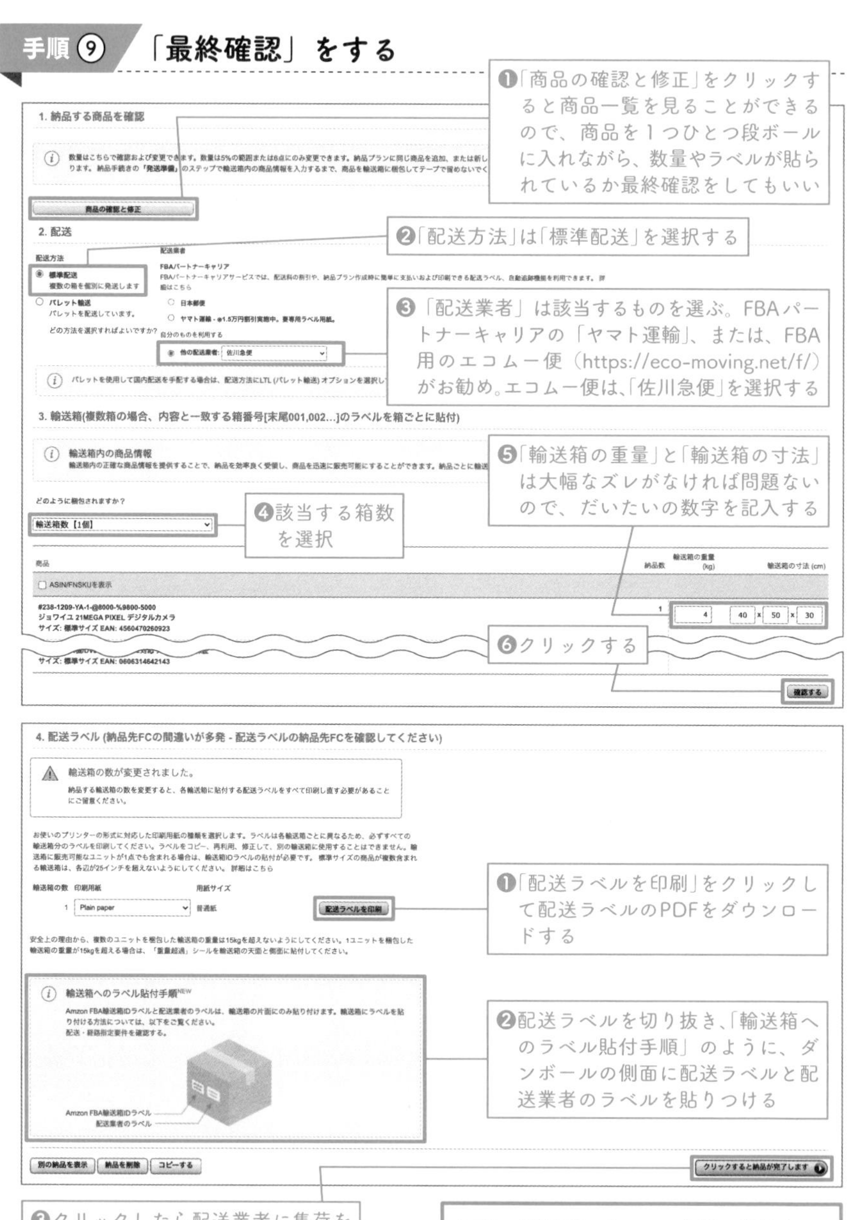

Amazon倉庫へ商品を納品する手順
https://youtu.be/X67w0vCXSs0

「せどり」を管理しよう

せどりで継続的に結果を伸ばしていくためには「管理」をすることが必須になります。ただ、せどりで「仕入れ」が楽しくなってしまうと、管理を疎かにしがちになります。「攻め」るのも重要ですが「守る」ことも同等に重要です。スポーツでも強い選手やチームほど「守り」がうまいです。あたりまえのことですが、「管理」が土台にあったうえでの「経営」ということをしっかりと意識していきましょう。

01

スムーズに売り切るための価格改定方法

ちょっと価格を下げるだけで商品は突然売れるので、毎日チェックするようにします。

POINT

❶ 値づけも値下げも、ルールどおりにすることで売れやすくなる。
❷ 価格改定は、毎日21時くらいにしよう。
❸ 1カ月以上売れ残った商品は、値下げをしないと損をする。

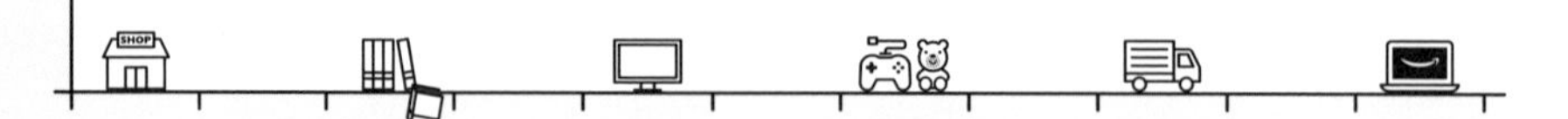

適切な販売スタート価格はいくら？

Amazonでの値づけはとてもシンプルで、**「同じコンディションで出品されている自分と同じ発送方法（FBAか自己発送）の最安値」**となります。自己発送での販売は、送料を含めて同じ値段になるように設定してください。

ライバルに同じコンディションで自己発送しか出品がない場合、FBA出品であれば、送料を含めた総額の5～10％を上乗せした価格の範囲ならスムーズに売れます。ただし、差額はだいたい1,000円くらいが上限だと思ってください。それ以上でも売れることもありますが、販売スピードがだんだん遅くなるので、資金に余裕がないうちはやめておいたほうがいいです。

同じコンディションの出品がない場合は、あなたに相場を決められる権限があるのでラッキーです。新品価格に対して、それぞれ「ほぼ新品」は90～80％、「非常に良い」は80～65％、「良い」は65～50％の間の値段で設定すれば売れやすいです。

新品出品が長期間いなかったり、生産終了などで明らかに希少価値になっている場合は、商品の状態がよければ、以前の新品相場あたりから販売をスタートしても売れる可能性があります。むしろ、以前の新品相場よりも高値で売れる場合だってあります。

Amazonポイントを設定する場合

2015年2月から、出品者は販売価格とともにポイントを設定することができるようになりました。このポイントを設定した分は、販売手数料の計算の中で利益から引かれるので、出品者にとっては実質的な値引きとなり利益が減ってしまいます。基本的にライバルがポイントを付与していないかぎりは、設定しなくていいです。**ライバルがポイントを付与している商品にだけ、ライバルの価格とポイントの両方をあわせましょう。**

中古の値づけは、商品の状態と
付属品の多さのバランスで決めよう！

価格の値下げ方法

出品スタートしてから1カ月は、今まで売れていた相場であればライバルと同じ値段を維持すれば大丈夫です。ただ、それ以上経っても売れなくて、キャッシュフローが悪くなりそうな場合は、どんどん値引きしていきましょう。

値下げのしかたはルールだと思って、ある程度機械的にやっていきましょう。

▼1カ月以上経って売れ残っている商品の値下げのルール（1週間ごとに見直す）

1万円以上の商品	500円から1,000円
1万円から3,000円の商品	300円から500円
3,000円以下の商品	200円
2,000円以下の商品	100円

こうすると値下げをして数日以内に売れることがよくあるので、値下げの効果を感じます。

また、値下げはどれだけ赤字になってもルールどおり実施していきます。値下げしないまま同じ価格で売り続けるほうが赤字幅が増大してしまい、資金回収もできなくなり、次の仕入れができず二重苦になってしまうので気をつけましょう。**赤字処分のない物販なんてこの世に存在しない**ので、気にせずどんどん値下げしていきましょう。

正しく仕入れ判断ができていればトータルでしっかりと黒字になるので安心してください。

ちなみに1カ月以内に販売しようと予測して仕入れても、1～2割くらいは売れ残ることはあります。よほど無理した仕入れでないかぎり、翌月かその次の月くらいには売れていくので安心してください。

出品した商品の3分の1以上が1カ月半ほど経っても売れ残っているのであれば、仕入れ判断が正しくできていないということです。仕入れ判断を厳しくするように改めましょう。

ここが大きなポイント！　適切な価格改定時間

Amazonの商品価格は毎時間変わっているので、最低でも1日1回は価格改訂をするようにしましょう。世間の多くの人がネットショッピングをする時間帯の少し前に価格変更をしたほうが効果的なので、できるかぎりそのタイミングで実施するようにしましょう。

▼人がネットで商品を買う時間帯

曜日では、**週末の金、土、日曜日の売上が大きくなります。**

そのあたりを踏まえて、**毎日21時台に価格改定をするのがベスト**です。もし時間が空いているときは、昼前の11時台にも価格改定をしましょう。

価格改定のやり方

価格改定を毎日するといっても、商品管理画面に最安値を表示するようにしておけば、せどりをはじめてすぐくらいは5分以内で終わるので、日課にするようにしましょう。

手順① セラーセントラルの「在庫」から「在庫管理」をクリックする

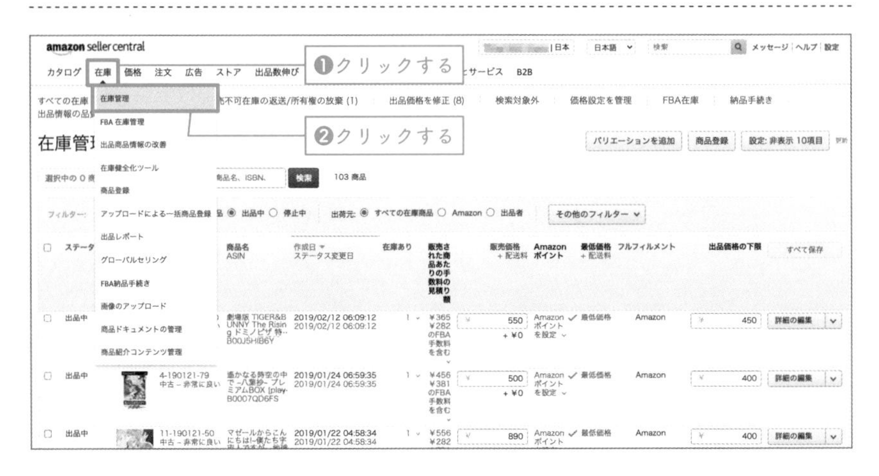

手順② 価格を変更したい商品の「販売価格」にカーソルをあわせて、変更後の価格を入力する

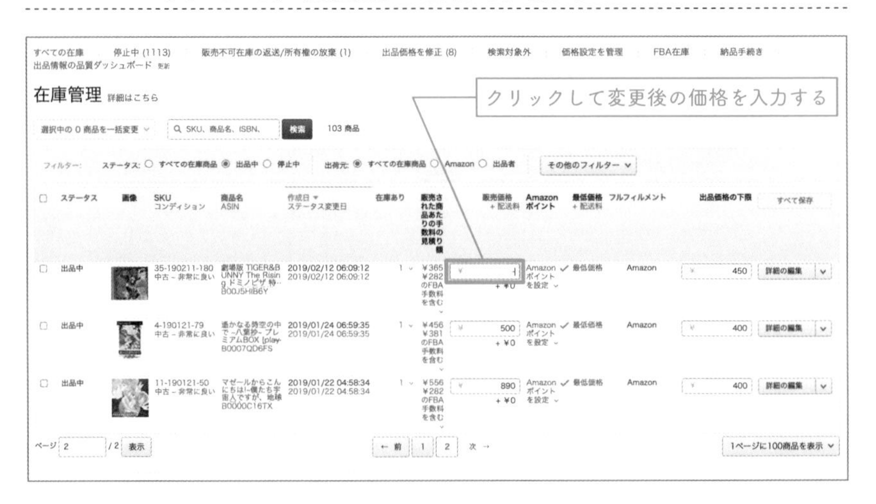

手順③ 変更した「販売価格」を保存する

複数の商品を変更した場合は、右上にある「すべて保存」をクリックで、すべての価格変更が完了できる

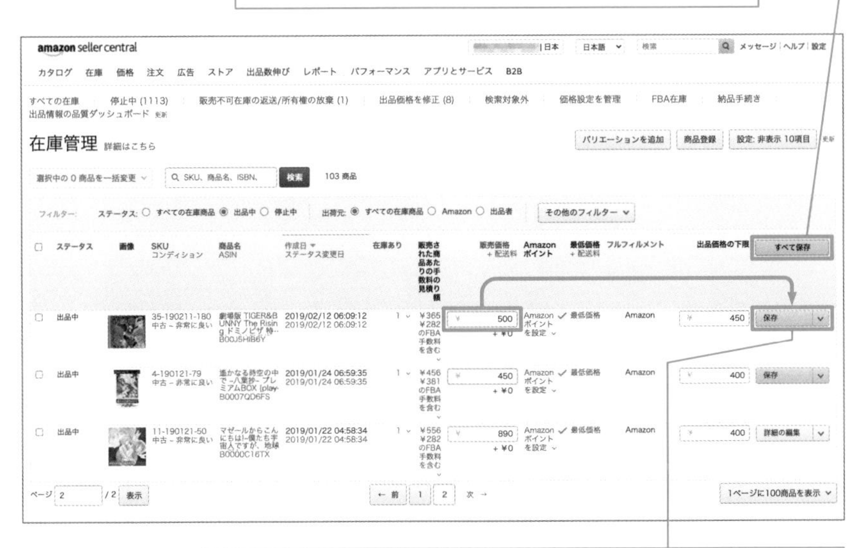

「販売価格」の数字を変更すると「詳細の編集」が「保存」に変わる。1商品だけ価格変更する場合は「保存」をクリックする

では、次節からは自動価格改定のしかたを見ていきます。

02〔価格改定〕

セラーセントラルで自動価格改定ができる

商品量が増えてきたら、値下げ作業を自動設定しておくことで労力が大幅にダウンできます。それでも、在庫管理画面で相場を確認することは毎日続けます。

POINT

❶「価格の自動設定」をしても、価格は自分の目で確認する。
❷ 慣れたら数種類ルールをつくっていく。
❸ 値下げされすぎないように下限価格を設定する。

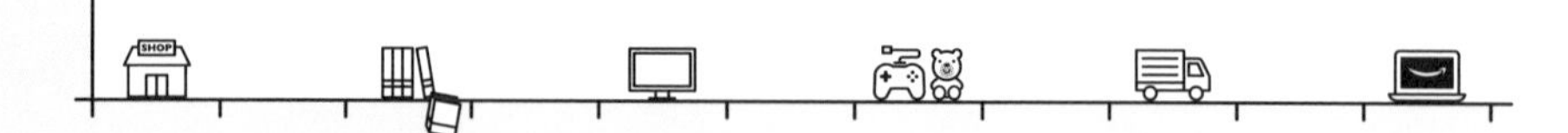

自動価格設定はセラーセントラルを使う

セラーセントラルには、各商品を常時指定したルールどおりに自動で価格改定してくれる機能があります。これを各商品に設定しておくことで販売の機会損失も大幅に減ります。

ここで注意しておきたいのが、Amazonのシステムの不具合です。価格設定しておいたのに、改定されていないことがまれにあるので、在庫管理画面からもチェックするようにします。

初心者の人は下記で紹介するお勧め設定でスタートしてみて、慣れてきたら、状況ごとに分けて、自分オリジナルの価格改定のルールをつくって価格管理をすると便利です。

手順① セラーセントラルの「価格」から「価格の自動設定」をクリックする

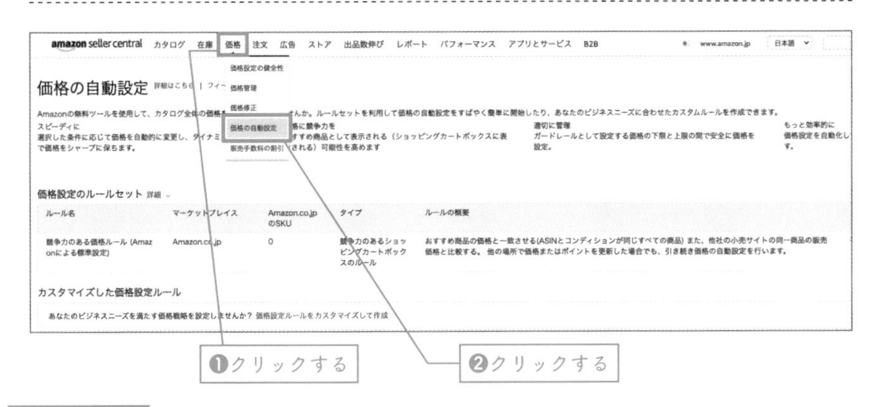

手順② 価格設定のルール名をつける

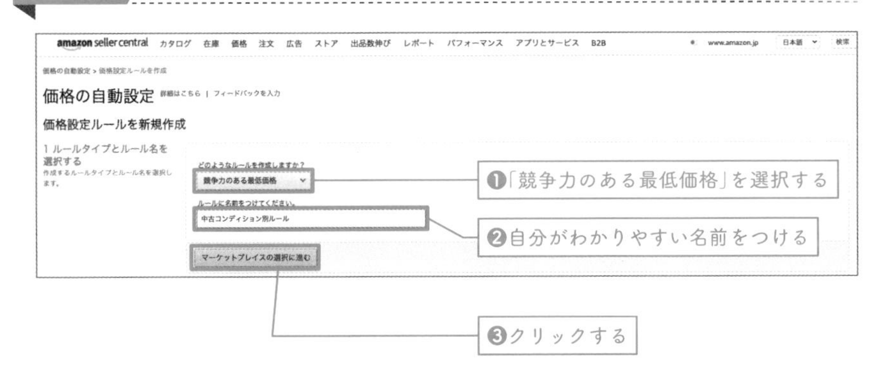

手順③ ルールをAmazon.co.jpで適用する

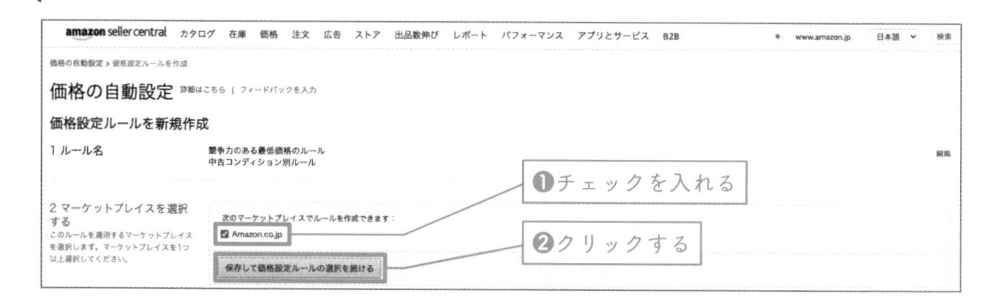

手順④ 価格設定のルールを決めていく

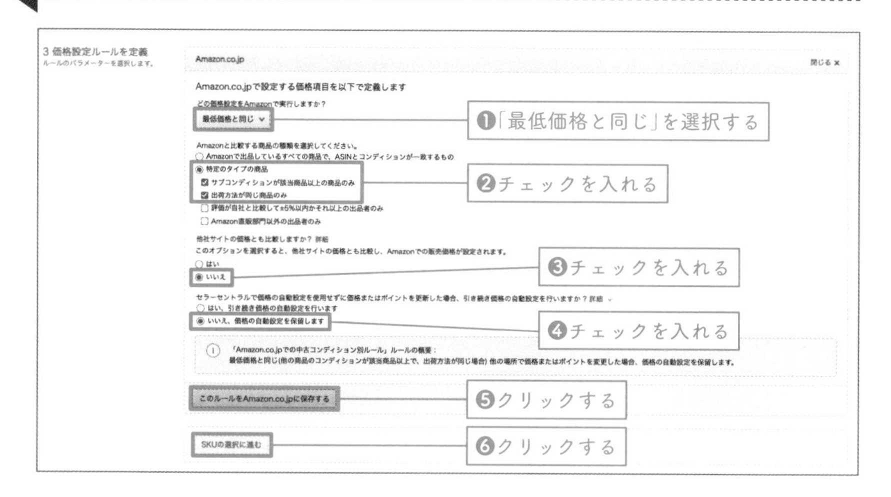

手順⑤ 価格を自動設定する商品を選ぶ

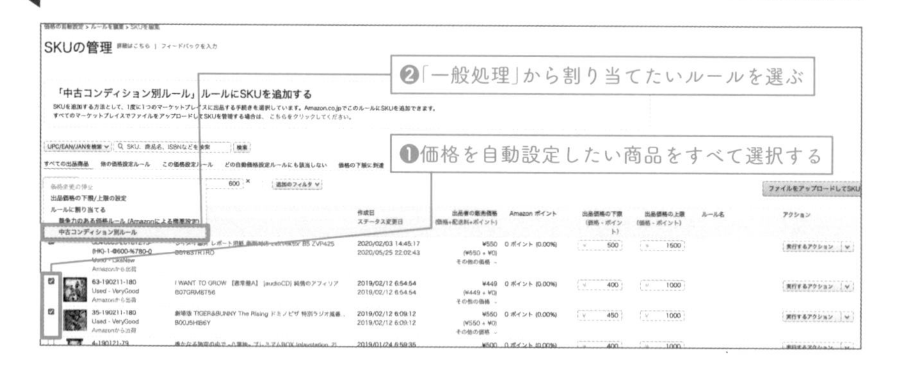

ただし、ツールで価格設定をしていて大幅に安くするライバル出品者がいた場合、自分の商品の価格まで安くなりすぎてしまいます。そこで、下限価格の設定をするようにしましょう。下記の手順のあと、手順⑥ 手順⑦ 手順⑧ と進んでください。２回目以降は「出品価格の下限」が表示されているので、手順⑧ だけやります。

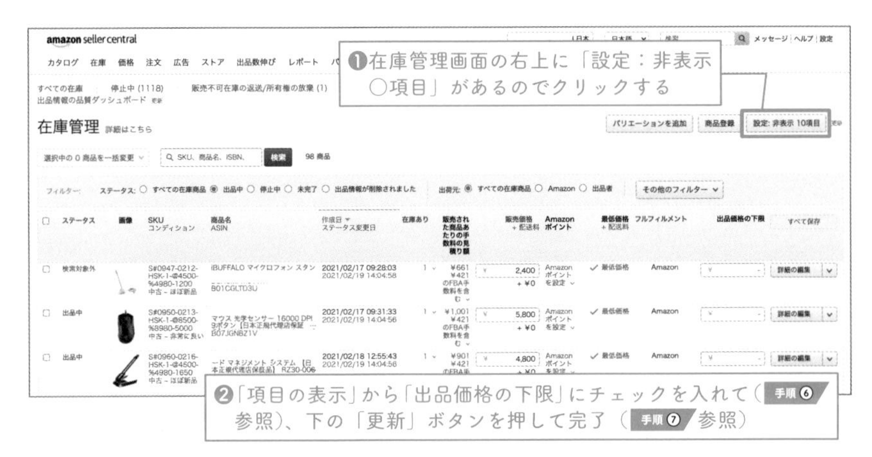

手順⑥ 在庫管理に表示する項目を設定する

ちなみに、私が長年やっている設定をそのままシェアするので、初めは真似してみてください（手順⑥ 手順⑦ 参照）。

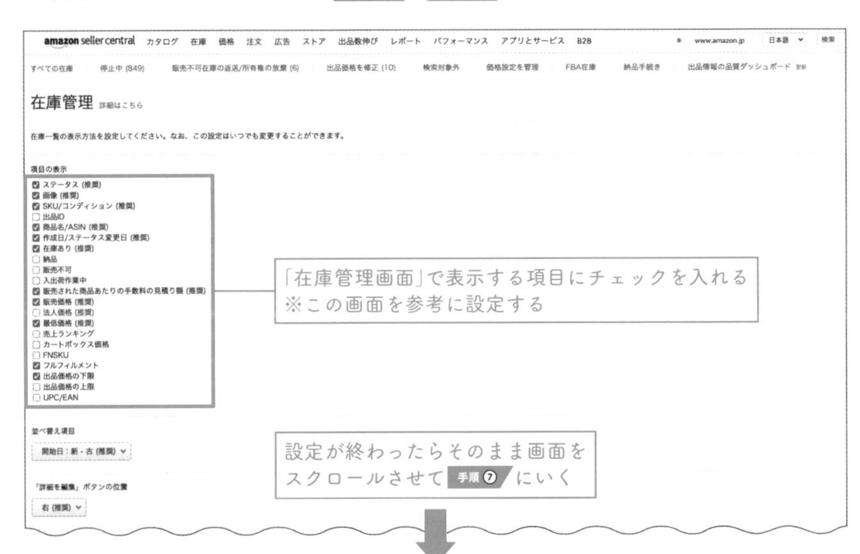

手順⑦ 「最低価格」に表示させる詳細を設定する

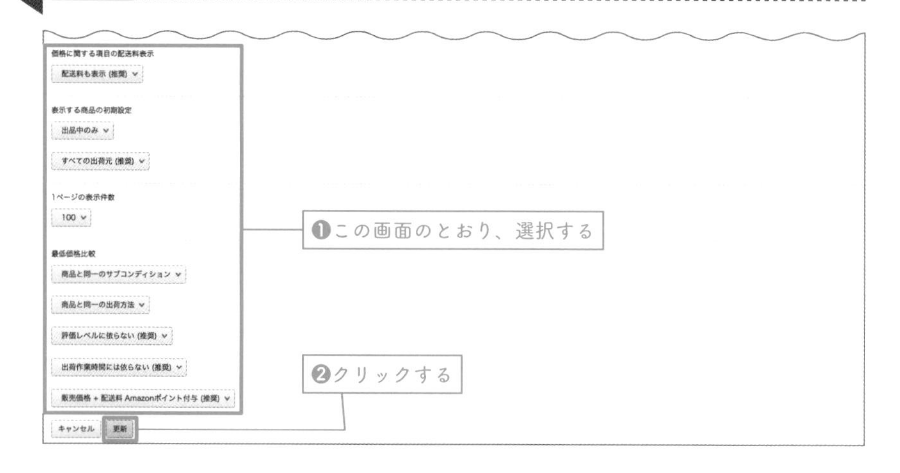

手順⑧ 下限価格の設定をする

「出品価格の下限」を設定しておけば、これ以下の金額で売らないようにできるので価格改定ミスを防ぐことができます。仕入れ価格を入力しておくのも損切りのひとつの目安になります。

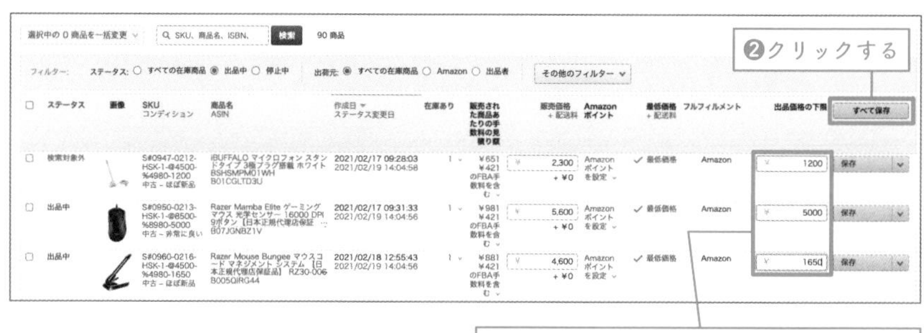

03〔利益計算〕

意外と知らない物販の利益計算方法

在庫額を気にしないで売れた商品だけの利益計算をしていると、知らない間に経営が圧迫されてしまうので気をつけましょう。

POINT

1. 月末在庫を含めて利益計算しないと経営状態がわからない。
2. 粗利益と営業利益と純利益の３つを正しく理解しよう。
3. 営業利益20％を目指そう。

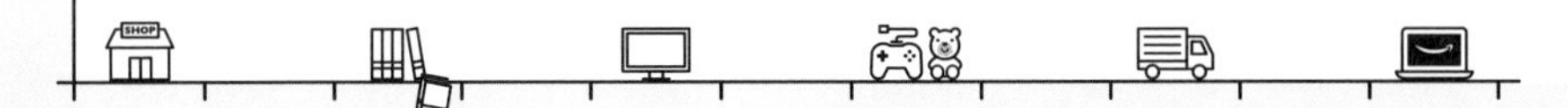

物販の利益計算は月末在庫も含めて算出する

まず、商品ごとの利益の計算方法として、シンプルに下記の式は理解できると思います。

個別に利益を求める計算式

販売価格 − Amazon手数料 − 仕入価格 ＝ 利益

月間の利益は、上記の式で求めた「利益」を月末締めで合計すればいいのですが、それは大変なので、上記の式をもう少しシンプルにしてみます。

月間の利益を求める計算式

Amazonの入金額 − 仕入れ価格 ＝ 利益

とても簡単な式になったのですが、これでは実際の「経理上の月間の利益」とはズレてしまいます。実際の「経理上の月間の利益」とは、商品の月間売上金額（入金額）から残っている在庫も加味して仕入額を引いたものとなります。正しい数式は下記となります。

正しい月間の利益（粗利益）を求める計算式

月間売上金額 − Amazon手数料 −（先月末時点の「在庫の仕入額」
＋ 今月仕入れた商品の金額 − 今月末時点の「在庫の仕入額」）
＝ 利益

カッコの部分の（先月末時点の「在庫の仕入額」＋今月仕入れた商品の金額−今月末時点の「在庫の仕入額」）がわかりにくいと思いますが、言い換えると「**原価**」となります。

数式を順番に説明していくと、**「先月末の時点で残っている在庫の仕入れ総額」に「今月仕入れた在庫の総額」を足して「今月末の時点で残っ**

ている在庫の仕入れ総額」を引くことで「売れた部分の在庫の仕入れ額」が算出されます（右図）。

商売は、その月だけで終わるものではないので、このように先月と今月の在庫量を含めて「原価」を算出します。わかりやすく考えると、1カ月で100万円の売上があったとしても、1,000万円も仕入れていたら全然儲かっていませんよね。だから在庫を含めて計算する必要があるのです。

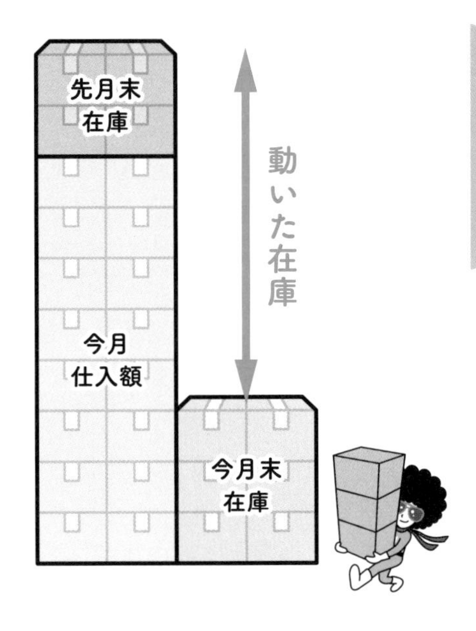

押さえておきたい3つの利益額

一概に利益といっても、実はいろいろな種類の利益があります。ここでは最低限、「**粗利益**」「**営業利益**」「**純利益**」の３つを理解してください。

まず、**上記で説明した利益はすべて粗利益**となります。では、営業利益は下記の式で求めることができます。

営業利益を求める計算式

粗利益 － 経費 ＝ 営業利益

経費とは、仕入れ時の車のガソリン代、ネット代、梱包材費用など、せどりで儲けるためにかかるすべての費用のことです。営業利益とは、この経費を引いたあとに残るお金のことなので、**商売としての実際の儲け額**を意味します。

純利益を求める計算式

営業利益 － 税金 ＝ 純利益

儲けた金額から国に税金を納めて、最後に残った自由に使えるお金が純利益となります。

この３つを覚えておいてください。

このように利益といっても粗利益と営業利益とではまったく違ってきます。せどりのブログなどで利益10万円などと書かれていたりしますが、どの部分の利益かを意識して読むようにしましょう。

せどりとしての利益率は、営業利益が売上金額に対して20％を越えていれば合格です。もちろんいろいろな戦略や考え方があるので、それ以下でも全然問題はありませんが、ひとつの目安として、これも覚えておきましょう。

営業利益が
10％くらいになると
キャッシュフローが
苦しくなってくるので、
15％を切ったときは
利益率改善を
意識しよう！

04〔開業届＋確定申告〕

意外と簡単なので、しっかりやっておこう

確定申告は、その年の1月から準備をしていけば余裕をもって進められます。税務署は、親切に相談に乗ってくれるので、早い段階で1度行っておきましょう。

POINT

1. 税務署に行って、確定申告の精神的ハードルを下げよう。
2. 確定申告は年間の所得が20万円以上が義務。
3. 確定申告は、申告すること自体が最重要。

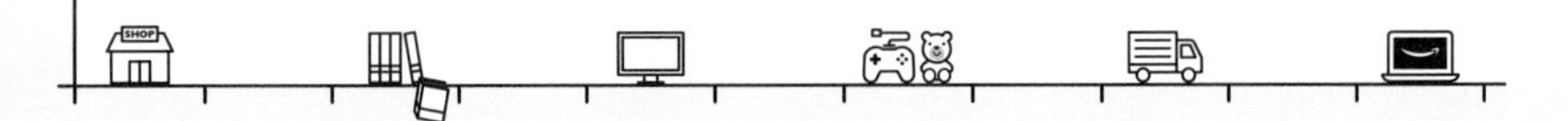

「開業届」は出さなければいけない？

せどりは、継続的に利益を出していくためにやるので、**開業届は義務として出す必要があります。**

開業届と聞いただけで手続きが面倒と思うかもしれませんが、そんなことは一切ありません。1枚の用紙に記入すればいいので、店のメンバーズカードをつくるくらい簡単なものです。私も届け出たときは「え？これだけ？」と驚きました。

開業届のフォーマットと書き方は、国税庁のホームページからダウンロードできます。

「個人事業の開業届出・廃業届出等手続」で
検索してみよう！
〔手続名〕個人事業の開業届出・廃業届出等手続：
https://www.nta.go.jp/taxes/tetsuzuki/shinsei/annai/shinkoku/annai/04.htm

提出は管轄の税務署に行かなくても、郵送でも可能です。ただし、税務署に行くということで税務や経理に関する精神的なハードルが大きく下がるので、1度税務署に行っておくことを強くお勧めします。また、提出は事業開始から1カ月以内というルールがありますが、遅れても問題ないので安心してください。

私は、せどりを初めて半年以上経った確定申告の
ちょっと前に開業届けを出したくらいです
（あまりお勧めできません）。

開業届と一緒に出しておきたい書類が2つあるので、こちらも忘れずにやっておきましょう。

「青色申告承認申請書」を提出すれば65万円控除になる！

青色申告をするためには複式簿記での申告が必須となりますが、青色申告をすることで最大65万円の控除が受けられます。そうすることで手元に残るお金が万単位で増えます。複式簿記は、以前は専門知識をしっかり学ばないとできませんでしたが、今は「弥生の青色申告」「Freee」といった便利なソフトやサービスがあるので、それを活用すれば知識がなくても青色申告ができます。

「青色事業専従者給与に関する届出書」を提出すれば家族に給与を支払える

この用紙を提出しておけば、15歳以上の家族へ給与を支払うことが可能になり、全額を経費にすることができます。上記と同様、手元のお金を残しやすくなります。もちろん、適切な労働に対しての額でなくてはいけません。明らかに多額な給与であれば、税務署から指導される可能性があるので注意してください。

確定申告をしなくてもいい場合

確定申告は、年間で20万円の所得を超えなければ、実はする必要がありません。専業であれば、もちろんこれくらいの額を超えないと成り立ちませんが、副業でお小遣い稼ぎ程度の収益の段階であれば、意外と20万円の所得は超えません。

理由は、予想以上に経費が多いからです。家賃、水道光熱費、保険代、ネット代、パソコン代、交通費、仕入れ時のガソリン代、ツール代、送料、交流会費、梱包資材費、給与など、すべてが経費になります。

もちろん、経費はそれぞれプライベートとの使用割合で按分する必要があります。プライベートで使用した分を差し引いても、経費は少なくとも月に3～5万円くらいにはなるので、お小遣い稼ぎ程度の粗利益だと、事業としての営業利益はほぼ残らないかマイナスになるはずです。

あくまでも目安になってしまいますが、**収入で毎月10万円を超えていたら、経費を差し引いても年間所得が20万円を超えるので、確定申告が必要になるだろうなと想定**してください。

領収書やレシートの保管方法と領収書がもらえないとき

経費の証明方法は、領収書かレシートのどちらかあれば大丈夫です。金額だけが載っているレシートの場合は、何のお店で、いつ、何を買ったかとか何に使ったかを書いておきましょう。また、店の人の手書きのものでも、問題はありません。自分で何の費用か正直に説明できるようにメモとして追記しておけば大丈夫です。

また、交流会の二次会などで割り勘をするときなど、領収書やレシートが出ないときは、100均で売っている「出金伝票」の各項目に記入しておけば大丈夫です。日々の活動記録もつけておけば、経費の情報が紐づくので、税務署の人に説明が必要になっても安心です。

レシートなどの管理のしかたは自由ですが、自分がわからなくなっては元も子もないので、ノートに貼っていくのがお勧めです。大きなカードファイルに1枚ずつ入れて整理している人もいます。またスマホでレシートを撮影するだけで金額を自動入力してくれるアプリなどもあるので、バックアップとして活用しましょう。

確定申告は、申告することに意味がある

せどりで、お小遣い以上の額を稼いでいるのに申告しない人を多く見受けます。その人たちは悪質というよりも、「よくわからない」とか「間違えると大変なことが起こるんじゃないか」という人が多いです。

実は、そんな心配はしなくて大丈夫です。プロの税理士ですらミスがゼロなんてあり得ませんから、素人の私たちが100％正確に申告できるわけがありません。誤解を恐れずに言うと、私たちが自分で確定申告をして間違えても、それが普通なんです。このことは税務署の人も全員わかっています。ですから、自分で経理をして間違えても大きな問題にはなりません。タイトルどおり、申告すること自体に意味があるのです。

本当の意味でしてはいけないことは、申告しないことと悪質な脱税をすることの２つです。

ぜひ、行けるタイミングで税務署に行ってみてください。恐れることなんてひとつもないのがわかります。申告がはじめての人のために、とても親切丁寧に教えてくれます。タイミングによっては講習会をしていたり、税理士さんが来ていて、無料で指導してくれることもあります。私もはじめての申告のときは、このサービスを活用してとても助かりました。

トラブルシューティング

せどりを続けるということは、アカウントを健全に運営していくということでもあります。しかし、トラブルはつきものです。真贋調査、知的財産権、悪い評価、クレーム、返品、アカウント停止など、さまざまなことがあり、特に初めてのときは驚きが大きく、精神的に疲れやすくなります。ただほとんどの場合、ここに書かれている正しい知識で順番に対応していけば､スムーズに解決できます。とにかく冷静になり、落ち着いて取り組みましょう。

01

良い評価のもらい方と悪い評価の消し方

Amazonでは、星3つは悪い評価率としてカウントされてしまいます。お客様に「とても良い」と思ってもらえる商品をできるだけ届けて、良い評価をもらえるようにしましょう。

POINT

1. レビュー依頼で良い評価を早めに貯めよう。
2. 悪い評価はタイミングが違えば消せる可能性あり。
3. 評価は90日経つと変えられなくなる。

評価数が少ないうちは
とにかく良い評価をもらうようにする

どのショッピングサイトでも同様ですが、良い評価がたくさんあればあるほど、購入者から自分の店を選んでもらいやすくなります。特に、はじめのうちはAmazonで良い評価を1件でも多くもらう必要があります。理由は、**良い評価の母数が少ない時点で悪い評価を1件でももらってしまうと評価率が大きく下がり、店のイメージがかなり悪くなってしまう**からです。

たとえば、良い評価が2件ついたタイミングで1件悪いがついてしまうと、良い評価率が66％の店になります。この店からは、できれば商品は買いたくないですよね。さらに、悪い評価はつきやすく良い評価はつきにくいというのが現実です。そのためにここでお話しする方法を徹底的に実践してください。

良い評価をもらう方法

レビュー依頼として良い評価をもらう方法は、公式にはひとつしかありません。これは、Amazonがデフォルトで用意してくれているので簡単です。

セラーセントラルの「注文」にある「注文管理」から、注文された商品の一覧を表示します。**購入されてから1週間以上経った商品にだけレビュー依頼ができる**ので、「1週間前」と表示されている商品まで画面をスクロールして、「注文番号」をクリックします。

手順① セラーセントラルの「注文」から「注文管理」をクリックする

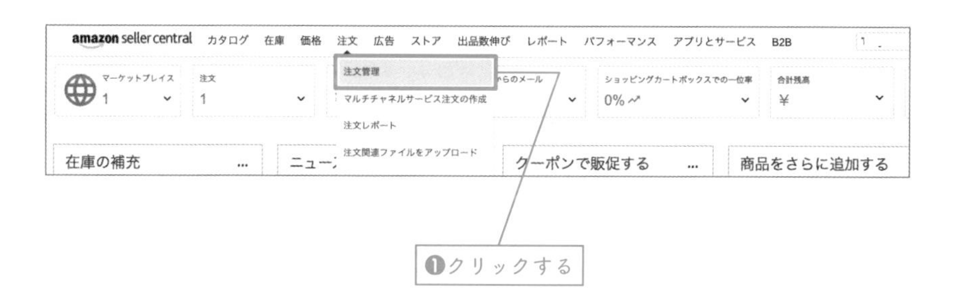

手順② 購入されてから1週間以上経った商品にレビューをリクエストする

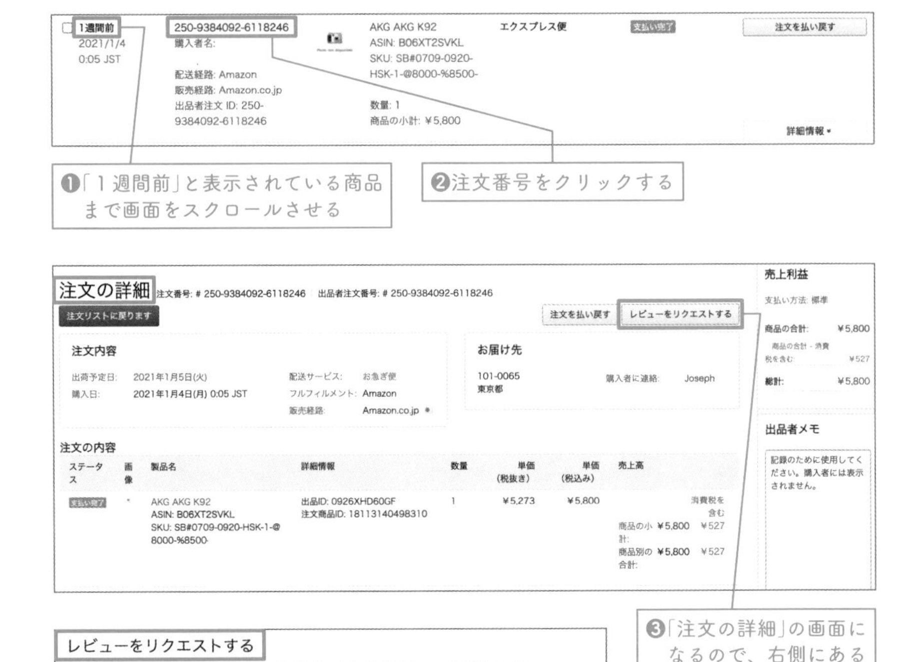

❸「注文の詳細」の画面になるので、右側にある「レビューをリクエストする」をクリックする

レビューをリクエストする

Amazonのシステムでは、購入者へレビュー依頼が無償で自動送信されますので、出品者からレビューを依頼する必要はありません。商品レビューや出品者の評価を（注文ごとに）繰り返しリクエストすることは、Amazonのポリシーに反しています。「レビューをリクエスト」機能を使用することにより、マーケットプレイス・メッセージ管理から追加でレビューリクエストを送信しないことに同意したものとみなされます。

この機能を使用すると、この注文の商品と出品者のレビューをリクエストするEメールがカスタマーに送信されます。レビューリクエストは、自動的にカスタマーの希望する言語に翻訳されます。

この注文のレビューをリクエストしますか？

キャンセル　はい

❹「レビューをリクエストする」の画面になるので、下にある「はい」ボタンをクリックして完了

あとは、良い評価をつけてくれるのを祈るのみです。あまり期待しないで待つようにしましょう。**評価は、商品を数十件販売して1件つくかつかないか**です。場合によっては50件以上売っても1個もつかないときもあります。そうはいっても、やるのとやらないのでは評価してもらえる確率は倍以上違ってくるので、この方法で個別に1件1件依頼していってください。ちなみに**評価がつきやすいのは中古商品で、状態のいい商品を売ったとき**です。お客様が感動して良い評価をつけてくれやすくなります。

悪い評価を消してもらう方法❶ Amazonに削除依頼をする

Amazonでの評価は5点満点ですが、1～3点の評価をもらうと悪い評価として判断されてしまいます。もし、1～3点の評価をもらってしまった場合には、下記の方法を試してみてください。

セラーセントラルの「パフォーマンス」にある「評価」から、該当する3以下の評価の「削除を依頼」をします。そうすると、**確率は高くありませんが評価を消してもらえる場合があります。**

商品が購入されてから90日以上経つと、評価の変更はできないので注意してください。

Chapter 7

手順① セラーセントラルの「パフォーマンス」から「評価」をクリックする

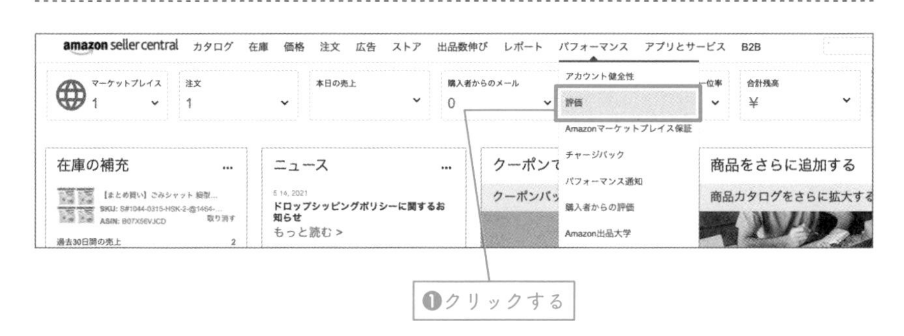

手順② Amazonに評価の削除依頼をする

ここではまず、購入者に直接連絡を取るのではなく、Amazonに「この悪い評価を可能であれば消してほしい」と依頼します。この「削除を依頼」で悪い評価を消せれば、悪い評価も評価の文章もネット上から一切消えてしまいます。

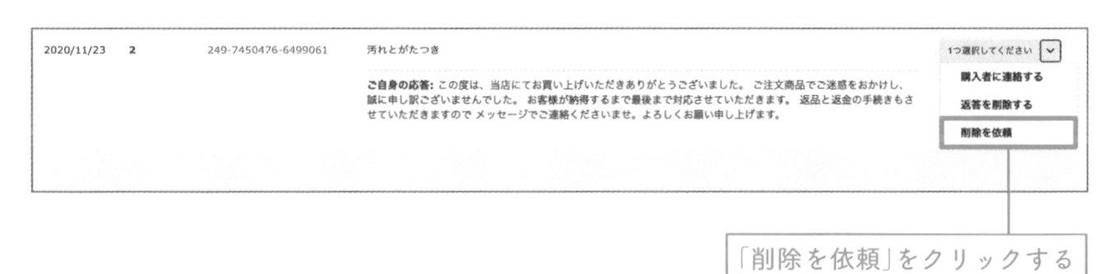

また、そのときはダメでも、なぜか別のタイミングで消してもらえる場合もあります。下記の事例では、1度目は消せませんでしたが、1カ月くらいあけてもう一度依頼してみたら、悪い評価を消すことができました。ただし、これはAmazonのAIの判断によるものなので、なんともいえません。

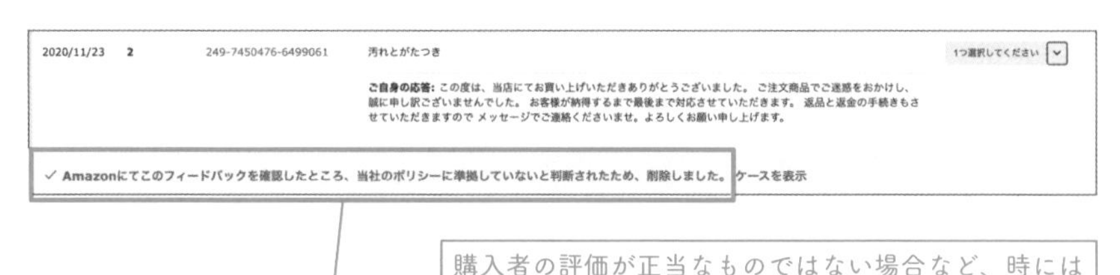

同様に、**Amazonの配送や商品の機能そのものが原因による悪い評価は、ほぼ間違いなく消すことができるので、消せなかった場合はテクニカルサポートに連絡**してみましょう（Chapter1-01）。

悪い評価を消してもらう方法②
公開の返信を投稿して、お客様に削除依頼をする

それ以外の原因で悪い評価が消えないときは、下記の手順でお客様へアフターフォローとしてコンタクトを取り、評価を消してもらうようにします。

ここで書く謝罪文は「悪い評価」の返信として公開されます。

手順① 「公開の返信を投稿」する

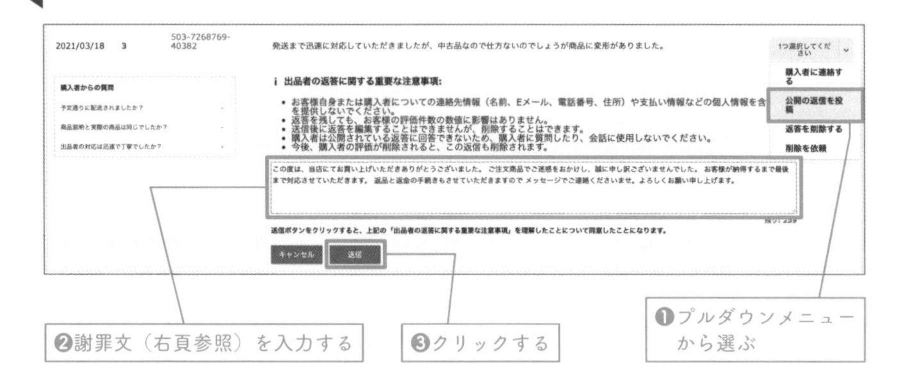

謝罪文例

この度は、当店にてお買い上げいただきありがとうございました。ご注文商品でご迷惑をおかけし、誠に申し訳ございませんでした。お客様が納得するまで最後まで対応させていただきます。 返品と返金の手続きもさせていただきますので、メッセージでご連絡くださいませ。よろしくお願い申し上げます。

手順② 購入者にAmazon経由のメールで連絡を取れるようにする

購入者にAmazon経由のメールで連絡を取るために、悪い評価コメントの左にある注文番号をクリックして、注文の詳細画面のお届け先の「購入者名（青文字）」をクリックします。

手順③ 謝罪文を書いて送信する

「その他」にチェックを入れて、「公開の返信を投稿」と同様の謝罪文を書き、「送信」で完了です。「その他」がグレーアウトしてチェックが入れられない場合は、「注文の出荷に関する問題を通知する」にチェックを入れればメッセージを記入できます。

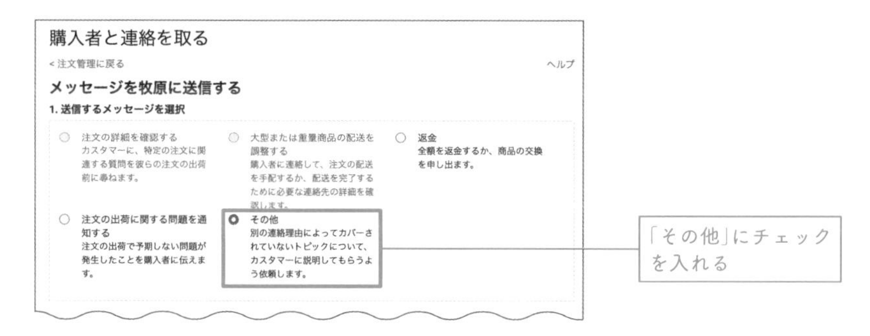

「その他」の項目を選べば、購入者に独自のメッセージを記入することができる（「公開の返信を投稿」と同様の謝罪文を書く）

クリックする

購入者と連絡を取る方法は、FBAであれば個人情報の関係で、この方法だけとなるので、あとは待つしかありません。お客様とコンタクトを取ることができてアフターフォローが完了したら、「レビューをリクエストする」かメッセージでレビューの変更を依頼するようにしましょう。

02

真贋（しんがん）調査対応マニュアル

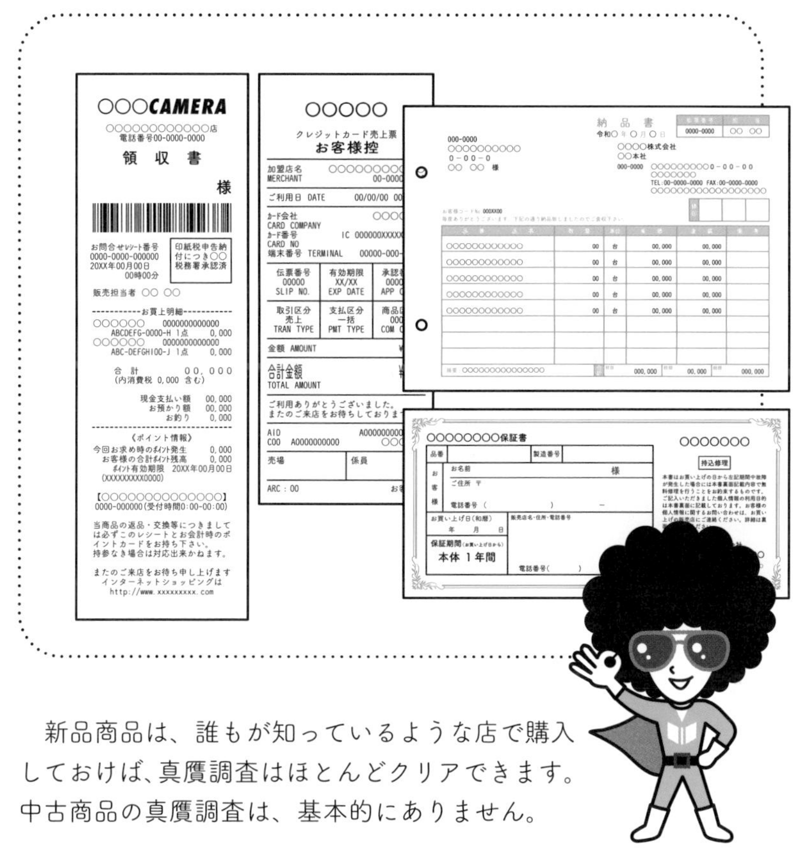

○○○CAMERA
○○○○○○○○○○○○店
電話番号00-0000-0000
領　収　書
様

お問合せレシート番号
0000-0000-000000
20XX年00月00日
00時00分

印紙税申告納付につき○○税務署承認済

販売担当者 ○○ ○○

----------お買上明細----------
○○○○○○　0000000000000
ABCDEFG-0000-H 1点　0,000
○○○○○○　0000000000000
ABC-DEFGHI00-J 1点　0,000

合　計　00,000
(内消費税 0,000 含む)

現金支払い額　00,000
お預かり額　00,000
お釣り　0,000

《ポイント情報》
今回お求め時のポイント発生　0,000
お客様の合計ポイント残高　0,000
ポイント有効期限　20XX年00月00日
(XXXXXXXXX0000)

【○○○○○○○○○○○○○○○】
0000-000000(受付時間0:00-00:00)

当商品の返品・交換等につきましては必ずこのレシートとお会計時のポイントカードをお持ち下さい。
持参なき場合は対応出来かねます。

またのご来店をお待ち申し上げます
インターネットショッピングは
http://www.xxxxxxxxx.com

○○○○○
クレジットカード売上票
お客様控

加盟店名 MERCHANT ○○○○○○○○ 00-0000
ご利用日 DATE 00/00/00
カード会社 CARD COMPANY ○○○○
カード番号 CARD NO IC 000000XXXXX
端末番号 TERMINAL 00000-000-

伝票番号 00000 SLIP NO.	有効期限 XX/XX EXP DATE	承認番号 0000 APP
取引区分 売上 TRAN TYPE	支払区分 一括 PMT TYPE	商品区分 000 COM

金額 AMOUNT
合計金額 TOTAL AMOUNT
ご利用ありがとうございました。
またのご来店をお待ちしております。
AID A000000000
C00 A0000000000
売場　係員
ARC : 00

納品書
令和○年○月○日
000-0000
○○○○○○○○○○
0-00-0
○○ ○○ 様
○○○○株式会社
○○本社
000-0000 ○○○○○○○○○0-00-00
○○○○○○○
TEL:00-0000-0000 FAX:00-0000-0000
○○○○○○○○○○○○○○○○○

品名	数量	単位	単価	金額
○○○○○○○○○○○○○	00	台	00,000	00,000
○○○○○○○○○○○○○	00	台	00,000	00,000
○○○○○○○○○○○○○	00	台	00,000	00,000
○○○○○○○○○○○○○	00	台	00,000	00,000
○○○○○○○○○○○○○	00	台	00,000	00,000

○○○○○○○○○○○○○○○　000,000　00,000　000,000

○○○○○○○○保証書
品番　製造番号
お客様　お名前　様
ご住所 〒
電話番号 (　)　-
お買い上げ日(和暦)　年　月　日
販売店名・住所・電話番号
保証期間(お買い上げ日から)
本体 1年間
電話番号(　)
○○○○○○○
持込修理

　新品商品は、誰もが知っているような店で購入しておけば、真贋調査はほとんどクリアできます。中古商品の真贋調査は、基本的にありません。

POINT

① 真贋調査の本当の目的を正しく理解する。
② 購入時の資料はすべて保管しておく。
③ あきらめずにやり取りすればアカウント再開は高確率でできる。

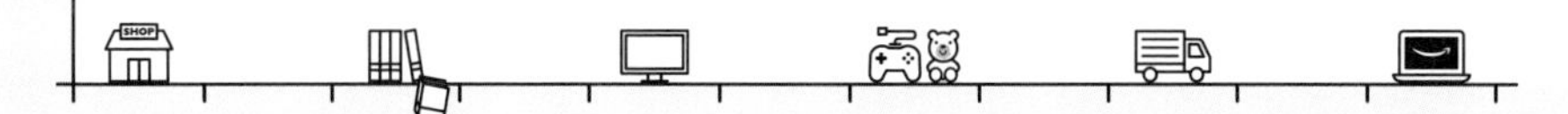

Amazonでは、適当なセラーによって偽造品が多く流通してしまった歴史があり、**商品が偽造品ではないかを確かめるための「真贋調査」**が3、4年前からはじまりました。この調査は、地球上で最もお客様を大切にするAmazon社のポリシーとして、「偽物商品をお客様に届けない」ことが目的です。ちゃんとした正規の商品という証明ができれば、何も心配することはありません。

真贋調査の基礎知識

真贋調査は、「新品」の商品に実施されます。「中古」には、正規商品という証明は存在しないので、基本的に真贋調査はありません。真贋調査が来る確率はそんなにないので、大きく不安に思う必要はありませんが、アカウントが若いほど販売者として目をつけられやすいので注意しましょう。目安として、アカウント開始から半年以内は、確率的には低いですがメールによる真贋調査が突然来る場合があります。

真贋調査のメールで、「アカウント一時停止」の文字だけを読むと精神的に慌ててしまいますが、正しい知識を持っていれば基本的には解決できるので、冷静に対応していきましょう。ほとんどの場合、2～3週間以内の猶予期間があります。それまでに、正規商品の証明資料をAmazonに送ればいいので、時間的には大丈夫です。もちろん、**はじめのメールからできるだけ24時間以内にAmazonへのアクションを起こす**ようにしてください。

真贋調査のために用意しておくものは？

ここで改めて、真贋調査の目的を思い出してみましょう。Amazon社からすると「偽物商品をお客様に届ける」なんてとんでもないことです。逆に、正真正銘の正規品を届けているセラーであれば、それはAmazonというブランドに貢献しているのでAmazon社にとっても大きなメリットとなります。

正規品を証明するために最低限何が必要かというと、シンプルに次ページのものです。

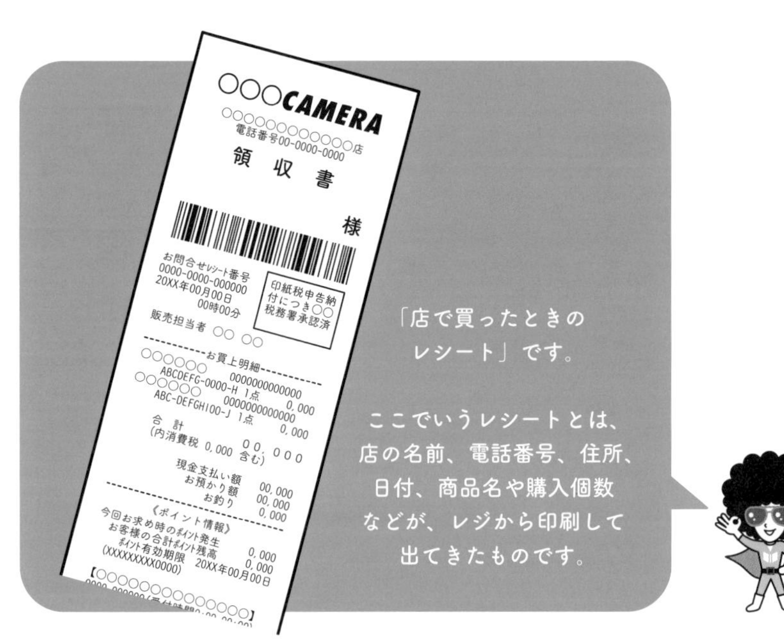

店といっても、できるかぎり世間的に知られている店やチェーン店、直営店がいいです。ヤマダ電機で購入したのであれば、偽物商品が混ざっている確率はゼロということが誰でもわかるからです。それがネットのShop SUZUKIという小さな個人店で買ったとしたら「そんなお店聞いたこともないから、正規品かわかりませんよね」という見解になります。

無名の店舗で仕入れする際は、レジから商品名が印字されたレシートが出る店がいいです。ただ、有名な大型規模の店で仕入れたほうが真贋調査対策になります。

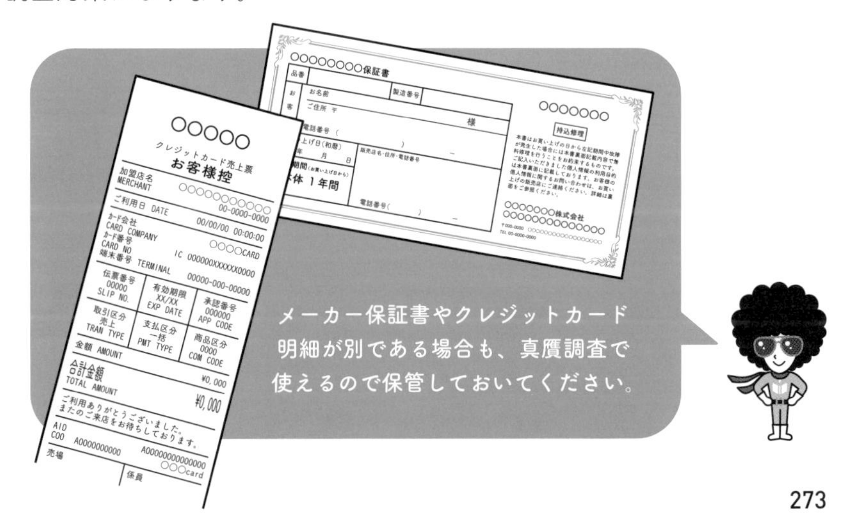

クレジットカードを使う際の注意事項

クレジットカードで仕入れをする場合は、自分の店舗と紐づく名義のカードを使うようにしてください。仕入れのときの名義が違うと、出品した商品が購入した商品と違う物ではないかと疑われてしまいます。

手書きの領収書は真贋調査に使えるか？

また、最近はほとんどありませんが、**手書きの領収書しか出してもらえないお店は正規品の証明ができないので、新品仕入れとしては対象外**としてください。

ネットで仕入れた場合はどうする？

ネット仕入れの場合も、店舗と同様の情報がわかる領収書を発行してもらってください。あまりありませんが、どうしても発行してもらえない場合は納品書を保管しておいてください。**オークションやフリマアプリからの仕入れによる新品出品は、真贋調査では認められない**ので気をつけてください。

真贋調査の対応方法

Amazonから真贋調査のメールが来た場合、対応することはいたってシンプルです。

①真贋調査で該当している商品の購入資料であるものをすべて集めて撮影する（レシート、領収書、クレジットカード明細、メーカー保証書、納品明細など）

↓

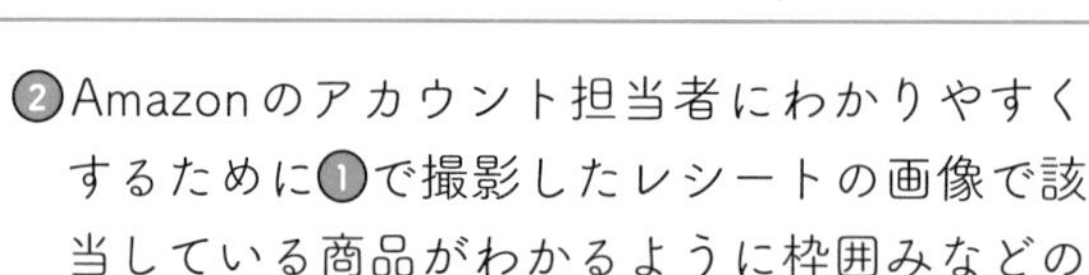

②Amazonのアカウント担当者にわかりやすくするために①で撮影したレシートの画像で該当している商品がわかるように枠囲みなどのマークをつけて、そばにASINを記載して編集する。画像編集ではなく、レシートに手書きで書いてから撮影しても大丈夫。

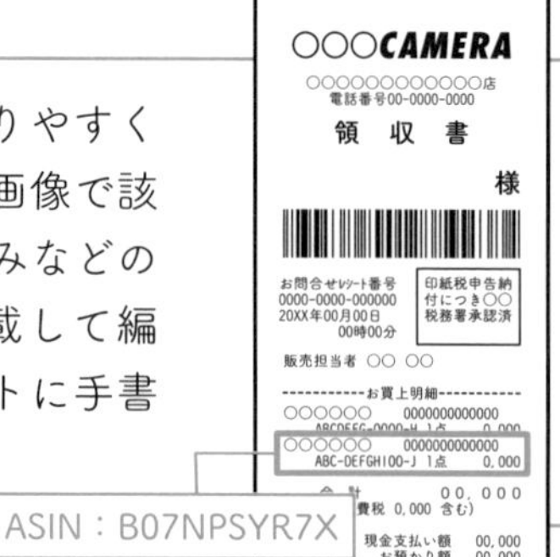

③Amazonから来た真贋調査のメールに、「ASIN」「商品名」「購入日」「個数」「購入店舗情報」を記載して返信する。レシートなどだけでなく文字で記載することで、Amazonのアカウント担当者が画像の情報を確認しやすくなる。当然だが、メールは形式的なビジネス文書として丁寧な言葉を使う。

とてもドキドキしますが、あとは真贋調査の審査を待つだけです。

返信は24時間以内の場合もあれば、数日かかる場合もあります。返信1回目でアカウント停止解除になる場合もありますが、メールのやり取りを5回以上することもあります。資料が不十分だったりすると、長いときは1カ月以上かかる場合もありますが、正規品を仕入れて問題なく商売をしているのであれば、あきらめずに何度もメールを送り続けて証明しましょう。ちゃんと対応していれば、かなりの高確率でアカウント再開にたどりつけます。

このような事態が起こると大変だと思ってしまいますが、**そこまでしてでもAmazon物販はしていく価値がある**ので、それを忘れずにくじけないで対応しましょう。

真贋調査のメールが
来たときの勝負は、
仕入れの時点で
すでにほぼ決まっている。
本物が証明できる店で
購入しよう！

03〔知的財産権侵害〕

Amazon倉庫からすぐに返送する

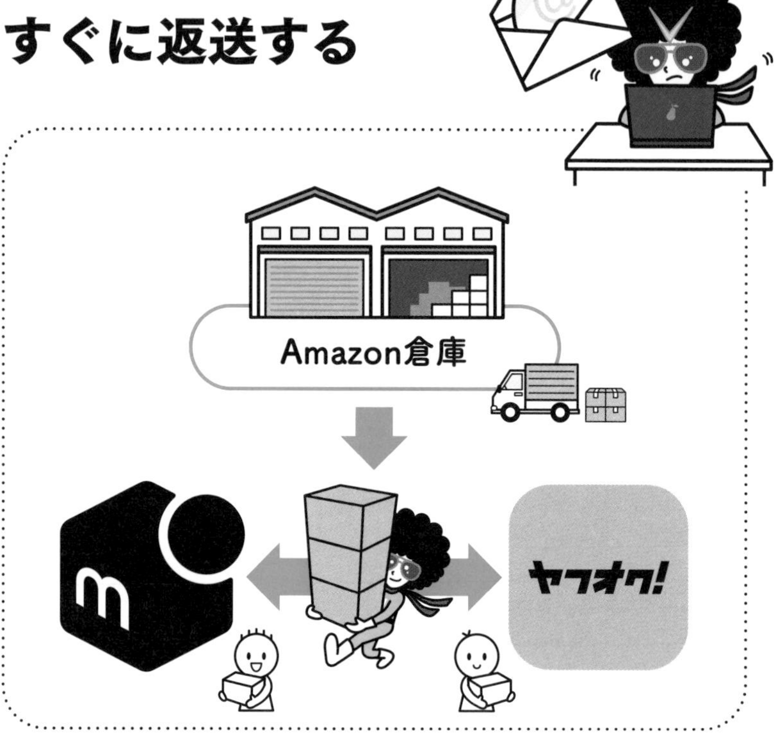

Amazonから知的財産権侵害の通知が来たら、倉庫から速やかに返送しましょう。戻ってきたらメルカリやヤフオク！へ出品すれば解決するので、大きなダメージにはなりません。

POINT

① 2つの知的財産権を理解しておこう。
② 対応方法は、「返送」して「SKU削除」するだけ。
③ アカウントの健全性は週に1度はチェックしておこう。

2つの知的財産権を知っておく

Amazonで商品を販売していると、知的財産権の侵害としてメーカーや著作者（制作者）などからAmazon経由でメールが来ることがあります。基本的には、新品商品に目をつけられますが、中古商品でも来る場合がたまにあります。まずは、下記の2つの知的財産権の概念を理解してください。

著作権 	一般的には、小説、音楽、絵などをつくった人が持っている権利のこと。ここでの本質的な意味としては、芸術作品だけではなく、商品も含めて制作した人が持っている権利になる。実際は、あらゆるものに著作権は発生する。各商品ページの説明文や画像にも著作権がある
商標権 	ここでは、ブランド名とロゴのことと理解しておく。商標は、購入者がほしい商品とほかの類似商品との違いをわかりやすくするためにつくられたもの。商標登録者はそのブランド名とロゴが保護される。スニーカーを買いに行くとき、ブランドや商品名で探すことは多い。それが、靴にメーカーもロゴも書かれていなかったら、どの靴を選ぼうかかなり混乱してしまう。そのようなことにならないために商標権は存在している

知的財産権に関する注意を見逃さない

「知的財産権の侵害」という響きだけで、内容証明とか裁判、アカウントが危険にさらされるなどと思うかもしれませんが、不安になる必要はありません。実際に、裁判になるようなことは通常のせどりの範囲ではありませんし、「知的財産権の侵害」の事例を放置しないかぎりは、アカウント停止になることもありません。Amazonからの「注意」なので、必要以上に恐れずに冷静に対応をしていけば大丈夫です。

この知的財産権の侵害は、メールが来なくてもフラッグがついていることがあるので、週に1度くらいはチェックするようにしましょう。

フラッグがついてしまうと180日間消えない！

手順① セラーセントラルの「パフォーマンス」から「アカウント健全性」をクリックする

手順② 「規約の遵守」の中の項目に「知的財産権侵害の疑い」と「知的財産に関する苦情」という項目があるので、「件数」が1以上になっていたら、該当する項目をクリックする

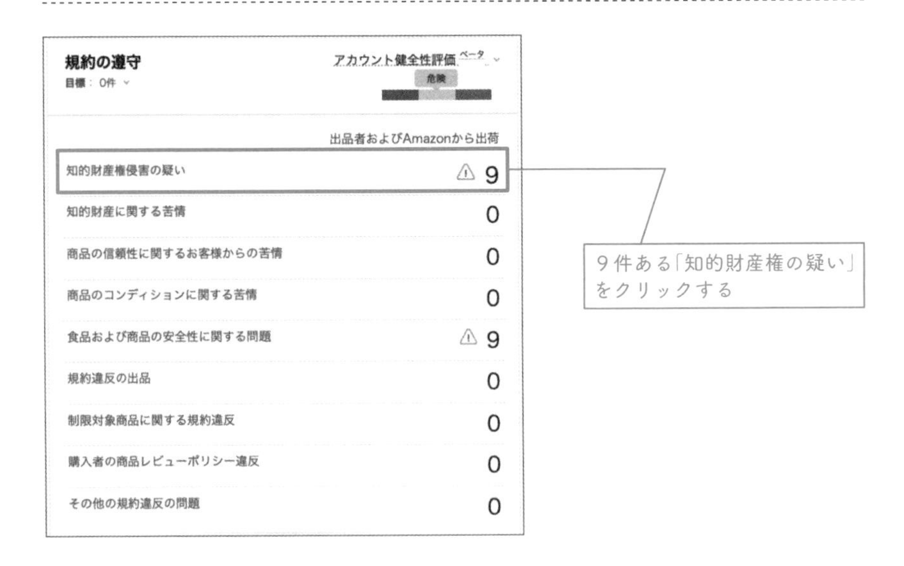

知的財産権侵害の対応方法

対応方法は、「在庫」の画面から該当の商品を返送して、「SKU」を削除するだけです。

手順① セラーセントラルの「在庫」から「在庫管理」をクリックする

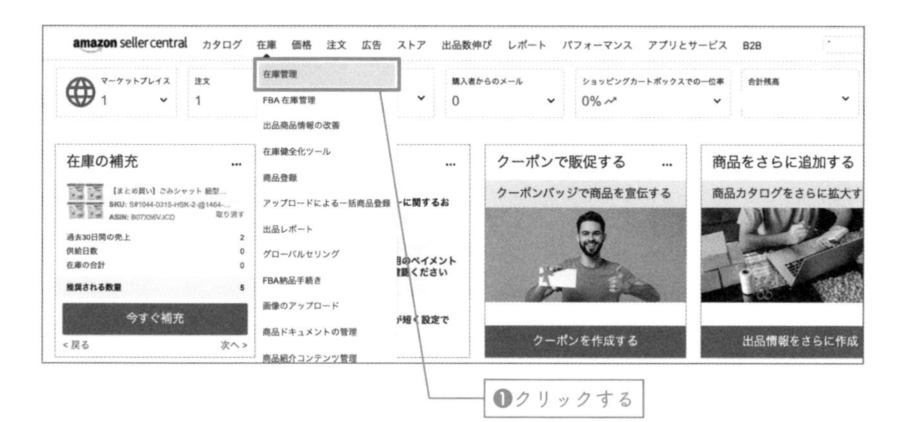

手順② 返送依頼を作成する

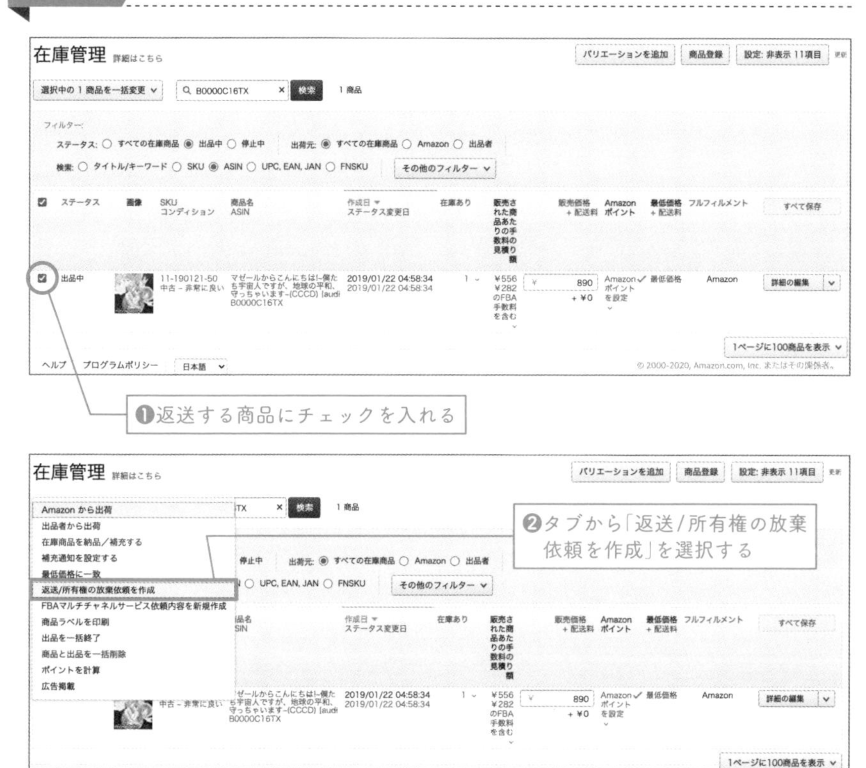

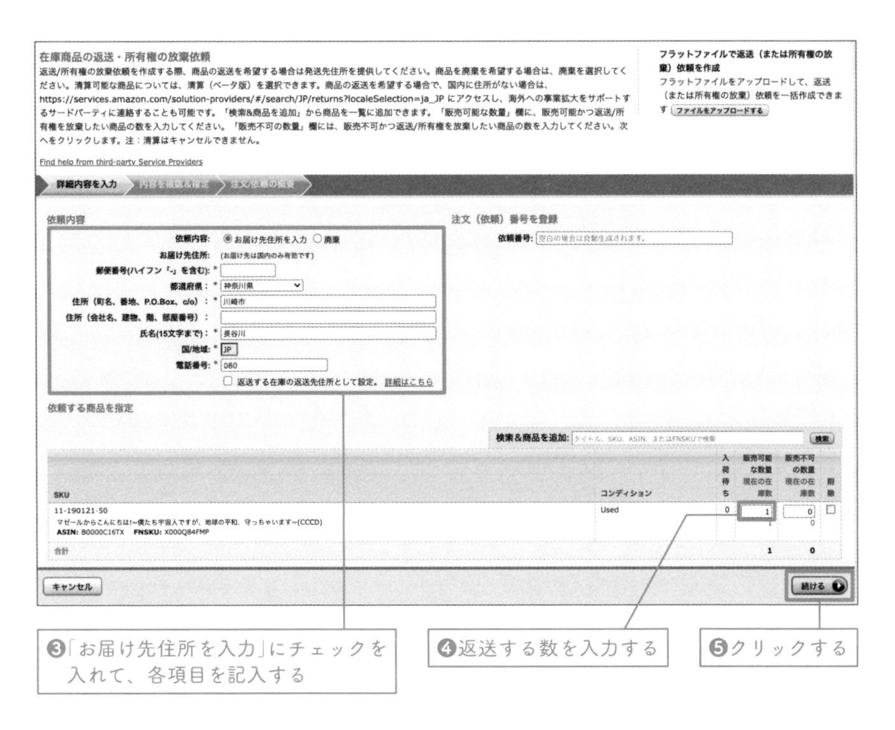
在庫商品の返送・所有権の放棄依頼
返送/所有権の放棄依頼を作成する際、商品の返送を希望する場合は発送先住所を提供してください。商品を廃棄を希望する場合は、廃棄を選択してください。清算可能な商品については、清算（ベータ版）を選択できます。商品の返送を希望する場合で、国内に住所がない場合は、https://services.amazon.com/solution-providers/#/search/JP/returns?localeSelection=ja_JP にアクセスし、海外への事業拡大をサポートするサードパーティに連絡することも可能です。「検索&商品を追加」から商品を一覧に追加できます。「販売可能な数量」欄に、販売可能かつ返送/所有権を放棄したい商品の数を入力してください。「販売不可の数量」欄には、販売不可かつ返送/所有権を放棄したい商品の数を入力してください。次へをクリックします。注：清算はキャンセルできません。
Find help from third-party Service Providers
フラットファイルで返送（または所有権の放棄）依頼を作成
フラットファイルをアップロードして、返送（または所有権の放棄）依頼を一括作成できます
ファイルをアップロードする
詳細内容を入力
内容を確認&確定
注文/依頼の概要
依頼内容
依頼内容: お届け先住所を入力 廃棄
お届け先住所:
郵便番号(ハイフン「-」を含む):
都道府県: 神奈川県
住所（町名、番地、P.O.Box、c/o）: 川崎市
住所（会社名、建物、階、部屋番号）:
氏名(15文字まで): 長谷川
国/地域: JP
電話番号: 080
返送する在庫の返送先住所として設定。詳細はこちら
注文（依頼）番号を登録
依頼番号:
依頼する商品を指定
検索&商品を追加:
検索
SKU
コンディション
入荷待ち
販売可能な数量 現在の在庫数
販売不可の数量 現在の在庫数
削除
11-190121-50
マゼールからこんにちは!~僕たち宇宙人ですが、地球の平和、守っちゃいます~(CCCD)
ASIN: B0000C16TX FNSKU: X000Q84FMP
Used
合計
キャンセル
続ける
❸「お届け先住所を入力」にチェックを入れて、各項目を記入する
❹返送する数を入力する
❺クリックする

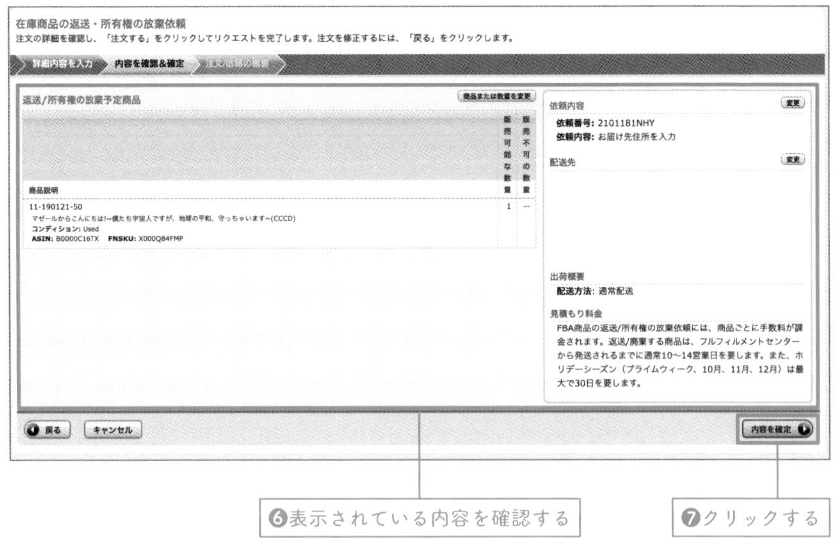
在庫商品の返送・所有権の放棄依頼
注文の詳細を確認し、「注文する」をクリックしてリクエストを完了します。注文を修正するには、「戻る」をクリックします。
詳細内容を入力
内容を確認&確定
注文/依頼の概要
返送/所有権の放棄予定商品
商品または数量を変更
商品説明
販売可能な数量
販売不可の数量
11-190121-50
マゼールからこんにちは!~僕たち宇宙人ですが、地球の平和、守っちゃいます~(CCCD)
コンディション: Used
ASIN: B0000C16TX FNSKU: X000Q84FMP
依頼内容
変更
依頼番号: 2101181NHY
依頼内容: お届け先住所を入力
配送先
出荷概要
配送方法: 通常配送
見積もり料金
FBA商品の返送/所有権の放棄依頼には、商品ごとに手数料が課金されます。返送/廃棄する商品は、フルフィルメントセンターから発送されるまでに通常10～14営業日を要します。また、ホリデーシーズン（プライムウィーク、10月、11月、12月）は最大で30日を要します。
戻る
キャンセル
内容を確定
❻表示されている内容を確認する
❼クリックする

手順③ SKUを削除する

手順② と同様、商品のチェックボックスにチェックを入れて、ここでは「商品と出品を一括削除」を選択します。

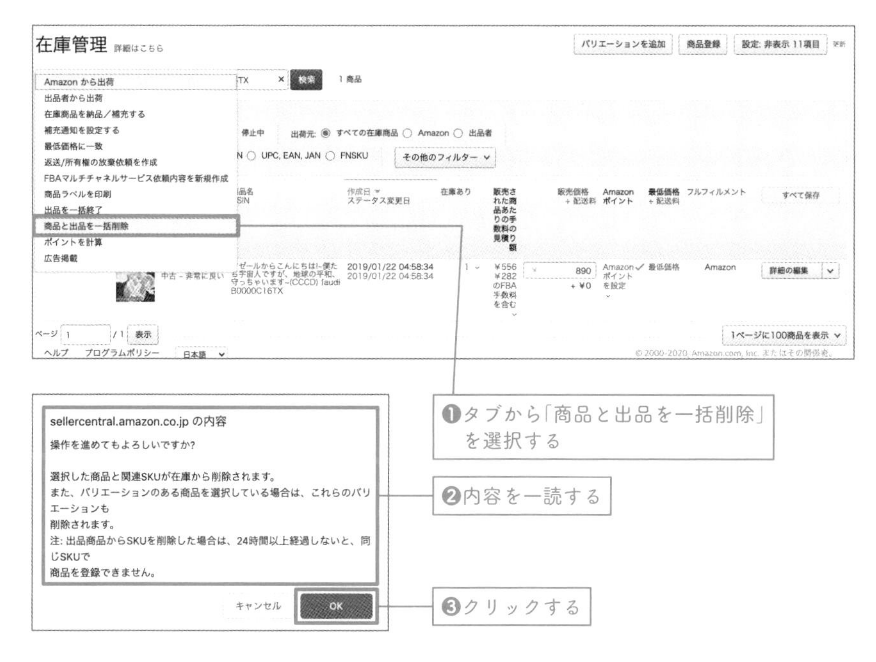

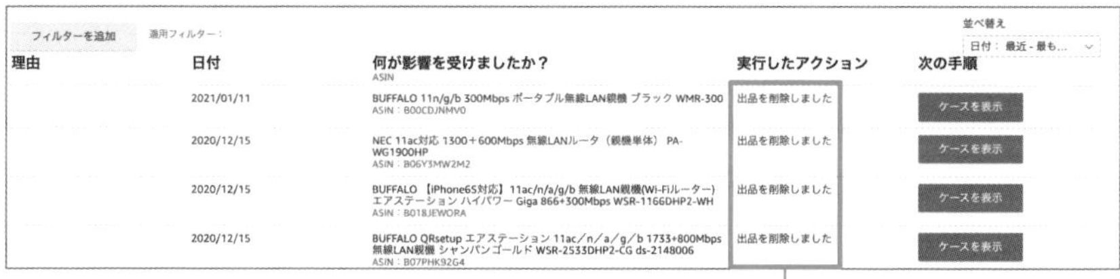

これで「知的財産権侵害の対応」は完了となるので、難しいことは何ひとつありません。

適切に対応すればアカウントに致命的な傷はつかない！

メーカーに謝罪と知的財産権の侵害の申告の取り下げのお願いメールを送る

あとは知的財産権を侵害したことに対して、Amazonからのメールにメーカー（権利者）のメールアドレスが載っていれば、メーカーに謝罪と取り下げのお願いのメールを送り、「知的財産権侵害の疑い」のフラッグを消してもらうのを祈るのみです。メーカーへの謝罪の文章は下記を参考にしてみてください。

ほとんどの場合、メーカーからの返信はないので、取り下げてもらえたらラッキーくらいに考えておきましょう。私は、取り下げてもらったことはありませんが、アカウント停止などにはつながらず健全にアカウント運営ができています。

メーカーに対する謝罪と知的財産権の侵害の申告の取り下げのお願いメール

○○株式会社
担当者様

突然のメッセージ失礼いたします。
Amazonで出店しているABC STOREの○○○○と申します。

この度は、御社の商品の知的財産権、商標権を侵害してしまい、誠に申し訳ございません。

商品は、すでに出品を停止し、今後も御社の許可なく商品を販売しないようにいたします。
ほかにも不手際がございましたらご指摘ください。

改めて、ご迷惑をお掛けしてしまい、申し訳ございませんでした。

ABC STORE
○○○○

また、このような知的財産権の侵害の注意が来る可能性の高い商品には傾向があるので、該当する場合は出品しないほうがいいかもしれません。

知的財産権侵害になりやすい商品の傾向

① 長期間にわたりAmazon.co.jpのみが出品者になっている商品
② メーカーやメーカー正規代理店が出品者にいる商品
③ 日本では無名メーカーの中国OEM生産商品
（商品タイトルや説明文に文字がとても多く、日本語が少しおかしい商品ページ）
④ 出品者数が1日で激減しているタイミングがある商品
（Keepa有料版で見れます）

ライバル出品者が複数いる場合は、仕入れても問題ない確率が高いので出品の目安にしましょう。

基本的に、
メーカーにメールを送れば
大丈夫ですが、
話が複雑になりそうなときは
電話をして
担当者と話す
勇気を持とう！

04〔アカウント再開〕

アカウント停止・閉鎖再開方法

アカウントが停止になったら、できるかぎり24時間以内に、Amazonにメールで謝罪と必要な情報を送ることが、早期復活につながります。

POINT

1. アカウント停止は、高い確率で復活できるので冷静に対応する。
2. システム的に2度と起こりようがない具体的改善策を考える。
3. 謝罪を誠心誠意伝えることも重要。

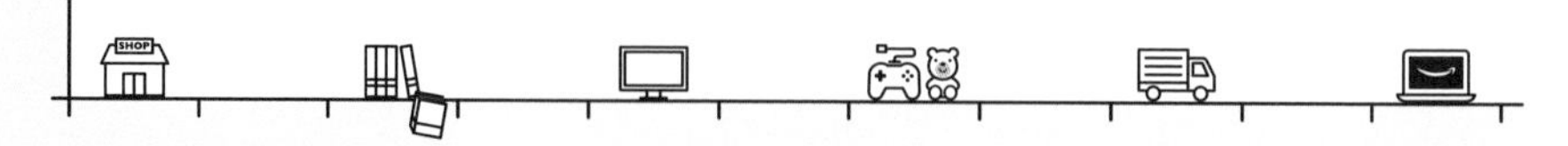

アカウント停止になる理由

「Amazonのプログラムポリシー」に違反した場合は、アカウント停止、または閉鎖の措置がとられてしまいます。

たとえば、「お客様やAmazonからあなたのお店に連絡があっても放置し続けたり」「FBA倉庫への発送の際にダンボールの中にハサミやカッターを入れてしまったり」「販売禁止商品を販売したり」「偽造品を販売してしまったり」などです。

私も1度だけ、間違えて医療機器を販売してしまい「3週間アカウントを停止する」とAmazonアカウントスペシャリストからメールが送られてきました。当時はとても驚きましたが、アカウント停止はほぼ100%に近い確率で復活できるので、取り乱す必要はありません。

アカウント停止の解決方法

アカウント停止の事例は、さまざまなものがあります。ここではすべてのパターンの解決方法をお話しすることはできませんが、本質的な解決方法をお伝えします。

下記のポイントをとにかく考え抜き、Amazonにメールを送ってください。1度目のメールで却下されたとしても、Amazon物販への情熱を送り続けて、5回もやり取りすればアカウントは再開できるでしょう。私の場合は、アカウント停止から3日で再開することができました。

アカウントの再開をお願いするメールのポイント

1. 丁寧なビジネス文書で、アカウントスペシャリストに対してわかりやすく書く
2. 自分に非があることを前提に謙虚な態度で書く
3. できるだけ早い返信をする
4. ミスに対しての謝罪の気持ちを誠心誠意伝える
5. Amazonの指示を引用しながら正確に正直に返答する
6. 同じミスが100%システム的に起こり得ない業務改善案を書く

アカウント再開された文章例

私がアカウントを再開できたときの文章を載せておくので参考にしてみてください。

Amazonアカウントスペシャリスト様

当店のAmazon様における出品の不注意を深く深く反省いたします。

今回、このような医療機器の出品を継続してしまったのは、出品状況を正しく把握できていなかったことに尽きます。今後は、私ともう一人のスタッフとダブルチェックで、出品時と在庫管理時に医療機器が出品されていないかを把握するようにいたします。

今回、医療機器の対象となったのが血圧計の商品だと思うのですが、すでに出品を削除させていただきました。現在、当店からの医療機器の出品は、ほかにないと判断しております。

1．今回発生させた規約違反の内容：
「医療機器販売業許可」が必要な医療器具を、免許番号を記載せずに継続的に出品し、出品規約に違反。
2．今回発生させた規約違反の原因：
商品管理把握の不足、不注意。
3．同じ違反を起こさないための具体的な改善策：
医療機器を出品しないために医療機器（器具）の種類を調べあげました。
血圧計、コンタクトレンズ、マッサージ機、体温計、放射線治療機器、心臓ペースメーカー、ピンセット、ガイガーカウンター、メス、各種治療器などを今後一切出品しないようにいたします。商品自体を仕入れないようにいたします。またAmazonセラーセントラルの制限対象商品（http://www.amazon.co.jp/gp/help/customer/display.html/?ie=UTF8&nodeId=1085374）のページも再度全文読ませていただき、すべての出品禁止商品を再確認したしました。

4．改善策を実施した場合の効果：
Amazon様の規約に一切違反することなく出品を継続することができます。
5．改善策の実施期日：
2019年12月26日。本日、違反商品の出品を取り下げさせていただきました。
6．改善策の効果が見込まれる時期：
2019年12月
7．改善策実施責任者氏名：
○○○○

＊チェックを入れてご提出ください。
(✓)マーケットプレイス参加規約、及び出品規約のページを確認し、理解いたしました。
(✓)本業務改善報告書の内容について虚偽がないことを確認いたしました。

上記の改善策で、当店が規約違反することは一切ございません。今後もAmazon様の規約を遵守し取引をさせていただくことを第一とし、運営して参ります。
その他、不備な点がございましたら改めてご指摘くださいませ。すぐに改善させていただきます。今回の出品停止を深く反省させていただきます。
今後ともよろしくお願い申し上げます。

○○○○○○○○ ―― あなたのお店の店舗名
○○○○ ―― あなたの名前

アカウント停止の場合は、
とにかくあきらめない気持ちが
再開への1番の鍵となる！

Chapter 7

アカウント閉鎖になったらどうする

残念ながら、閉鎖の場合は復活する可能性はゼロに近いと考えてください。その場合、新規のアカウントをつくるしかありません。ただし、**前のアカウントの情報と新しいアカウントの情報が絶対に紐づかないようにする工夫が必要**です。名前、住所、電話番号、銀行口座、クレジットカード情報、パソコン、インターネット回線をまったく違うものにしましょう。

クレジットカードは、Vプリカ（ネット専用のVisaプリペイドカード）でいける場合もあります。アカウント再開後も前のパソコンやインターネット回線は使わないように注意が必要です。在庫商品は返送されてきますが、半分以上は違う販路で売りさばくようにしましょう。新しいアカウントで返品された在庫商品をすべて登録すると、Amazonは前のアカウントと同じだと判断するので、すぐにまた閉鎖されてしまいます。

アカウント閉鎖の場合は、
コストがかかってしまうが、
それでもAmazon物販は
やり続ける価値がある！

05〔セラーフォーラム〕

セラー同士の助けあい掲示板を活用しよう

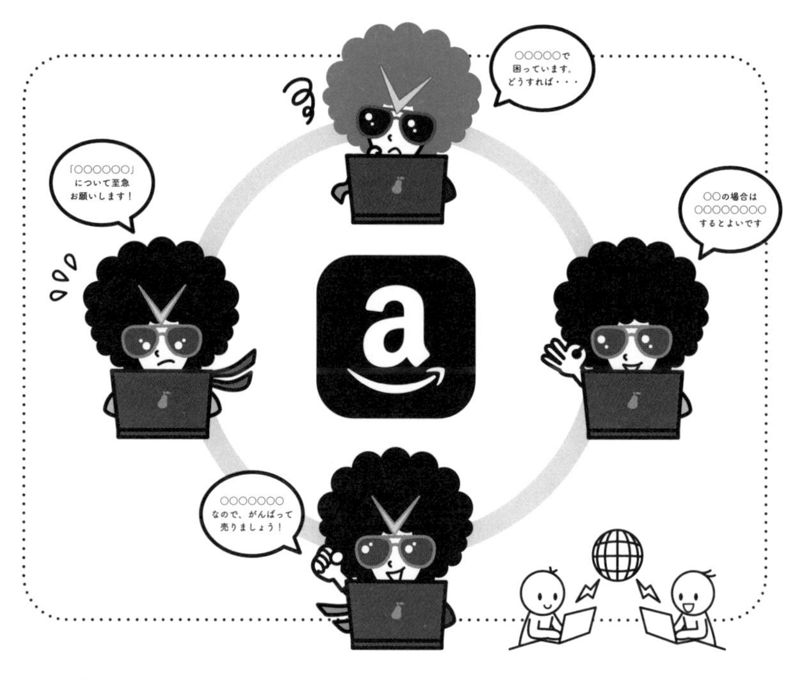

長年のセラーさんが丁寧に教えてくれることもあって、テクニカルサポート以上の情報が手に入ることも多いので、困ったときだけではなく日ごろから全面的に活用しましょう。

POINT

① セラーフォーラムでは、生の活きた情報が豊富にある。
② セラーの意見なので間違った回答もあるので注意しよう。
③ Amazonは常に変化しているので、最近のトピックを重点的に参考にしよう。

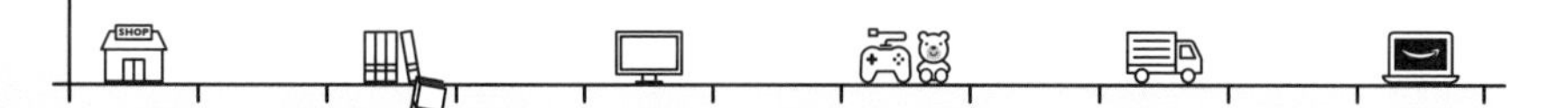

セラーフォーラムとは？

セラーフォーラムは、公式の説明として「Amazonでの出品やAmazonのサービスについて、出品者がアイデアや情報、意見などを交換する場」と記載されています。要するにセラー同士の掲示板です。

すでにAmazonで販売を経験している人からのアドバイスを、複数の人からもらえる場があるのはとてもありがたいことです。やさしいセラーさんがたくさんアイデアをくれます。フォーラムにはAmazonとしての管理人もいて、公式な答えとしての返信をくれる場合もあるので使わない手はありません。

また、今までだけでもすでに15,000件くらいのトピックが挙がっています。きっと、あなたが解決したい問題が起こったときに役立ちます。情報量が多いので、予想外の知識や情報が手に入ることもあります。テクニカルサポートに聞く前に、事前情報を調べてみたり、テクニカルサポートでの回答が今ひとつだった場合にも活用できます。

私もはじめて質問したときは、内容の濃さに驚きました。寝る前に質問を投稿したのですが、朝起きたら２件もいい回答が返ってきていました。注意しておきたいのは販売者としての意見なので、それが**Amazon的には100％正解ではない回答もある**ということです。また、Amazonは常に変化し続けている企業なので、時期が違えば答えが違うこともあるということも、覚えておいてください。

それでは、便利すぎるセラーフォーラムの検索方法と質問のしかたを見ていきます。

ネット内のコメントなので、
ほかのSNSのように荒れた雰囲気で
書いてる人もいるが、いい情報のほうが
多いので、そこに意識を向けよう！

セラーフォーラムでトピック検索をする方法

セラーセントラル右上の「ヘルプ」をクリックすると項目が出てくるので、「セラーフォーラムを開始する」をクリックします。

手順① セラーフォーラムを開始する

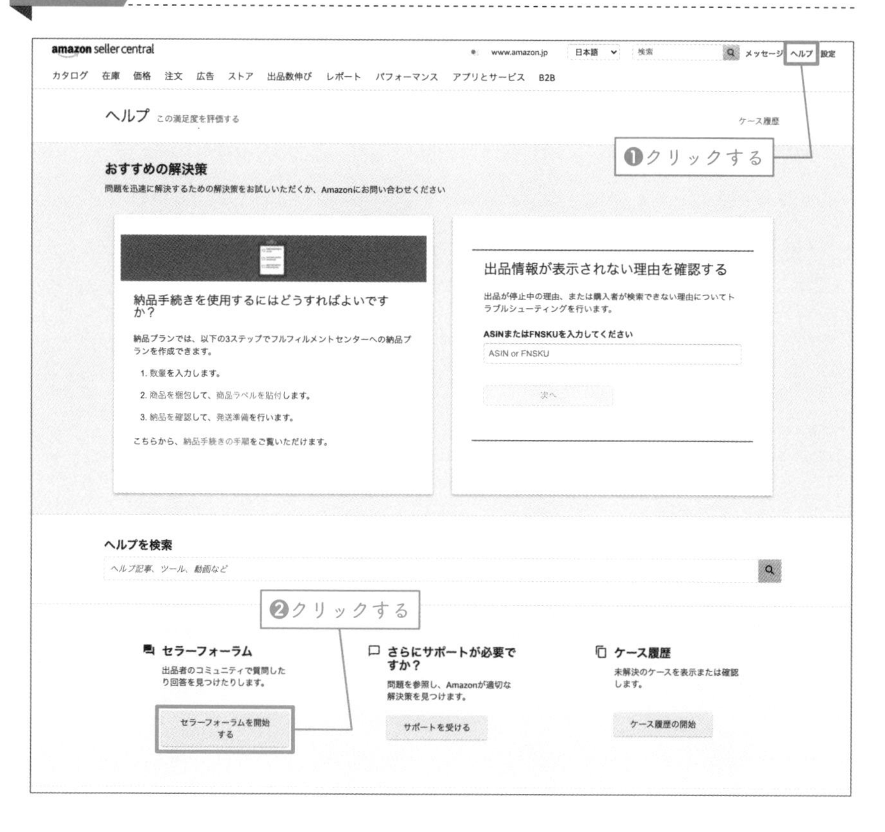

手順② アカウント名を変更する

セラーフォーラムのディスカッション項目の一覧ページになるので、まずはセラーフォーラム内でのアカウント名を変更しておきましょう。**デフォルトでは、アカウント名がセラー名のままになっているので変えたほうがいい**です。

右上の人の形のアイコンにカーソルをあわせると、画像のようなポップアップが出てきます。そこのアカウント名をクリックします。左サイドバーの「アカウント」の項目を押すと右端に「設定」アイコンがあるのでクリックします。そこの「ユーザ名」と「名前」を編集して「変更を保存」をクリックしてください。変更は何度でもできるので、適当でも大丈夫です。

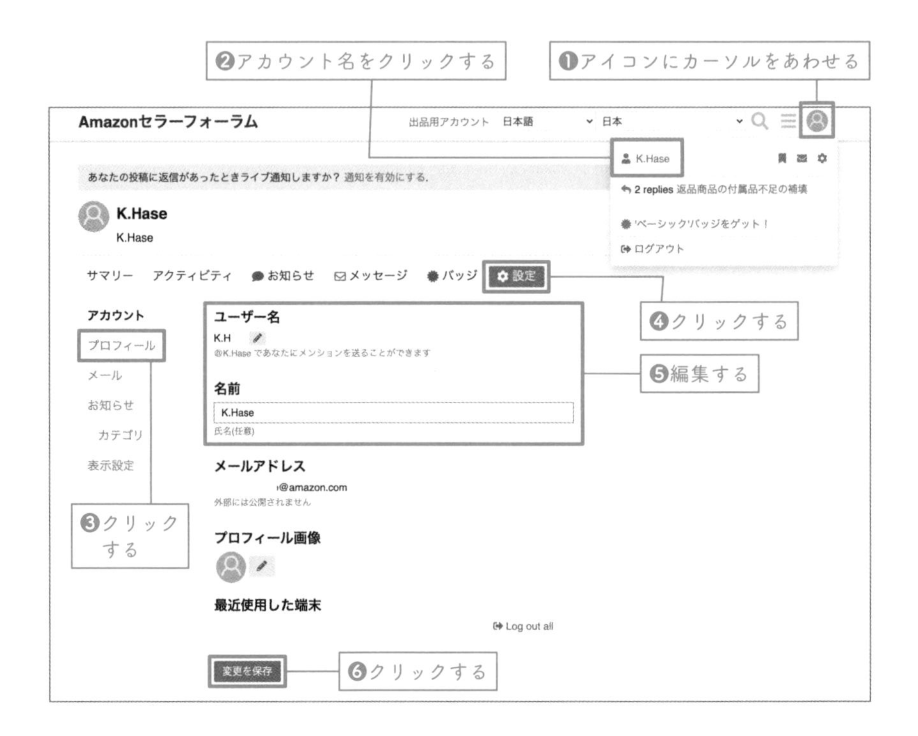

手順③ 検索する

先ほどのディスカッション項目の一覧ページに戻り、右上の虫メガネのアイコンをクリックすると検索枠が出てきます。

手順④ 詳細検索を活用する

自分が調べたい項目がたくさん出てくるので、右サイドバーにある「詳細検索」も活用しましょう。特に「カテゴリ」をプルダウンメニューから選んで「タイトルが一致するもの」などにチェックを入れると、より求めている情報が出てきやすくなります。「並べ替え」を選んで、「最近の投稿」順にするのもお勧めです。設定を少しずつ変えて、いろいろな情報を読んでみましょう。

❶「詳細検索」でトピックを絞り込む設定をする

カテゴリーを変えて調べてみると、
よりいい回答が見つかる場合もある！

セラーフォーラムで質問を投稿する方法

ディスカッション項目の一覧ページで、右上の「＋新規トピック」をクリックすると下に入力欄が表示され、新規でトピックを作成できます。

手順① 自分でトピックをつくってみる

手順② 作成したトピックの確認や編集をする

先ほどの 手順② のセラーフォーラムのアカウントを編集したときのページで「アクティビティ」の項目を選択し、左サイドバーの「トピック」の項目からできます。

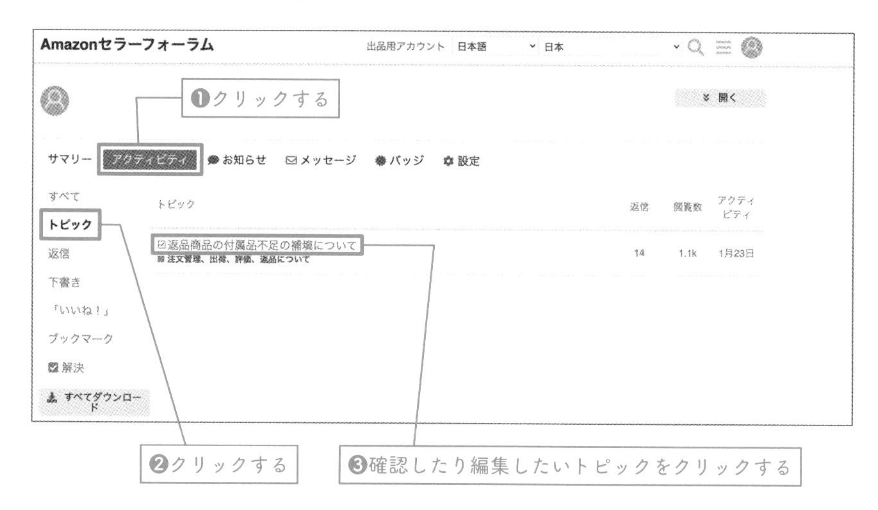

いろいろな視点から意見をもらって、役立ててください。また、反対的な意見がある場合もたまにありますが、わざわざ時間を使ってくれているので、返信をくれたこと自体には感謝をしましょう。

Chapter 7

06

返品とクレームに正しく向きあおう

お客様の勘違いのクレームもありますが、最初から最後まで冷静に対応することが、最もスムーズに解決できる1番の方法です。

POINT

① お客様の返品理由は信じてはいけない！
②「販売不可」の判断をされても、Amazonで再販できる商品は多い。
③ 補填は、準備をしておけばしてもらえる確率が高い。

返品レポートを確認しよう

Amazonでは、返品があった商品について、理由や商品が戻ってきたときの状態を「返品レポート」ですべて知らせてくれます。返品があった場合、そのまま販売できる商品は自動で再出品されますが、「販売不可」になる場合のほうが多いです。その理由は、再販して再度「返品」されるリスクを下げるためです。Amazonも状態が極めて良いと判断できなければ再販しない方針です。

お客様の返品理由が「妥当」ではないこともとても多いです。Amazonに精通しているお客様であれば、お客様都合の返品になると「返送料」がお客様負担になるのを知っています。それを避けるために、返品理由を適当な内容にしてしまうケースも多くはありませんがあります。また、単純にお客様の思い違いのような理由も多いので、返品理由に「商品が壊れていた」と記載があったとしても鵜呑みにしないようにしましょう。

返品された商品の動作確認を完璧にするのは不可能なので、マウスやイヤホンなど簡単に基本的な動作確認ができるものはしてみて、問題がなければAmazonで再出品します。ただ、日常で継続的に使用しないと動作確認ができないような商品は、ヤフオクやメルカリなど、ほかの販路で売ったほうが無難です。Amazonで再販できないものは1割以下なんて低い数字ではなく、半分くらいはあります。Amazonで再販するのが、最も早く高く売れることがほとんどなので、できるだけそうしてください。それでは、返品レポートの表示の仕方をお伝えします。

セラーセントラルの「レポート」から「フルフィルメント」を選択します。左サイドバーの「商品の返品や交換」の項目に「返品レポート」があるのでクリックしてみてください。確認だけの場合は、「オンラインで閲覧」のタブから「レポート期間」を指定して「レポートの生成」で表示されます。「商品の状態」が「販売可」以外は、チェックするようにしてください。「購入者の返品理由」は返品時に選択肢から選ばれたものですが青文字でアンダーラインがあるものは、クリックすればお客様が記入した返品理由を見ることができます。

返品されても商品価値はそこまで変わっていないことが多いので、心配しすぎないようにしよう！

▼返品レポートで具体的な返品理由を確認しよう

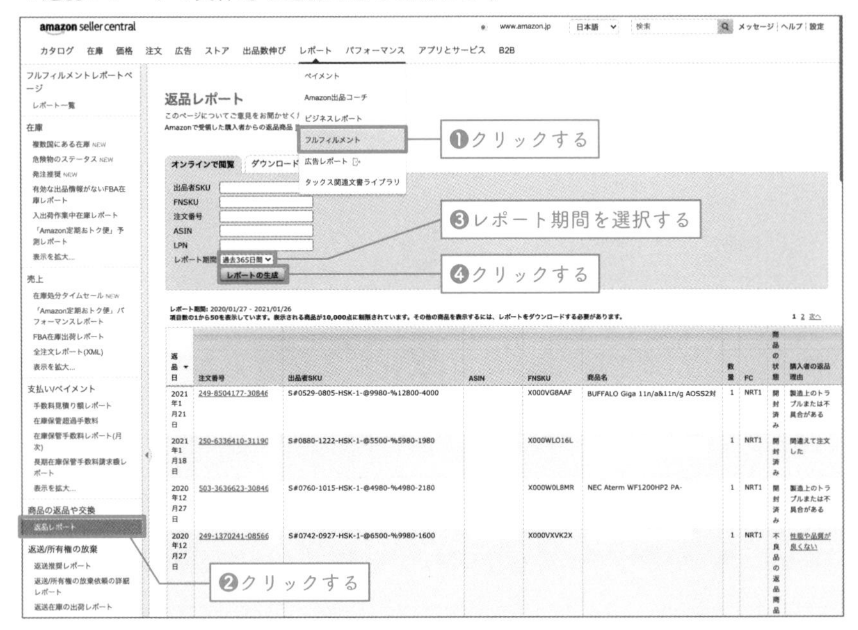

返品があると気分が落ち込む人がいますが、ビジネスとして物販をしているのであれば当然のことなので、気にする必要はありません。そもそも、物販は商品が物理的に消滅しないかぎりは価値がゼロにならないので、とても恵まれたビジネスです。

高い確率で補填してもらう方法

返品されたときに、納品時にあったものがなくなるというケースが稀にあります。そのような場合、Amazonに補填してもらえるケースも多いので覚えておいてください。ただ、そのためには納品時にあったものを証明する必要があります。そのために下記の事前準備をして出品します。

- 中古の出品画像は、元のデータをSKUごとにパソコンへ保存
- 商品写真は、本体と付属品全体を捉えた画像と個々の画像を撮っておく
- 型番や識別コードなどの明記があれば画像を撮っておく
- 商品説明文は、付属品について何が付属しているかをすべて書く

返品時に付属品の欠品が発生した場合は、下記を撮影します。

- 返送時のAmazonの梱包状態と箱を開けたときの画像
- 返品書（商品名が書かれた感熱紙）とシュリンクに巻かれた商品全体（または、外箱の状態）の画像
- シュリンク（外箱）を開け、中の商品を部品ごとにならべた画像

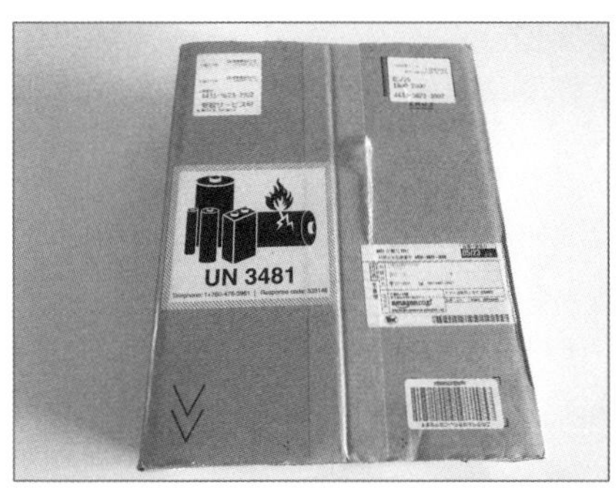

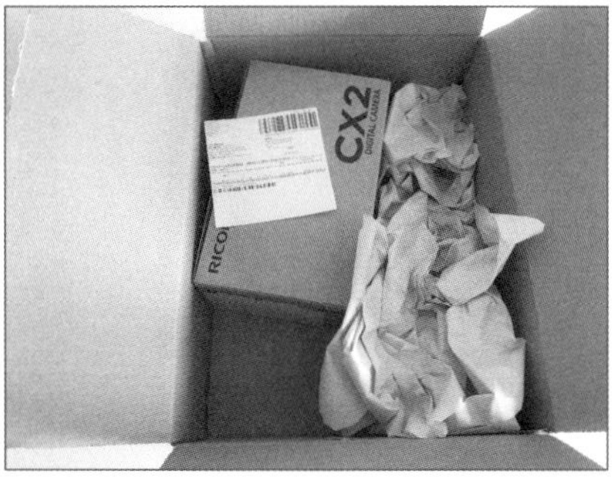

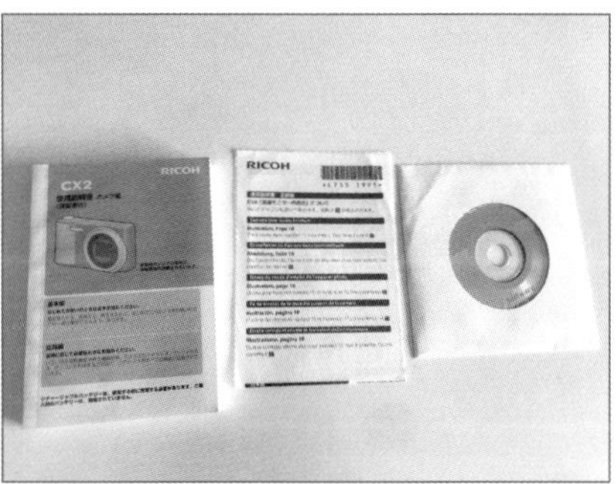

▲上記の場合、バッテリーの充電器が紛失されている

不足している付属品を記載し、納品前と返品後の画像を添付してAmazonにメールを送信します。こうすれば高い確率で、一部補填してもらえます。新品については証明がしづらいので補填されにくいですが、未開封の状態の画像や説明書に載せてある付属品を伝えることで返金してもらえるかもしれません。ただ、補填されるのはケースバイケースなので、深追いしすぎるのは時間とエネルギーの無駄になってしまいます。新しい仕入れのためにリサーチすることも忘れないでください。

どんなクレームでも乗り切る方法

お客様からクレームが来てしまったら、どのような場合でも下記の3点を伝えるようにしてください。

- **自分の店から買ってくれた感謝**
- **迷惑をかけてしまったことへの謝罪**
- **最後まで、お客様が納得するまで責任をもって対応する**

この3点を伝えながら、起きた問題に対応すれば大きな事態に発展することはありません。はじめから怒鳴りつけるようなお客様はいませんし、ちょっと怒っているくらいのお客様でも、丁寧に対応することですぐに理解してくれます。8年以上Amazon物販をしてきて、今までお客様と揉めたことがない方法なので、実践してみてください。

対応したあと、お客様から3、4日ほど経っても返信がない場合は、テクニカルサポートに「反応がないので、今後の対応をどうすればいいか？」と連絡してみましょう。FBA出品の場合、お客様に電話連絡することはできませんし、返信を読んでいない可能性もあるので、大きな問題になるのを防ぐことができます。また自分の店から買っていないのに、勘違いしてメッセージを送ってくるお客様もいます。違和感を感じた場合は、注文管理画面で過去の注文者かを確認するようにしましょう。

おわりに

あなたにしてほしいこと

本書のリサーチ動画の動きを真似して、「**マウスを持っている手を動かすだけ**」です。こんな簡単な方法に出会えてあまりにもラッキーだと感じてもらえれば、私にとってそれほどうれしいことはありません。

はじめのうちはスムーズに見つからないかと思いますが、利ざやの取れる商品を見つけられたときは、その度に理由を分析してみてください。偶然見つかったと思うような場合でも、何が偶然だったのかを少しでも掘り下げて考えることが重要です。それが、次の仕入れ商品を見つけるための時間短縮になります。

お宝を手放してしまう前に

「せどりと出会えたこと」自体が何よりものお宝商品なのに、そのお宝をキャッシュに換金する前に捨ててしまう人を何人も見てきました。ここまで読んでもらったあなたには、絶対にそんなことをしてほしくありません。そのお宝を捨ててしまう人には、必ずある特徴があるのでお伝えします。

それは「焦り」です。早く多くの利益を手にしたい思いが強くなるほど焦りが生まれます。来月までに月商100万円達成したいと意気込んで息切れしてしまうよりも、着実に取り組んで4カ月目に月商100万円達成できれば、翌月以降も継続して同じかそれ以上の結果を出し続けることができます。どう考えても後者のほうがいいのではないでしょうか。せどりで目標額を必ず達成しなければいけない状況は、そもそもつくらないほうがいいです。

あくまでも、**ノウハウに忠実に落ち着いて実践していくのみ**です。

もうひとつ、せどりの基本が身につくまで情報を本書だけに絞ってください。情報は収集すればするほど、「あれもこれもしなければいけない」と感じてしまい、焦ってしまいます。ノウハウをたくさん知ったところで、実践しきれないのが現実です。実践しないノウハウを調べることほど、無駄な時間はありません。稼ぐための情報なんて少しで十分ですし、実は本書の情報量だけでも多いくらいです。情報を取りすぎないコツは、メインの情報をひとつに決め、それ以外は受け取らない状態にすることです。そして、補足の情報がほしいときだけ検索などで調べることです。あなたに無駄な時間とエネルギーを使ってほしくないので、初心者のうちは**メインの情報を本書だけに決める**ことをお勧めします。あなたがせどりの上級者になったとき、「基本は、この本にすべて載っていたんだ」と感じてもらえるはずだからです。

この2つを守りきれば、スムーズにせどりを続けることができるでしょう。それは、せどりをきっかけにして人生を実質的に豊かなものへ変えていけるということです

「自分が望む選択」をできるように準備しておく

時代のスピードはどんどん早まっています。私たちが生きている間にまたコロナのような大きな混乱が起きるかもしれません。これは悲観している訳ではなく、人類の歴史も私たちの人生も、楽しいときもあればつらいときもあるということです。そして、それが繰り返されているだけです。

ですから、今から「自分が望む選択」をできるように準備しておけば、そのつらいときに致命的なダメージを受けずに、混乱を乗り越えることができるでしょう。

インターネットの普及により、今、人類史上初！　すべての人が自分らしく生きられるチャンスを平等に与えられているのです。こんなエキサイティングな時代に生かされていることに本当に感謝しかありません。「自分を守れる」のは、すべて自分次第なのです。

もっとも大切な人は、「自分自身」です。
もっとも守るべき人は、「自分自身」です。
「自分自身」を守ることは、すべてを守ることになります。

自分に愛を。

クラスター長谷川

ここまで読んでもらったご縁なので
「本を読みました」のひと言だけでも
感想を送ってもらえるとうれしいです。
差し支えなければ、本のカバーにある
公式LINEからお願いします。
LINEが不便な場合は、
ブログの問いあわせからでも大丈夫です。
楽しみにしています。
LINEアカウントが継続しているかぎり、
クラスター長谷川本人が
必ず返信します！

・カバーデザイン　植竹裕
・イラストレーター　佐とうわこ
・本文デザイン・DTP　小石川馨

動画で学べる！
資金ゼロ＆今日からはじめられる
Amazon（アマゾン）せどり 確実（かくじつ）に稼（かせ）ぐツボ51

2021年8月12日初版第1刷発行
2024年3月21日初版第6刷発行

著　者　クラスター長谷川
発行人　片柳秀夫
編集人　志水宣晴
発　行　ソシム株式会社
https://www.socym.co.jp/
〒101-0064 東京都千代田区神田猿楽町1-5-15 猿楽町SSビル
TEL：03-5217-2400（代表）
FAX：03-5217-2420
印刷・製本　中央精版印刷株式会社

定価はカバーに表示してあります。
落丁・乱丁は弊社編集部までお送りください。
送料弊社負担にてお取替えいたします。
ISBN 978-4-8026-1317-0